石油工程技能培训系列教材

石油勘探测量工

张延同　主编

中国石化出版社

内 容 提 要

《石油勘探测量工》为《石油工程技能培训系列教材》之一，与《石油地震勘探工》同为物探专业技能培训教材。本教材共10章，涵盖了测量基础理论、测量常用方法和石油勘探测量操作工序等主要内容，从石油勘探测量通用理论方法到测量实操工序，层层递进，便于读者系统了解掌握石油勘探测量核心知识。

本教材为石油勘探测量操作人员技能培训必备教材，也可作为相关专业大中专院校师生的参考教材。

图书在版编目（CIP）数据

石油勘探测量工 / 张延同主编 . — 北京：中国石化出版社，2023.8

ISBN 978-7-5114-7213-7

Ⅰ . ①石… Ⅱ . ①张… Ⅲ . ①油气勘探 Ⅳ . ① P618.130.8

中国国家版本馆 CIP 数据核字（2023）第 147831 号

中国石化出版社出版发行

地址：北京市东城区安定门外大街58号
邮编：100011　电话：（010）57512500
发行部电话：（010）57512575
http：//www. sinopec-press. com
E-mail：press@ sinopec. com
北京富泰印刷有限责任公司印刷
全国各地新华书店经销
*
787毫米 ×1092毫米　16开本　16.5印张　356千字
2023年9月第1版　2023年9月第1次印刷
定价：68.00元

《石油工程技能培训系列教材》编写工作指导委员会

物探专业教材编写分委会

《石油勘探测量工》编审人员

主　编：张延同

编　写：郭振华　宋建平　刘　兵　石东兵
叶友龙　闵　珊　陈建国　李佃锋
张　梦　刘建刚　毕研雷　李　颖

审　稿：杜清怀　苏培盛　刘金萍　翟建朋
陈国宁

序

PREFACE

习近平总书记指出："石油能源建设对我们国家意义重大，中国作为制造业大国，要发展实体经济，能源的饭碗必须端在自己手里。"党的二十大报告强调："深入推进能源革命，加大油气资源勘探开发和增储上产力度，确保能源安全。"石油工程是油气产业链上不可或缺的重要一环，是找油找气的先锋队、油气增储上产的主力军，是保障国家能源安全的重要战略支撑力量。随着我国油气勘探开发向深地、深海、超高温、超高压、非常规等复杂领域迈进，超深井、超长水平段、非常规等施工项目持续增加，对石油工程企业的核心支撑保障能力和员工队伍的技能素质提出了新的更高要求。

石油工程企业要切实履行好"服务油气勘探开发、保障国家能源安全"的核心职责，在建设世界一流、推进高质量发展中不断提高核心竞争力和核心功能，迫切需要加快培养造就一支高素质、专业化的石油工程产业大军，拥有一大批熟练掌握操作要领、善于解决现场复杂疑难问题、勇于革新创造的能工巧匠。

我们组织编写的《石油工程技能培训系列教材》，立足支撑国家油气产业发展战略所需，贯彻中国石化集团公司人才强企战略部署，把准石油工程行业现状与发展趋势，符合当前及今后一段时期石油工程产业大军技能素养提升的需求。这套教材的编审人员集合了中国石化集团公司石油工程领域的高层次专家、技能大师，注重遵循国家相关行业标准规范要求，坚持理论与实操相结合，既重理论基础，更重实际操作，深入分析提炼了系统内各企业的先进做法，涵盖了各相关专业（工种）的主要标准化操作流程和技能要领，具有较强的系统性、科学性、规范性、实用性。相信该套教材的出版发行，能够对推动中国石化乃至全国石油工程产业队伍建设和油气行业高质量发展产生积极影响。

匠心铸就梦想，技能成就未来。希望生产一线广大干部员工和各方面读者充分运用好这套教材，持续提升能力素质和操作水平，在新时代新征程中奋发有为、建功立业。希望这套教材能够在实践中不断丰富、完善，更好地助力培养石油工程新型产业大军，为保障油气勘探开发和国家能源安全作出不懈努力和贡献！

中石化石油工程技术服务股份有限公司

董事长、党委书记

2023 年 9 月

前言

FOREWORD

技能是强国之基、立业之本。技能人才是支撑中国制造、中国创造的重要力量。石油工程企业要高效履行保障油气勘探开发和国家能源安全的核心职责，必须努力打造谋求自身高质量发展的竞争优势和坚实基础，必须突出抓好技能操作队伍的素质提升，努力培养造就一支技能素养和意志作风过得硬的石油工程产业大军。

石油工程产业具有点多线长面广、资金技术劳动密集、专业工种门类与作业工序繁多、不可预见因素多及安全风险挑战大等特点。着眼抓实石油工程一线员工的技能培训工作，石油工程企业及相关高等职业院校等不同层面，普遍期盼能够有一套体系框架科学合理、理论与实操结合紧密、贴近一线生产实际、具有解决实操难题“窍门”的石油工程技能培训系列教材。

在中国石化集团公司对石油工程业务进行专业化整合重组、中国石化石油工程公司成立10周年之际，我们精心组织编写了该套《石油工程技能培训系列教材》。编写工作自2022年7月正式启动，历时一年多，经过深入研讨、精心编纂、反复审校，于今年9月付梓出版。该套教材涵盖物探、钻井、测录井、井下特种作业等专业领域的主要职业（工种），共计13册。主要适用于石油工程企业及相关油田企业的基层一线及其他相关员工，作为岗位练兵、技能认定、业务竞赛及其他各类技能培训的基本教材，也可作为石油工程高等职业院校的参考教材。

在编写过程中，坚持“系统性与科学性、针对性与适用性、规范性与易读性”相统一。在系统性与科学性上，注重体系完整，整体框架结构清晰，符合内在逻辑规律，其中《石油工程基础》与其他12册教材既相互衔接又各有侧重，整套教材紧贴技术前沿和现场实践，体现近年来新工艺新设备的推广，反映旋转导向、带压作业等新技术的应用等。在针对性与适用性上，既有物探、钻井、测录井、井下特种作业等专业领域基础性、通用性方面的内容，也凝练了各企业、各工区近年来摸索总结的优秀操作方法和独门诀窍，紧贴一线操作实际。在规范性与易读性上，注重明确现场操作标准步骤方法，保持体例格式规范统一，内容通俗易懂、易学易练，形式喜闻乐见、寓教于乐，语言流畅简练，符合一线员工“口味”。每章末尾还设有“二维码”，通过扫码可以获取思维导图、思考题答案、最新修订情况等增值内容，助力读者高效学习。

为编好本套教材，中国石化石油工程公司专门成立了由公司主要领导担任主任、班子成员及各所属企业主要领导组成的教材编写工作指导委员会，日常组织协调工作由公司人力资源部牵头负责，各相关业务部门及各所属企业人力资源部门协同配合。从全系统各条战线遴选了中华技能大奖、全国技术能手、中国石化技能大师获得者等担任主编，并精选业务能力强、现场经验丰富的高层次专家和业务骨干共同组成编审团队。承担13本教材具体编写任务的牵头单位如下：《石油工程基础》《石油钻井工》《石油钻井液工》《钻井柴油机工》《修井作业》《压裂酸化作业》《带压作业》等7本由胜利石油工程公司负责，《石油地震勘探工》和《石油勘探测量工》由地球物理公司负责，《测井工》和《综合录井工》由经纬公司负责，《连续油管作业》由江汉石油工程公司负责，《试油（气）作业》由西南石油工程公司负责。本套教材编写与印刷出版过程中得到了中国石化总部人力资源部、油田事业部、健康安全环保管理部等部门和中国石化出版社的悉心指导与大力支持。在此，向所有参与策划、编写、审校等工作人员的辛勤付出表示衷心的感谢！

编辑出版《石油工程技能培训系列教材》是一项系统工程，受编写时间、占有资料和自身能力所限，书中难免有疏漏之处，敬请多提宝贵意见。

编委会办公室

2023年9月

目录

CONTENTS

第一章

石油勘探简介

PART 1

油气多深埋在地下几千米的岩层中，无法通过简单的地面勘查获得。人们经过长期不断的实践，总结并吸收、引用许多科学的新理论和新技术，通过地震、钻井、化验等技术手段勘查岩层中的物理现象和化学现象，判断地层中含有油气资源的可能性和储量，逐渐建立了一套油气勘探的科学方法和技术，为国家经济服务。

第一节　石油勘探概述

一　概念

石油勘探是为了寻找和查明油气资源而利用各种勘探手段了解地质状况，认识油气的生成、运移、聚集、保存等条件，综合评价含油气远景，确定油气聚集的有利地区，找到储油气的圈闭，探明油气田面积，摸清油气藏情况和产出能力的过程。

石油勘探的方法主要包括三大类，即地质法、物探法和钻探法。

（一）地质法

地质法就是以石油地质学、构造地质学、沉积岩石学等理论为基础，观察并研究露出地表的地层、岩石，对地质资料进行综合分析，了解一个地区有无生成油气和储存油气的条件，最后作出该地区的含油气远景评价，指出含油气的有利地区。

（二）物探法

物探法即地球物理勘探法，是根据地质学和物理学的原理，利用电子学和信息论等新技术，建立起来的一种较新的勘探油气的方法。这一方法利用各种物探仪器，在地面观测地壳中的各种物理现象，从而推断地下的地质构造和岩性分布的特点，寻找可能的储油储气构造。

物探法能用来查明地下地质构造的特点，主要是因为组成地壳的各种岩石或组成地质构造的各个岩层具有不同的物理性质，因而不同岩石或地层在地面上的物理仪器中就有不同的响应。根据仪器测量的结果，经过分析研究就可以推断地下地质构造的特点，寻找到适合储油的地质构造。

物探法可以了解地下地质构造的特点，寻找到适合储油的地质构造，是目前主要的勘探手段。但这些构造是否储存油气，还需根据物探法提供的井位进行钻探得以证实。

（三）钻探法

钻探法就是利用物探法提供的井位进行钻探，通过钻井来勘查地下地质情况，直接取得地下最可靠的地质资料来确定地下的构造特点及含油气的情况，是最直接的石油勘探方法。

石油勘探最初的普查工作主要是由地质技术人员完成并绘制出区域构造地质图，然后由物探技术人员通过物探方法详细勘查地质构造位置和形状，最后需要钻井技术人员通过钻井方法直接勘查地下地质情况。由此可见，油气勘探是一件很复杂的工作，需要地质学家和地球物理学家紧密配合，综合分析。

二 石油物探

石油物探是石油地球物理勘探的简称，是以地下各种岩石或矿体具有不同的物理学性质作为研究基础，用物理学原理和方法来研究地质构造情况和寻找地下矿藏的科学工程。

石油物探法是利用一定的物理方法和观测仪器，对某个区域的地球物理场，例如磁场、电场、引力场、弹力波场等，进行观测和分析，然后结合石油地质学理论，以岩石间物理性质差异为基础，以物理方法为手段，推断出地下石油或天然气的分布情况和储量大小的一种地球物理勘探方法。

石油物探在石油勘探事业中长期处于重要的地位，总体来说，我国的石油物探技术水平处在国际一流水平。但是由于石油物探法是间接的勘探方法，无法直接观察和确定地下岩层性质和构造，所以前石油部（现为石油工业部）前部长王涛曾经说过这样一句话："搞石油勘探，成在物探，败也在物探。"最终的勘探目标要靠钻探方法确定。由于钻探方法的成本较高，在石油勘探行业，有一条不成文的法规："没有充分可靠的物探资料，就不能定探井井位。"

物探法特别适用于海洋、沙漠地区及地表较为松散的沉积地区，因为在这些地区的表面，看不到岩石，地质法受到限制，用大量钻井、取岩心等方法成本高、效率低，所以一般运用物探法。

在我国现有的油气田中，大部分是用物探方法发现的。1958—1959 年，在松辽盆地，首先应用综合物探方法发现了大型的"长垣构造"，然后相继展开大规模的物探工作，并于 1959 年 9 月在松基 3 井喜获原油，从此揭开了大庆油田会战的序幕。渤海湾地区的胜利、辽河、大港、华北、中原等一大批油田，主要是依靠地震勘探方法查明地下地质情况后才得以取得勘探突破的。在钻井之前，如能应用石油物探方法选准钻井的位置，往往能节省资金，精确地查明油气储层及储量。

石油物探一般分为电法勘探、重力勘探、磁法勘探、地震勘探和放射性勘探等，是根据含油气地层岩性物理性质发生变化的原理进行勘查的。目前，地震勘探方法是应用最为广泛的石油物探方法，其基本方法有二维地震勘探和三维地震勘探等。

（一）电法勘探

电法勘探以地壳中岩石和矿石具有某些电学性质并在地表上形成一定特征的电场原理作为研究基础。电法勘探所利用的电场，既可以是天然的，也可以是通过人工建立的直流或交流电场。电法勘探要利用特定的仪器，结合地质学理论进行分析，可间接获得地下地质构造和矿体分布的情况。如电阻率法，借助于地表的岩石具有透水性的特征，当在地面上两点供入直流电，地下立即会形成一个电场，砂岩是很好的储层，当电阻率很高的石油侵入后，就会形成高阻层或高阻异常体，这就为寻找油气提供了电性异常及有关的地质信息。

（二）重力勘探

重力勘探以地面重力场随着地下岩石和矿体密度的不同而变化的原理为研究基础。重力勘探使用重力仪作为主要勘探仪器，对特定区域的重力场进行观测，用高低不平的地下重力构造图并结合其他物探资料来分析研究地下的地质结构，结合地质学理论进行分析，间接获得地下地质构造和矿体分布的情况。

（三）磁法勘探

磁法勘探是通过对地表磁力异常的研究，间接地获得地下地质构造和矿体分布的情况。地下岩石或矿体具有不同的磁性并产生大小不同的磁场，在地磁场的作用下，不同地层形成的地质构造就会呈现出不同的磁性，并产生磁力作用。用磁力仪测出不同地点的磁力值数据，绘成各种图件，同重力图配合使用，对寻找油气藏能起到相辅相成的作用。

（四）地震勘探

地震勘探以人工激发引起的地震波作为研究基础，使用最重要的仪器是地震仪和检波器。先利用人工激发引起地震波，再利用地震探测仪器接收地震波遇到地下各岩层所产生的反射波和折射波来研究地下地质构造。

目前，三维地震勘探技术能像“CT”一样对地下各切面做成像解剖，因而成为当前最精密的石油地球物理勘探手段之一。

（五）放射性勘探

放射性勘探又称放射性测量或伽玛法。借助于地壳内天然放射性元素衰变放出的 α、β、γ 射线穿过物质时将产生游离、荧光等特殊的物理现象，人们根据放射性射线的物理性质利用专门仪器（如辐射仪、射气仪等），通过测量放射性元素的射线强度或射气浓度来寻找放射性矿床以及解决有关地质问题的一种物探方法；同时还是寻找与放射性元素共生的稀有元素、稀土元素以及多金属元素矿床的辅助手段。放射性物探方法有 γ 测量、辐射取样、γ 测井、射气测量、径迹测量和物理分析等。

测量地壳内放射性元素放出的射线强度，以发现放射性元素矿床，探明矿体大小，确定放射性元素含量，并指导铀、钍矿和钾盐矿的开采。此法还用来寻找与放射性元素共生的其他非放射性矿床，如磷块岩矿、铝土矿、稀土和稀有元素矿床等，且解决各类有关的问题，如地质填图，寻找同油气、地下水等有关的构造，以及对环境污染的监测等。放射性勘探的主要缺点是探测深度不深，必须与其他地质工作配合进行。

三 地震勘探

地球物理勘探最主要的一种勘探方法是地震勘探，它具有勘探精度高，能更清晰地确定油气构造形态、埋藏深度、岩石性质等优点。

石油地震勘探是最广泛使用的物探方法，一直是勘探油气的重要手段。自 20 世纪 80 年代以来，由于引进先进的管理方法和技术设备，并加以消化吸收和发展，地震勘探技术有了很大进步，有力地促进了全国油气勘探工作的发展。2000 年以后，老油区内部相继有新的发现，新地区的勘探步伐显著加快，特别是海上和西部盆地取得了重大突破，为今后油气储量的接替和产量的增长提供了有利的依据。

地震勘探技术方法主要有：二维勘探、三维勘探、高分辨率地震勘探、垂直地震剖面法、横波勘探、地震地层学、亮点技术、地震模型、神经网络、油藏描述等。随着时间的推移，四维勘探等新技术能够在地下储层描述及油田开采方面提供更多的信息。

地震勘探生产的方法较多，各种方法的工序复杂，但基本生产过程包括地震资料采集、处理和解释三个环节。

第一阶段是地震资料采集。这个阶段的任务是在地质工作和其他物探工作初步确定的有含油气希望的地区，布置测线，人工激发地震波，并用野外地震仪把地震波传播的情况记录下来。

第二阶段是地震资料处理。这个阶段的任务是根据地震波的传播理论，利用计算机，对野外获得的原始资料进行各种去粗取精、去伪存真的加工处理工作，以及计算地震波在地层内传播的速度等。

第三阶段是地震资料的解释。运用地震波传播的理论和石油地质学的原理，综合地质、钻井和其他物探资料，对地震剖面进行深入的分析研究，对反射层作出正确判断，对地下地质构造的特点作出说明，并绘制构造图，查明有含油气希望的构造，提出钻探井位。

四 石油勘探测量

石油勘探测量是在各类石油勘探、各个阶段所进行的各种测量工作的统称。石油勘探测量属于测绘科学的范畴，是工程测量学科的一个分支，是测绘科学技术在石油勘探中的具体应用。

石油勘探测量的基本任务就是依据石油勘探设计，利用一定的测量仪器和测量方法，将石油勘探设计的测线布设到实地，并精确地测定出测线上各勘探观测点（如炮点、检波点等）的坐标和高程，为石油勘探提供符合要求的测量成果和图件，以便作为石油勘探野外施工的依据和勘探资料处理、解释的基础数据。

石油勘探测量是整个石油勘探工作的有机组成部分，是石油勘探的基础和先行环节，并贯穿整个勘探工作的始终。测量工作的质量直接影响石油勘探工作的质量，高精度的测量资料是获得高质量勘探成果的必要前提。如果勘探测线的方向不准，观测点的坐标有错，野外勘探采集所获得的资料就不能正确体现勘探部署的意图，勘探资料处理和解释工作所提供的成果就会与实地不符，从而给后期的勘探开发工作造成不可估量的损失。

20 世纪后期，随着测绘技术的不断发展和勘探对测量工作要求的不断提高，石油勘探测量迎来了一个新的发展时期。传统的一台经纬仪、一条测绳、两根花杆、手工记录和手工计算的工作模式，已经被电子全站仪、GNSS 接收机和自动记录、自动计算等一系列新技术、新方法所代替，石油勘探测量的作业效率和成果精度都有了很大的提高，有力地保障了勘探施工的效率和勘探成果的质量。石油勘探测量在整个石油勘探工作中的地位和作用变得越来越重要。

因地质法、钻探法在石油勘探中的测量方法较为简单，石油勘探测量主要是为石油物探服务的，通常也称为石油物探测量，或简称物探测量，其内容按所服务的石油物探方法划分为地震勘探测量、非地震勘探测量。

按物探测量本身的阶段划分，主要包括物探施工前期的控制测量、物探施工过程中的物理点布设，以及物探施工结束时的成果资料整理等。

第二节　地震采集施工流程

一　施工流程

地震资料采集过程是物探资料的基本来源，是石油物探的重要过程和基础内容。地震资料采集全部在勘探目标区域野外完成，主要由表层调查、施工设计、物探测量、物探放线、物探钻井、地震采集和现场处理等几项基本工作组成。

（一）表层调查

表层调查就是利用仪器设备和技术方法，对近地表层地质结构进行的调查过程，主要目的是描述地表低降速带的速度和厚度。

表层调查的主要方法有微测井法、小折射法等。

表层调查的资料首先用于野外钻井井深设计，确定测线各区域的钻井深度及药量等，同时也为地震资料静校正提供基础资料。

（二）施工设计

经过野外实地踏勘之后，由工程决策者、施工技术人员根据踏勘结果及本地区以往的施工技术资料，确定地震资料采集工程所使用的设备型号、数量、施工人员数量、施工技术参数、施工周期等。

施工设计是对地震资料采集的重要指导，必须先设计，后施工。施工设计必须满足石油勘探目的要求，符合本地区的社会实际情况，提供施工技术依据，解决生产的技术难题，保障工程安全顺利完成。

（三）物探测量

物探测量是指测量工作人员使用测量仪器，采取专业测量技术手段将物探物理点放样到实地并测量坐标和高程的工作过程，是物探资料采集的重要过程之一。

物探测量工作包括野外观测和室内数据处理两个部分。

野外测量人员的基本任务是将地质和物探人员所设计的物理点合理地布设在实地上并做出明显的标志，一般使用红色小旗代表炮点激发点，蓝色小旗代表接收检波点，或根据环境的色彩使用其他颜色标志旗，并在测量点用土堆、石块、竹签等设置测线物理点桩号，地震采集人员必须根据测量人员所布设的激发点位置进行钻井或使用机械震源，接收点的位置安置检波器。资料处理人员负责将野外观测的数据进行检查处理并加以整理，提供给现场处理工序，用于地震资料的分析与处理。

（四）物探放线

物探放线就是将地震资料采集接收设备即地震检波器及其数据线放置在预定位置的工作过程。通过野外物探放线作业将检波器准确安置在测量技术人员测量的接收点处，并且使检波器通过数据线连接到仪器车，确保检波器、数据线及仪器车通信畅通。

一个地震观测系统需要大量的地震波接收设备，物探放线作业一般使用车辆运输，通过人工方法安置检波器及数据线。检波器被安置在接收点，必须做到“平、稳、正、直、紧”，避免受到环境影响，并与大地紧密耦合。一个或一组检波器为一个接收道，同一条测线接收点之间的距离称为道距，安置检波器后的道距尽量均匀，不能安置检波器的检波点在采集观测系统中称为空道，在环境允许的条件下，尽可能减少空道。如果确因地表条件复杂，遇到河流、房屋、树木、公路等障碍物，可以根据施工技术要求在偏移点位安置检波器。

数据线及采集站、电源站等数据传输设备沿接收检波器铺设，尽量减少占地空间，同时确保设备的安全。垂直经过公路、河流的数据线一般采取高架方法铺设，避免数据线遭到车辆的碾压和浸泡。数据传输设备之间、数据传输设备与检波器之间必须紧密连接，在特殊气候、特殊地形条件下加以保护，避免潮湿、短路或断路，保证通信畅通。

随着节点技术的发展，节点仪技术在地震勘探中逐步推广应用。每个节点仪作为一个独立的采集单元，由检波器串、采集存储模块和电池模块组成，最后生产的原始数据存储在本地。

（五）物探钻井

地震资料采集需要人工激发和采集地震波，人工激发地震波的主要方式有两种，炸药震源和机械可控震源。经过了较长的历史并且目前仍然广泛使用的是炸药震源，因为炸药震源相比于机械可控震源可以应用在任何地形条件下。

为了减少能量损失和提高施工安全，炸药震源一般在地面下 5~30m 的深度激发，炸药的安置需要钻井技术和钻井设备来完成。物探钻井是钻井工通过小型钻机在规定地面位置钻井，并将激发炸药安置在预定深度的工作过程。钻井的地面位置由采集工程技术设计确定，并由测量人员通过测量作业在地面上标定，一般称为炮点或震源点。控制钻井操作台的操作手一般称为司钻，随时掌握钻井的速度、深度，并记录钻井各深度的岩性数据。

（六）地震采集

经过钻井埋置炸药，放线作业安置地震波检波器及数据传输设备，完成了一系列的准备工作后，可以进入地震资料采集程序。

地震资料采集的主要控制单元是地震仪器车，由地震仪器操作人员根据工区采集技术参数确定采集观测系统，即当某一激发点激发时，需要哪些检波点接收地震波资料。仪器操作人员首先通过仪器检查观测系统内各单元的通信状态，及时发现接收点异常情况，通知查线人员现场检查并恢复通信。确认观测系统正常后发出指令激发炸药震源或启动机械可控震源，同时记录保存接收道的震动时间、震动幅度等信息。

（七）现场处理

地震资料采集是一项人员、设备、技术、资金耗费巨大的工程，各工序必须严格按照施工设计进行，努力做到高效率和高质量。为了保证采集到的地震勘探资料质量符合勘探目的要求，在采集过程中加入了现场处理工序，即将采集到的地震资料在野外立即进行分析和处理，及时发现影响采集质量的因素，纠正不合理的施工参数等，监控野外采集施工质量。

二　施工设备

地震资料采集野外作业用到的设备包括专业设备和辅助设备两大类，辅助设备是指为完成地震勘探作业提供支持的设备，根据地表条件的变化又可划分为陆上生产辅助设备和海上生产辅助设备。

（一）专业设备

主要包括资料采集专业设备、测量专业设备、地震波激发专业设备。

资料采集专业设备主要包括采集仪器、采集站、检波器等；测量专业设备主要包括全站仪、卫星定位仪、声学定位系统等；地震波激发专业设备主要包括地震钻机、可控震源、气枪震源等。

（二）陆上生产辅助设备

陆上生产辅助设备主要包括可控震源车、各类运输车、推土机等陆上运载设备。

（三）海上生产辅助设备

海上生产辅助设备主要有测量船、气枪船、放缆船、拖缆船、生活母船以及其他海上运载设备。

第三节　测线部署与观测系统

一　测线部署

（一）概述

野外地震资料采集之前，必须根据勘探目标进行详细的测线部署。

二维地震测线一般分为主测线和联络测线，主测线方向垂直于地质构造走向，主测线相互之间保持平行，联络测线与主测线正交。相比联络测线，主测线部署密度较高，是为了取得详细的目的区域的地质信息。

三维地震测线按测线束（网）布设，测线比较密集，线距较小。

根据地震测线部署的一般原则，地震测线应尽量保持直线。由于地表条件复杂，社会活动较多，有些区域无法部署测线或无法进行采集施工，因此，二维地震测线在遇到特殊地形条件时，可布设成折线或弯线，三维地震测线网还可以布设成蛛网状。

（二）二维地震测线的设计方法

一般来说，新的探区多以普查为主，通常采用二维地震勘探，地震测线布设成单一测线，测线比较稀疏，线距较大。

普查阶段地震勘探主测线线距通常为几十千米，详查阶段地震勘探二维主测线间距一般为 2km、4km、6km 等。较平坦地区，联络测线方向与主测线方向正交，相互垂直，复杂地表区域也可斜交。联络测线相对主测线较稀疏，并按照一定的间距排列，一般为 4km、6km、8km 等。

通常每个勘探区域都有一个二维测线原点和一个主测线方位角。测线原点是由线号、桩号、北坐标、东坐标组成。线号是原点所在位置主测线的编号，以 km 为单位；桩号是原点所在位置联络测线的编号，以 m 为单位。书写线号和桩号时单位省略。为了便于计算，二维测线原点坐标一般采用平面直角坐标形式，以 m 为单位。一个勘探区域内二维测线设计物理点应根据测线原点进行推算。

（三）三维地震测线的设计方法

重点探区多为详查或细测阶段，通常采用三维地震勘探，地震测线按测线束（网）布设，测线比较密集，线距较小。地震测线构成测网时，技术人员必须在设计书中绘制出测网图和观测系统图，图上应标明勘探范围、测线的方位、炮点距、道间距、物理点号、测线名称等，还必须给出起算点在图上的位置或坐标数据。

每个三维勘探工区测线设计时可自定义测线原点和测线方位角。测线原点是由线号、桩号、北坐标、东坐标组成。原点线号和桩号均为自编号。线号为原点所在位置三维测线的自编号；桩号为原点所在位置物理点的自编号。线号间距是指线号每增加一个单位所对应的距离，桩号间距是指桩号每增加一个单位所对应的距离。相邻两条检波线之间的垂直距离称为检波线间距或接收线间距；相邻两条炮线之间的垂直距离称为炮线间距或激发线间距。原点坐标一般采用平面直角坐标形式，以 m 为单位。三维测线设计时要根据线号间距、桩号间距及原点信息计算物理点设计坐标。

二 观测系统

（一）概念

地震勘探中的观测系统是指地震波的激发点与接收点的相互位置关系。不同的地震勘探方法，采用不同的观测系统。观测系统的基本参数有道距、面元、接收道数、覆盖次数、偏移距、炮点距、接收线距、炮线距等。

观测系统的选择取决于地震勘探的任务、该工区的地质条件和采用的方法等，总的原则是尽量使记录的地下界面得到连续追踪，避免发生有效波彼此干扰，便于野外施工控制等。

（二）二维观测系统

在概查和普查阶段主要采用二维地震观测系统，对于低信噪比地区，覆盖次数可适当高些；覆盖次数及面元尺寸由地质任务决定。采用二维观测系统，即激发点和接收点沿直线布设，取得的地震资料显示的是地下构造的二维剖面。

观测系统一般用图示法表示，主要有时距平面法和综合平面法。时距平面法就是在平面图上以时距曲线的方式表示出不同炮点所对应的观测地段。在简单的情况下，比如反射界面为单一水平或倾斜面，可以明确表示出来自同一界面的反射波，但在复杂的观测系统中就无法正确地反映观测地段的位置。综合平面法就是按照与时距平面法相同的原理，在平面图上表示出激发点和接收点的相对空间位置关系，以及观测到的地段。综合平面图的表示方法是把分布在测线上的激发点和接收点按一定比例标在测线上，然后从激发点向接收排列方向作与测线成 45° 的斜线，这条斜线叫共炮点线，再由接收点向这条斜线作投影，从检波点的投影线叫共接收点线，两者的交点叫作共反射点。那么观测地段就是不同共反射点向测线的投影点之间的距离。从综合平面图上可以看到炮检距的分布及每个反射点的覆盖次数。在二维地震勘探中经常使用综合平面图来设计分析地震观测系统。

（三）三维观测系统

在详查和精测阶段的勘探工程中，一般是使用三维地震，三维地震使用三维观测系统，即由一点激发地震波，在一定面积上使用接收检波器，二维平面接收，从三维空间了解地下地质构造。

根据激发点和接收点之间的相对位置关系，可把测线分为纵测线和非纵测线，IN-line 表示纵测线，方向与接收线的方向相同，OFF-line 表示非纵测线，方向与接收线方向垂直或成一定角度。

三维面元是指地震波各反射点叠加成一个叠加道的区域。三维排列片是指一个特定的炮点激发时，由参与接收的全部检波点所构成的区域。

在观测系统中，同一炮点激发，不同检波点接收的所有道形成的道集为这一炮点的共炮点道集，用 CSP 表示；不同炮点激发，同一检波点接收的所有道形成的道集为这一检波点的共检波点道集，用 CRP 表示。

每次观测到的都是来自同一点的反射，该反射点叫这些道的共反射点，这些道组成的道集为该反射点的共反射点道集。当该反射点位于炮检距中心点的正下方，反射点称为中心反射点，具有共同中心反射点记录各相应的道组成该中心反射点的共中心点道集。

思考题

1. 石油勘探的方法有哪些？
2. 地震采集施工流程是什么？
3. 陆上地震采集设备主要有哪些？
4. 观测系统有哪些表示方法？
5. 二维地震与三维地震的区别有哪些？

扫一扫
获取更多资源

第二章

测量基础

测绘是测量和绘图的统称。测绘学是一门具有悠久历史并结合现代发展的一级学科，最初是以地球表面为研究对象。随着科技的发展和社会的进步，测绘学的研究范围不再局限于地球表面，完整的测绘学概念是：研究和确定地球的形状、大小和地球重力场，以及获取、表示地球表面及其外层空间点的空间位置和各种固定物体的几何形状及其属性的科学。

随着计算机技术、通信技术和地理信息技术的发展，测绘学已经与地理和管理学等其他学科知识相结合，形成了现代测绘学的概念，即研究地球和其他实体的与时空分布有关的信息的采集、量测、处理、显示、管理和利用的科学和技术。

传统意义上的测绘学包括大地测量学、地形测量学、工程测量学、摄影测量学、地图制图学等。

随着卫星定位技术、遥感技术、地理信息系统技术（分别简称 GNSS、RS、GIS，合称为 3S 技术）以及数字化测绘技术的发展，工程测量的手段发生了深刻的变化。武汉大学张正禄教授将工程测量学的发展趋势和特点概括为“六化”和“十六字”。

“六化”：测量内外业作业的一体化、数据获取及处理的自动化、测量过程控制和系统行为的智能化、测量成果和产品的数字化、测量信息管理的可视化、信息共享和传播的网络化。

“十六字”：精准、可靠、快速、简便、实时、持续、动态、遥感。

第一节　地球形状与大小

测绘学的研究对象主要是地球表面，测量工作主要是在地球表面上进行的，因此，首先必须对地球的形状大小有一个概括的了解。

一　地球表面概况

地球的自然表面是非常不规则的，陆地上有突起的高山（中尼边境的珠穆朗玛峰高 8848.86m），海底有深邃的海沟（太平洋西部的马里亚纳海沟深 11034m），但相对于地球本身庞大的体积来说，这种凸凹起伏仍然可以忽略不计。因此，从人们日常生活的角度考虑，完全可以将地球的形状看作圆球，其平均半径约为 6371km。但是，从专门研究地球形状大小的测绘学角度考虑，则必须顾及地球自然表面的凸凹起伏的影响。

二 大地水准面

在进一步研究地球形状和大小之前，先分析一下地球表面物体（质点）的受力情况。由于万有引力的作用，地球表面的质点受到地球本身质量的引力（称为地球引力），其方向指向地球的质心；同时，受地球自转的影响，地球表面的质点产生惯性离心力，其方向垂直于地球自转轴向外。地球表面的质点所受引力和离心力的合力称为重力，重力的方向线称为铅垂线。由于地球内部物质分布不均匀，因而地面各点铅垂线的方向略呈不规则状。

再分析地球表面上静止水面的受力情况。在重力的作用下，水面处于静止状态是其各点的重力位能相等而导致的平衡状态，即在重力的作用下，处于静止状态的水面是重力等位面。重力等位面有无数个，它们是一簇既不相交也不平行的封闭曲面。重力等位面必然处处与重力作用线正交。

水在静止状态时的表面称为水准面。水准面的基本特性就是处处与铅垂线正交。实际上，在一般测量工作中，总是要求仪器整平，就是为了使仪器的旋转轴与铅垂线一致，或者说与水准面正交。所以说，铅垂线是测量外业工作的基准线，水准面是测量外业工作的基准面。

经过长期科学调查和测绘实践，人们初步了解，地球表面的海洋面积约占总面积的71%，陆地面积约占29%。因此，考虑用相对平滑的海水面表示地球的形状大小。设想一个静止的平均海水面，在重力作用下向陆地自然延伸形成一个连续而封闭的曲面，称为大地水准面。大地水准面所包围的形体称为大地体。

大地水准面的基本特性是大地水准面处处与铅垂线垂直；大地水准面是一个连续的封闭的具有物理意义的曲面。大地水准面是测量外业工作统一的基准面。但是，由于铅垂线方向存在不规则变化，致使处处与铅垂线正交的大地水准面也不规则，因此，大地水准面不宜作为测量计算工作的基准面。

三 地球椭球与参考椭球

（一）地球椭球

为了测量计算工作的方便，有必要选择一个能用数学表达式描述，并在几何形状和物理性质上与大地水准面（大地体）接近的形体。经过长期的科学研究和大量的精密测量，人们逐渐认识到大地体近似于一个两极略扁的旋转椭球（一个椭圆绕其短轴旋转而成的形体）。用这样一个可以用数学公式表达的旋转椭球（面）代表地球的形状大小，并作为测量计算工作的基准面是合理可行的。

一个与大地体十分接近，用来代表地球形状和大小的旋转椭球，称为地球椭球。它是一个数学曲面，其形状和大小可用长半轴 a 和短半轴 b 表示，但通常用长半轴 a 和扁率 α 表示。

$$\alpha=(a-b)/a \tag{2-1-1}$$

地球椭球的参数，过去主要采用弧度测量和重力测量的方法测定，现在结合卫星大地测量资料可以得出更精确的结果。现将一些国家或国际组织曾推导和采用的地球椭球及其参数列于表 2-1-1。

表 2-1-1　常见椭球参数

椭球名称	长半轴 /m	扁率	年份和国家	备注
贝塞尔	6377397	1/299.152	1841 年德国	
海伏特	6378388	1/297.0	1910 年美国	1942 年国际第一个推荐值
克拉索夫斯基	6378245	1/298.3	1940 年苏联	1954 年北京坐标系采用
1975 年国际椭球	6378140	1/298.257	1975 年 IUGG	1980 西安坐标系采用
WGS-1984 椭球	6378137	1/298.257223563	1979 年 IUGG	美国 GPS 采用
CGCS2000 椭球	6378137	1/298.257222101	2008 年中国	2000 国家大地坐标系采用

（二）参考椭球

由于推导地球椭球参数所依据的测量数据具有一定的局限性，因而各个地球椭球参数的准确性和适用范围各不相同。

一个国家为了处理自己大地的测量成果，应采用一个具有确定参数的地球椭球，并且按照一定条件固定其与大地体的相关位置，这样的地球椭球称为参考椭球。参考椭球的表面称为参考椭球面。

为了确定参考椭球与大地体的相关位置，设想在满足参考椭球的旋转轴与地球的自转轴平行，同时参考椭球面与大地水准面在全国范围内充分接近的条件下，选定一个适当地点，并精密测定该点处参考椭球面与大地水准面的相关位置，那么参考椭球面与大地水准面的相关位置便完全固定下来。这项工作称为参考椭球定位，所选定的这个点称为大地原点。

我国采用的参考椭球几经变化。新中国成立前，曾采用海伏特椭球；新中国成立初期，采用克拉索夫斯基椭球，并以此为基准建立 1954 年北京坐标系；1980 年起，我国决定采用 1975 年国际椭球，并在陕西省泾阳县永乐镇设立大地原点，以此为基准建立 1980 西安坐标系。现在，我国用 CGCS2000 椭球建立了 2000 国家大地坐标系。

在极其复杂的地球表面上进行大地测量所获得的数据无法直接处理，必须统一归化到相对规则的大地水准面上，但大地水准面仍是不规则的曲面，实际上归化后的数据仍无法进行计算。所以必须进一步归化到可以完全用数学公式描述的参考椭球面上。因此，参考椭球面是一个国家大地测量内业数据处理的基准面。

第二节　地面点位置表示

测量工作的最根本任务就是确定和标示地面点的位置。由几何学可知，要表示一个点的空间位置，必须建立相应的坐标系并选定三个坐标分量，一般采用空间直角坐标系和三个相互正交的坐标分量。在测量工作中，为了方便起见，通常用地面点在基准面上的投影位置（坐标）和该点沿投影方向到基准面的距离（高程）三个量来表示。根据建立坐标系的方式以及所选定基准面和投影方向的不同，测量上的坐标系有球面坐标、平面坐标、空间直角坐标等形式。

一　球面坐标与高程

球面坐标，即用经纬度表示地面点在球面上的投影的位置。根据所依据的基准面和基准线的不同，球面坐标分为两种，即大地坐标和天文坐标（地理坐标）。

（一）大地坐标

以参考椭球面及其法线为依据而建立起来的坐标系，称为大地坐标系。地面点的位置用大地经度（L）、大地纬度（B）和大地高（H）表示。如果只为确定地面点在参考椭球面上投影的位置，则仅用大地经度和大地纬度表示。大地坐标是大地测量的基本坐标，在理论和实用中都非常重要。它一般是用大地测量方法测得有关数据再经过推算求得。

1. 参考椭球上的主要点、线、面

如图 2-2-1 所示，NS 为椭球的旋转轴，N 为北极，S 为南极，O 为椭球中心。通过椭球旋转轴的平面称为子午面，其中通过英国伦敦格林尼治天文台原址子午仪中心的子午面称为起始子午面（或称首子午面、本初子午面）；子午面与椭球面的交线称为子午线（或称经线、子午圈）。垂直于椭球旋转轴的平面与椭球面的交线称为纬线（或称纬圈、平行圈）。通过椭球中心且与旋转轴垂直的平面称为赤道面，赤道面与椭球面的交线称为赤道。

起始子午面和赤道面是在椭球面上确定地面点投影位置的两个基本面，它们组成了大地坐标系。

2. 大地经度和大地纬度

所谓大地经度，就是从起始子午面到通过某点的子午面之间的夹角，用 L 表示。从起始子午面起算，以东为正，称为东经，从 0°~+180°（或写作 0°~180° E）；以西为负，称为西经，从 0°~−180°（或写作 0°~180° W）。

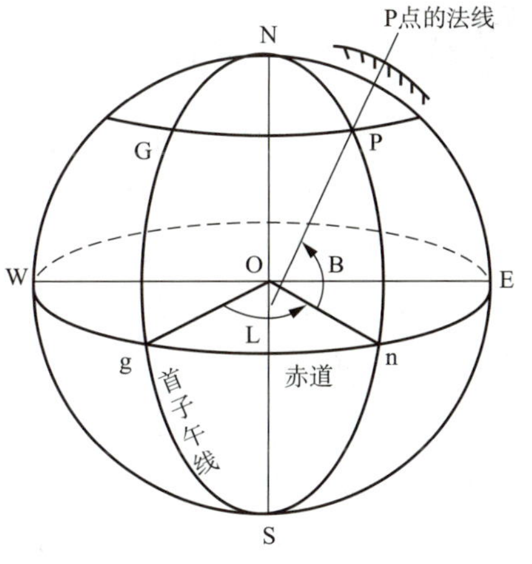

图 2-2-1　参考椭球上的基本点、线、面

所谓大地纬度，就是通过某点的法线（该点到椭球面的最短线）与赤道面的交角，用B表示。从赤道起算，向北为正，称为北纬，从0°~+90°（或写作0°~90°N）；向南为负，称为南纬，从0°~−90°（或写作0°~90°S）。

3. 大地高

所谓大地高，是指地面点沿法线到参考椭球面的距离，用H表示。从参考椭球面起算，向外为正，向内为负。大地高可由空间直角坐标变换而得，或由海拔高加以改正推算而得。

（二）地理坐标与海拔高

1. 地理坐标

以大地水准面和铅垂线为依据而建立起来的坐标系，称为地理坐标系，用地理经度（λ）和地理纬度（ψ）表示。地理经度和地理纬度在大地测量上又称为天文经度和天文纬度，因为它们可以用天文测量的方法直接测定。由于天文测量时仪器的竖轴与铅垂线重合，即仪器的竖轴与该处的大地水准面垂直，因此用天文方法直接测得的地理经、纬度是以大地水准面和铅垂线为依据的。

地理经度和地理纬度的定义与大地经度和大地纬度的定义相似，只是定义所涉及的点、线、面与参考椭球无关，而是地球（或大地体）上相应的点、线、面。

2. 海拔高

所谓地面点的海拔高，是指地面点沿铅垂线到大地水准面的距离，用h表示。从大地水准面起算，向外为正，向内为负。海拔高又称为绝对高程，简称为高程。海拔高以大地水准面为高程基准面，某点的海拔高一般是用水准测量方法测得的。

在局部区域或某个工程项目上，由于暂时无绝对高程资料或为了设计、施工方便，经常假设一个点的高程，以其作为起算值推算其余各点的高程，这种高程称为相对高程。它实际上是假定某一个水准面作为高程基准面，因此这种高程又称为假定高程。

二 平面直角坐标

在广域范围内用球面坐标表示地面点位置是合适的，但在局域范围用球面坐标表示地面点位置有时显得非常不便。一般来说，如所涉及的作业范围相对较小，在一定程度上可以将球面近似看作平面，因此，采用平面直角坐标表示地面点的位置非常方便。特别是后面章节中专门介绍的高斯平面直角坐标系，广泛应用于地形测量、地籍测量、城市测量以及各种工程测量领域。

测量中采用的平面直角坐标系与数学上的笛卡儿坐标系有所不同，测量中以纵坐标轴代表南北方向，用x表示，向北（上）为正；以横坐标轴代表东西方向，用y表示，向东（右）为正；测量上以南北方向北端（$+x$）顺时针量度到某一直线方向的夹角表示该直线的方向。由于坐标轴的次序和角度量度的方向均正好相反，因而数学上全部的三角公式都能在测量中直接应用。

三 空间直角坐标

空间直角坐标是表示空间点位置的最基本形式，但在常规大地测量和普通工程测量中用其表示地面点位置却显得非常不便。然而在卫星大地测量中，既要表示地面点的位置，又要描述空中卫星的位置，因此，采用空间直角坐标系就变得很有意义。

如图 2-2-2 所示，测量中采用的空间直角坐标系，其原点设在地球的质心或参考椭球的中心 O（相应的坐标系称为质心空间直角坐标系和参心空间直角坐标系），Z 轴与地球自转轴或参考椭球旋转轴重合（指向北极），X 轴指向起始子午面与赤道的交点，X、Y、Z 轴构成右手坐标系。某点在空间中的坐标可用该点在此坐标系的各个坐标轴上的投影来表示。

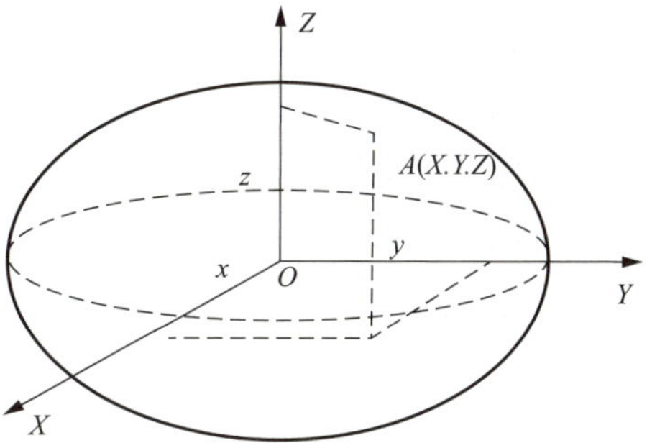

图 2-2-2　测量上的空间直角坐标系

四 国家坐标系统

（一）1954 年北京坐标系

新中国成立初期，为了尽快建立全国统一的坐标系统，经联测从苏联天文大地网引入大地坐标。以此为基础，在全国范围内，分期分批建立起大地控制网，经过平差形成全国统一的平面坐标系统，定名为 1954 年北京坐标系。

1954 年北京坐标系实际上是苏联 1942 年普尔科沃大地坐标系的延伸，采用克拉索夫斯基椭球作为参考椭球，大地原点位于苏联普尔科沃天文台。由于大地原点远离我国，有关定位参数不符合我国实际情况，在全国范围内该参考椭球与大地水准面存在着明显差距。因此，1978 年全国天文大地网平差会议决定，建立完全独立的国家大地坐标系。

（二）1980 西安坐标系

1982 年 5 月，我国完成全国天文大地网整体平差，并建立起一套新的全国统一的平面坐标系统，因其大地坐标原点在西安附近，故称为 1980 西安坐标系。

1980 西安坐标系，参考椭球采用 1975 年国际大地测量学和地球物理联合会（IUGG）第 3 个推荐值，即长半轴 a=6378140m，第一扁率 α=1/298.257；其大地原点在陕西省泾阳县永乐镇。

1954 年北京坐标系与 1980 西安坐标系的坐标成果可以相互转换，但不同地区的坐标转换参数不相同。

（三）2000 国家大地坐标系

2000 国家大地坐标系是我国为了适应国民经济高速发展的需要，采用现代大地测量手段建立的地心坐标系，经国务院批准，于 2008 年 7 月 1 日正式启用。

2000 国家大地坐标系英文名称为 China Geodetic Coordinate System，简写为 CGCS2000，是一个协议地球参考系，坐标系的原点为包括海洋和大气的整个地球的质量中心，尺度为在引力相对论意义下局部地球框架的尺度，定向的初始值采用国际时间局 1984.0 的定向。坐标系的 X 轴由原点指向格林尼治参考子午线与地球赤道面的交点，Z 轴由原点指向历元 2000.0 的地球参考极的方向，该历元的指向由国际时间局给定的历元为 1984.0 的初始指向推算，Y 轴与 Z 轴、X 轴构成右手正交坐标系。

2000 国家大地坐标系采用的椭球定义为 CGCS2000 椭球，其 4 个基本参数分别为：

①长半轴 $a = 6378137\text{m}$；

②扁率 $f = 1/298.257222101$；

③地心引力常数 $GM = 3.986004418 \times 10^{14}\text{m}^3/\text{s}^2$；

④地球自转角速度 $\omega = 7.292115 \times 10^{-5}\text{r/s}$。

在使用控制点坐标成果时，要特别注意坐标系统的一致性。

五　国家高程基准

高程基准定义了陆地上高程测量的起算点。我国高程基准采用黄海平均海水面，验潮站是青岛大港验潮站。

（一）1956 国家高程基准

建立统一的国家高程基准的关键是选定一个合适的大地水准面作为高程起算面。现实世界中的海水面是永无静止的，要想获得在大地水准面定义中所提及的一个静止的平均海水面，只有在沿海港湾设立验潮站，对海水面进行长期的、连续的观测，最后取平均值作为平均海水面。可见，所求取的平均海水面与验潮站和观测时期有关。

1987 年以前，我国以 1950 年至 1956 年 7 月青岛验潮站观测资料所求得的黄海平均海水面作为全国统一的高程基准面，由该高程基准面起算的高程系统，称为 1956 国家高程基准（又称为 1956 年黄海高程系）。

为了永久记录和标示该平均海水面，特在青岛市观象山上建立一个与该水准面相联系的水准点，称为国家水准原点。用水准测量方法精密测定其高程为 72.289m，以其作为全国统一的高程起算点。

（二）1985 国家高程基准

1985 年国家测绘局又以 1952 年至 1979 年青岛验潮站观测资料所求得的黄海平均海水面作为全国统一的高程基准面，并用水准测量方法精密测定国家水准原点的高程为 72.260m。由该高程基准面或相应水准原点起算的高程系统，称为 1985 国家高程基准。

1988 年 1 月 1 日，1985 国家高程基准正式启用，1956 国家高程基准相应废止。

在使用控制点高程成果时，要特别注意高程系统的一致性。

第三节　方位角及其相关概念

一 基本方向

在测量工作中，经常需要确定两点间平面位置的相对关系，因此，不仅要知道两点间的距离，而且还需要知道两点间直线的方向。在测量工作中，一条直线的方向是根据某一基本方向来确定的。确定一条直线与基本方向之间的关系，称为直线定向。

在测量工作中，通常以北方向作为基本方向，根据实际指向的不同，北方向分为三种：真北、磁北、坐标纵线北，通称“三北方向”，如图 2–3–1 所示。

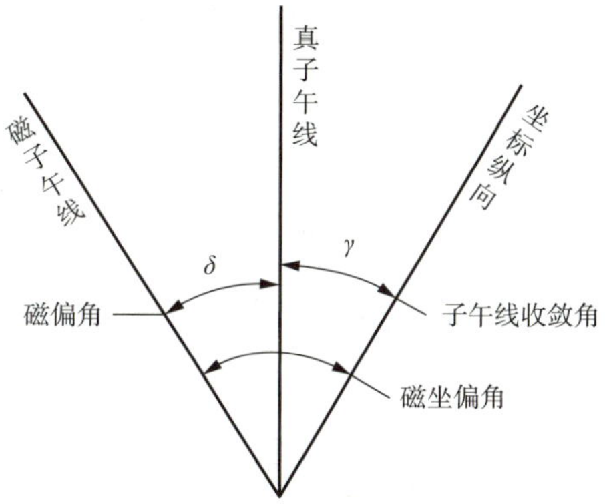

图 2–3–1　三北方向图

（一）真北方向

通过地面某点及地球北极、南极的平面与地球表面的交线称为真子午线。地面上某点真子午线北端所指的方向，称为真北方向，通常用天文测量方法确定。地面上各点的真子午线方向都指向地球的南极、北极，因而，地面各点的真子午线方向是互相不平行的。

（二）磁北方向

通过地面某点及地球磁北极、磁南极的平面与地球表面的交线称为磁子午线。地面上某点磁子午线北端所指的方向，称为磁北方向，通常用罗盘仪直接测定。地面上各点的磁子午线方向指向地球的磁南极、磁北极，因而，地面各点的磁子午线方向是互相不平行的。

（三）坐标纵线北方向

高斯投影的轴子午线，也就是高斯平面直角坐标中的纵坐标线，简称坐标纵线。地面上某点的坐标纵线北端所指的方向，称为坐标纵线北。地面各点的坐标纵线都与所在高斯投影带的轴子午线方向平行。

由于一条直线两端的真北、磁北方向互不平行，用它们确定和表示直线方向多有不便。因此，在实际测量工作中，广泛采用坐标纵线作为基本方向。

二 “三北方向”的关系

“三北方向”之间的关系，可用“三北方向图”来描述（图 2-3-1），该图一般绘示在地形图图廓下方，描述该图幅中央位置的三北关系；也可用“三北方向”之间的夹角来表示，即真北与磁北的夹角、真北与坐标纵线北的夹角、磁北与坐标纵线北的夹角。

（一）磁偏角

磁北方向与真北方向之间的夹角，称为磁偏角，一般用δ表示。以真北方向为准，磁北方向在东称为东偏，磁偏角值为正；反之，磁北方向在西，称为西偏，磁偏角值为负。磁偏角的大小因地而异，同一地点的磁偏角也随时间而有微小变化。

（二）磁坐偏角

磁北方向与坐标纵线北方向之间的夹角，称为磁坐偏角。以坐标纵线为准，磁北方向偏东，其值为正，反之为负。

（三）子午线收敛角

真北方向与坐标纵线北方向之间的夹角，称为子午线收敛角，一般用γ表示。在轴子午线以东的地区，各点的坐标纵线北方向偏在真子午线的东边，其值为正；在轴子午线以西的地区，各点的坐标纵线北方向偏在真子午线的西边，其值为负，如图 2-3-2 所示。

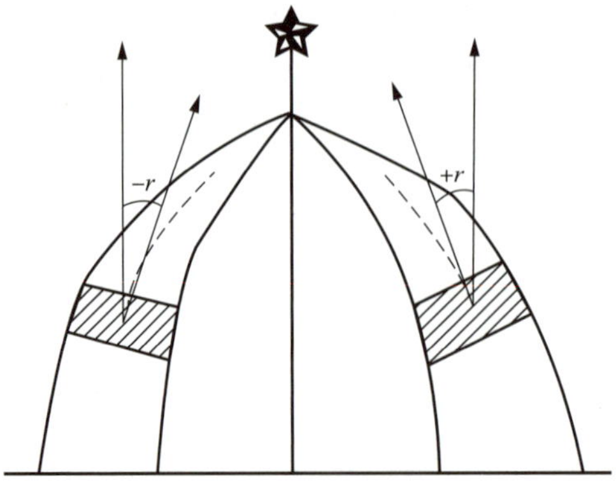

图 2-3-2　子午线收敛角

三 直线方向的表示

（一）方位角

从通过某直线起点的基本方向的北端起，顺时针方向到该直线的水平角度，称为该直线的方位角。方位角的取值为 0°~360°。

以真北方向作为起始方向的方位角，称为真方位角，以 A_t 表示；以磁北方向作为起始方向的方位角，称为磁方位角，以 A_m 表示；以坐标纵线作为基本方向的方位角，称为坐标方位角，以 α 表示。

一条直线的真方位角、磁方位角、坐标方位角之间有以下关系：

$$A_t = A_m + \delta \tag{2-3-1}$$

$$A_t = \alpha + \gamma \tag{2-3-2}$$

一条直线的方向应区分正、反方向，一般以直线的前进方向为正方向，反之则为反方向；相应地，其方位角也分为正、反方位角。一条直线两端的正、反真方位角，磁方位角之间不存在简单的固定关系，正、反坐标方位角之间有以下关系：

$$\alpha_{正} = \alpha_{反} \pm 180° \tag{2-3-3}$$

式中，当 $\alpha_{反} < 180°$ 时，取"+"，当 $\alpha_{反} > 180°$ 时，取"–"。

（二）象限角

有时，用直线与基本方向所夹的 0°~90° 的角度来表示直线的方向，即从过某直线起点的基本方向北端或南端起，顺时针或逆时针方向量至该直线所夹的 0°~90° 角度，称为象限角，一般用 R 表示，其取值范围为 0°~90°。由于象限角的起始方向可自北或自南，量度方向可向东或向西，因此，用象限角定向时，需要注明起始方向和量度方向。一般在象限角值前加注两个汉字或大写英文字母，第一个字为起始方向北（N）或南（S），第二个字为量度方向东（E）或西（W），即在Ⅰ、Ⅱ、Ⅲ、Ⅳ 4 个象限分别加注北东（NE）、南东（SE）、南西（SW）、北西（NW）。

因为基本方向有三种，所以象限角也有三种。若基本方向分别为真子午线、磁子午线、坐标纵线，则相应的象限角分别称为真象限角、磁象限角、坐标象限角。

（三）方位角与象限角的关系

坐标方位角与坐标象限角之间的换算关系如表 2-3-1 所示。

表 2-3-1 坐标方位角与坐标象限角之间的换算关系

象限		坐标方位角值范围	由坐标方位角求坐标象限角	由坐标象限角求坐标方位角
编号	名称			
Ⅰ	北东（第一象限）	0°~90°	$R = \alpha$	$\alpha = R$

续表

象限		坐标方位角值范围	由坐标方位角求坐标象限角	由坐标象限角求坐标方位角
编号	名称			
Ⅱ	南东（第二象限）	90°~180°	$R=180°-\alpha$	$\alpha=180°-R$
Ⅲ	南西（第三象限）	180°~270°	$R=\alpha-180°$	$\alpha=180°+R$
Ⅳ	北西（第四象限）	270°~360°	$R=360°-\alpha$	$\alpha=360°-R$

（四）直线定向方法

直线定向就是利用自然、仪器和测绘技术确定一条直线或一个直线段的方向。磁方位角可以用罗盘仪测定；坐标方位角可以用 GNSS 全球卫星定位仪等测量；利用陀螺经纬仪、天文观测的方法可以直接确定某地面点至地面目标方向的真方位角。

罗盘仪是利用磁针确定直线方向的一种仪器，主要由磁针、刻度盘、水准器、照准器等部件组成。磁针可绕其旋转轴旋转，照准器固定在刻度盘上并通过刻度盘中心，刻度盘的分划自照准器的接物端起逆时针注记。定向时，释放磁针，使其在地磁影响下指向地磁北极、南极；转动罗盘仪，使其找准目标点；待磁针稳定时，读取其在刻度盘上的读数，即得该目标方向的磁方位角或磁象限角。罗盘仪的精度有限，但携带方便、操作简单，因此，在线路勘测和独立测区的近似定向中经常使用。

测量真方位角的方法有两个，一是利用惯性原理，使用陀螺经纬仪测量；二是利用经纬仪观测恒星，一般观测太阳或北极星来测量真方位角。

几种方位角可以相互推算，如已知某直线的真方位角和该直线起点的子午线收敛角，则可以确定该直线的坐标方位角。

第四节　高斯投影与平面直角坐标系

一　地图投影基本概念

地图投影是利用一定数学法则把地球椭球体面上的经纬线网投影到平面上的理论和方法。

由于地球是一个赤道略宽、两极略扁的不规则球体，故其表面是一个不可展平的曲面，所以运用任何数学方法进行这种转换都会产生误差和变形，为按照不同的需求缩小误差，就产生了各种投影方法。

地图投影的实质就是将地球椭球面上的地理坐标转化为平面直角坐标，建立大地坐标

B、L 与各种投影面的平面直角坐标 x 、y 之间的数学关系，是将椭球面上的点、线和图形，按一定的数学法则变换为可展面上的点、线和图形。

由于球面上任意一点的位置是用地理坐标表示的，而平面上点的位置是用直角坐标或极坐标表示的，所以要想将地球表面上的点转移到平面上，必须采用一定的方法来确定地理坐标与平面直角坐标或极坐标之间的关系。在地图投影过程中，无法使投影前后的图形保持完全一致，地图投影变形是球面转化成平面的必然结果，没有变形的投影是不存在的。对某一地图投影来讲，不存在这种变形，就必然存在另一种或两种变形。但制图时可做到：在有些投影图上没有角度或面积变形；在有些投影图上沿某一方向无长度变形，如正形投影就是使投影前后的角度变形为零，即投影前后的图形保持相似。在地图投影中，应采用适当的投影方式使各种投影变形小到可接受的程度。

地球椭球体表面是个曲面，而地图通常是二维平面，因此在绘制地图时首先要考虑把曲面转化成平面。传统大地测量成果是在参考椭球面上处理的，而直接供人们使用的普通测量成果如地形图是在平面图纸上表示的。然而，从几何意义上来说，球面是不可展平的曲面。要把它展成平面，势必产生破裂与褶皱。这种不连续的、破裂的平面是不适合制作地图的，所以必须采用特殊的方法来实现球面到平面的转化。

二 选择地图投影应考虑的因素

地图变形与制图区域大小有关，制图区域越大，则投影选择越复杂，制图区域的大小是根据投影所能达到的最大变形值来确定的。对很小的区域，无论采用什么样的投影方案，其变形都是很小的。以我国面积最大的新疆维吾尔自治区为例，其区域范围的大小对整个地球表面来说是“不大的”，所以为该区设计任何投影方案都是可行的。然而，像世界地图、半球地图、各大洲与大洋地图等，其区域范围很大，投影所产生的变形亦很大，所以需要考虑的投影方案有很多，使投影选择变得复杂。一般规定为，当制图区域的面积不超过 500 万 ~600 万 km^2 时，即在常用投影中长度变形约为 0.5% 时，称为“不大的区域”；当制图区域面积大于 3500 万 ~4000 万 km^2 时，即在投影中长度变形可达 2%~3% 时，称为“中等区域”；如果制图区域在投影中的长度变形大于 3% 时，就称为“大区域”。

除了制图区域的大小对投影的选择有影响以外，制图区域的形状、地理位置也决定了某一区域适用的投影方案。选用投影方案时最好使等变形线与制图区域的轮廓形状基本一致。方位投影的变形线的形状是以投影中心为圆心的圆形，所以它最适合表示具有圆形轮廓的区域；两极及其附近地区采用正轴方位投影、以赤道为中心的地区采用横轴方位投影、中纬地区采用斜轴方位投影。当制图区域沿东西方向延伸且处于中纬地区时，则宜采用正轴圆锥投影，如中国、美国等。当制图区域在赤道附近或处于赤道两侧沿东西方向延伸时，应采用正轴圆柱投影，如印度尼西亚。当制图区域沿南北方向延伸，一般采用横轴圆柱投影和多圆锥投影，如南美洲的阿根廷、智利。对于任意方向延伸的地区，均可选用斜轴圆柱投影。

在世界地图中常用墨卡托投影（等角正轴投影）来绘制世界航线图、世界交通图、世界时区图，也有用任意圆柱投影绘制时区图。我国出版的世界地图多采用等差分纬线多圆锥投影，这对于表现我国形状以及与四邻的对比关系较好，但投影的边缘地区变形较大。对东、西半球地图常选用横轴方位投影，南、北半球图选用正轴方位投影，水、陆半球图则选用斜轴方位投影。

三 高斯投影

地图是一个平面，地球表面是一个曲面，将地球表面上的地物和地貌测绘到平面自然会产生变形。测绘面积不大时，可视地面为平面，不考虑变形。但是做大范围的测绘工作时，就需要按照一定的数学法则将地球椭球上的经纬线网投影到平面上，此方法称为地图投影。高斯投影是地图投影中的一种，是高斯在 1816—1820 年首先提出来的，后经克吕格加以补充，称为高斯 – 克吕格投影，简称高斯投影（图 2–4–1）。

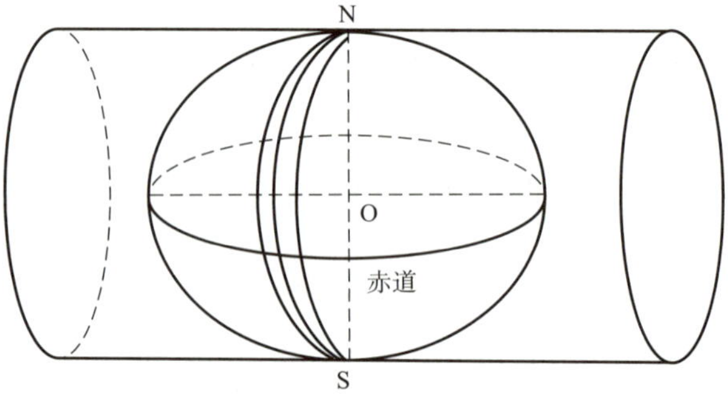

图 2–4–1　高斯投影

设想一个横圆柱面套在地球外面，垂直于圆柱横截面的母线经过地球椭球的旋转轴，并使圆柱的中心轴通过地球椭球球心，与椭球自转轴垂直，这时椭球体上的某子午线正好与横圆柱面相切，这条子午线称为投影的中央子午线。地球椭球上的经线、纬线和点，向横圆柱面上投影，然后将横圆柱沿过椭球南北两极的母线展开成平面，此面称为高斯投影面。

高斯投影是一种正形投影，也叫等角横切椭圆柱投影，有如下特点：

①中央子午线投影后无长度变形，即长度比为 1；其余经线均有长度变形，长度比均大于 1，离中央子午线越远，长度变形越大，最大变形在边缘经线与赤道的交点处。

②中央子午线和赤道投影后成为相互垂直的直线，具有完全固定的位置，因此采用它们作为高斯直角坐标系的坐标轴，中央子午线投影后的直线为x轴，赤道投影后的直线为y轴。

③除中央子午线和赤道投影后为直线外，其他经线和纬线在投影面上的投影均为曲线，并且向两极收敛。在同一条经线上，长度变形随着纬度的降低而增大，在赤道处为最大；在同一条纬线上，长度变形随着经差的增加而增大。

④角度投影后仍保持不变。

由以上特征可知，高斯投影后，除了中央子午线外，都存在着不同程度的长度变形，长度变形随着离中央子午线距离越远其变形越大。因此，为了将变形限制在一定的范围内，将地球椭球以经差按 6°、3° 等分成若干条带，分别进行高斯投影，这样就产生了高斯投影 6° 分带和 3° 分带的概念（图 2–4–2）。

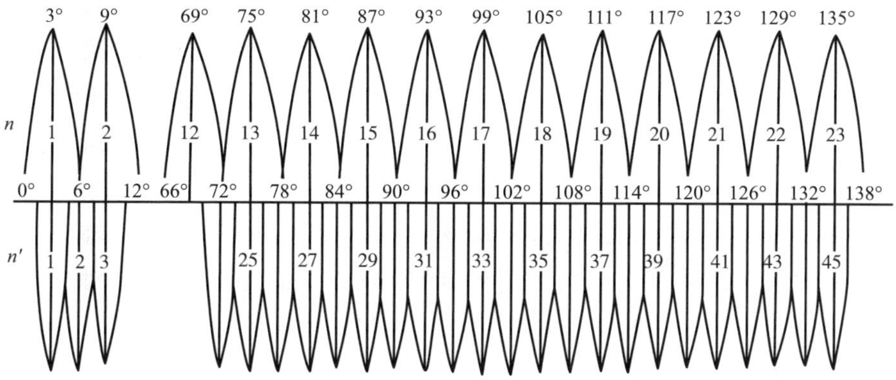

图 2–4–2　高斯投影分带

高斯投影 6° 分带是从 0° 子午线起，每隔经差 6° 自西向东分带，即带宽为 6°，带号依次编为第 1 带、第 2 带、第 3 带等。每个分带的中央子午线为分带中间的子午线，即第 1 带经度从 0° ~ 6°，其中央子午线为 3° 经线，以此类推，任一 6° 分带的中央子午线计算公式如下。

$$L_0 = 6° \times N - 3° \qquad (2\text{–}4\text{–}1)$$

式中　L_0——第 N 带的中央子午线；

N——投影带号。

高斯投影 3° 分带是从东经 1° 30′ 经线起，每隔经差 3° 自西向东分带，即带宽为 3°，带号依次编为第 1 带、第 2 带、第 3 带等。每个分带的中央子午线为分带中间的子午线，任一 3° 分带的中央子午线计算公式如下。

$$L_0 = 3° \times N \qquad (2\text{–}4\text{–}2)$$

式中　L_0——第 N 带的中央子午线；

N——投影带号。

我国将高斯投影作为国家大地测量和地形图的基本投影，规定 1 : 500000、1 : 250000、1 : 100000、1 : 50000、1 : 25000、1 : 10000 比例尺地形图均采用高斯投影。1 : 25000~1 : 500000 比例尺地形图采用经差 6° 分带，1 : 10000 比例尺地形图采用经差 3° 分带。

四 国际通用地图投影

（一）墨卡托（Mercator）投影

墨卡托投影因其由德国地理学家、制图学家墨卡托（Mercator，1512—1594）创造而得名，亦即正轴等角圆柱投影。以一个与地轴方向一致的圆柱切于或割于地球，按等角条件将其上的经纬线投影于圆柱面上，再将圆柱面沿某一母线剖开展平，即获得平面的经纬线网。经线投影为一组竖直的等距离平行线，纬线投影为一组水平的不等距平行线（离赤道越远间距越大）。由于墨卡托投影将等角航线表示为直线，因此，广泛应用于航海图和航空图。

横轴墨卡托投影（TM 投影，Transverse Mercator 投影），又称兰勃特—高斯投影，亦即等角横切圆柱投影。以一个与地轴方向正交的圆柱横切于制图区域中央经线，按等角条件将其上的经纬线投影于圆柱面上，再将圆柱面沿两极母线剖开展平，即获得平面的经纬线网。中央经线投影为一直线（无长度变形），其他经线投影为一组对称于中央经线的曲线，赤道投影为一直线（有长度变形），其他纬线投影为一组对称于赤道的曲线。横轴墨卡托投影是将地球看作圆球，若将地球看作椭球，便为高斯—克吕格投影。

通用横轴墨卡托投影（UTM 投影，Universal Transverse Mercator 投影），属于等角横割圆柱投影。其实是以横轴墨卡托投影（高斯—克吕格投影）为基础，为改善投影变形分布而设计的。UTM 投影其中央经线投影后是长度比为 0.9996 的直线，其在 6° 带内的最大长度变形不超过 0.04%；高斯投影后其中央经线投影后是长度比为 1 的直线，其在 6° 带内的最大长度变形不超过 0.14%。UTM 其他投影规则与高斯投影类似，采用了相同的分带形式。许多国家采用 UTM 投影作为国家基本地形图的数学基础。

（二）兰勃特（Lambert）投影

兰勃特投影因其由德国数学家兰勃特（Lambert，1728—1777）拟定而得名，亦即正轴等角圆锥投影。以一个与地轴方向一致的正圆锥切于或割于地球，按等角条件将其上的经纬线投影于圆锥面上，再将圆锥面沿某一母线剖开展平，即获得平面的经纬线网。经线投影为一组同心圆半径，纬线投影为一组同心圆圆弧，经线长度比与纬线长度比相等。兰勃特投影适合制作中纬度地区沿纬线方向分布的中小比例尺地图。国际 1∶1000000 地形图即以此为投影编制，我国 1∶1000000 地形图也以此为投影编制。

五 平面直角坐标系及坐标正反算

（一）平面直角坐标系

平面直角坐标系是指在一个平面上，利用两个相互垂直的直线作为坐标轴建立二维平面坐标系统。数学上的平面直角坐标系是用y轴作为纵坐标轴，x轴作为横坐标轴，y轴竖直向上为正，x轴水平向右为正。测绘工作中使用的平面直角坐标系与之有所区别，用x轴作为纵坐标轴，y作为横坐标轴，x轴竖直向上为正，y轴水平向右为正。由于测绘使用的方位角是从x轴正方向顺时针方向增加，与数学上规定的角度刚好相反，所以，数学平面直角坐标系中三角函数关系在测绘平面直角坐标系中完全适用。

地球椭球经过高斯投影后成为一个平面，即高斯投影面。在高斯投影面上，以每一个高斯投影带的中央子午线的投影作为纵坐标轴x，以赤道的投影作为横坐标轴y，两轴交点作为坐标原点，建立平面直角坐标系，由于建立在高斯投影的基础上，所以又称为高斯投影平面直角坐标系或高斯平面直角坐标系，在日常测量工作中，简称平面直角坐标系。

每个高斯投影带均有一个平面直角坐标系。纵坐标x由赤道向北为正，向南为负，用x或 N 表示；横坐标y由中央子午线向东为正，向西为负，用y或 E 表示。我国处于北半球，所以x始终为正值。横坐标y在每个投影带内有正有负，此横坐标称为自然坐标。为了使用方便，避免出现负值，统一将每个投影带横坐标轴向西移动 500km，即将y值加 500km。同时，为了表明坐标属于第几投影带，在横坐标y值前面写上带号，这种坐标值称为通用坐标。如 20 带坐标：

自然坐标：$x=5011987.7$m，$y=-10362.7$m；

通用坐标：$x=5011987.7$m，$y=20489637.3$m。

（二）平面直角坐标正反算

1. 平面直角坐标正算

平面直角坐标正算，是根据直线的边长、坐标方位角和一个端点的坐标，计算直线另一个端点坐标的过程，也就是将两点间的平面关系由极坐标转化为直角坐标。可以表示为有两个地面点A、B，已知A点的坐标(x_A, y_A)，方位角α_{AB}和AB间的水平距离D_{AB}，求B点的坐标。

设已知直线AB的边长D_{AB}和一个端点A的坐标(x_A, y_A)，假设A点到B点在x轴上的坐标增量为Δx_{AB}，在y轴上的坐标增量为Δy_{AB}，则可得：

$$\Delta x_{AB}=D_{AB}\times\cos\alpha_{AB}$$

$$\Delta y_{AB}=D_{AB}\times\sin\alpha_{AB}$$

$$x_B=x_A+\Delta x_{AB}=x_A+D_{AB}\times\cos\alpha_{AB}$$

$$y_B=y_A+\Delta y_{AB}=y_A+D_{AB}\times\sin\alpha_{AB} \tag{2-4-3}$$

2. 平面直角坐标反算

平面直角坐标反算，是根据直线起点和终点的坐标，计算直线的水平距离和坐标方位角的过程，也就是将两点间的平面关系由直角坐标转化为极坐标。

假如已知A、B两点的坐标，现在要求取两点间水平距离和方位角α_{AB}，坐标反算公式为：

$$\alpha_{AB} = \tan^{-1}(\Delta y / \Delta x)$$

$$S_{AB} = \sqrt{(\Delta x)^2 + (\Delta y)^2} \qquad (2\text{–}4\text{–}4)$$

式中　α_{AB}——A、B 两点间的方位角；

S_{AB}——A、B 两点间的水平距离；

Δx——A、B 两点间的 x 坐标差；

Δy——A、B 两点间的 y 坐标差。

由于反三角函数计算的结果有多值性，所以在计算坐标方位角 α_{AB} 之前，要先计算象限角 R_{AB}。

六　普通测量基本原理

（一）一般原则

在测量工作中，受到人、仪器、环境等各种因素的影响，导致测量的结果含有误差，这种误差是不可避免的。研究表明，在一定的人、仪器、环境条件下，如果遵循一定的原则，采取合理的程序和步骤，那么所产生的误差是有限度的、是可以接受的。因此，对于测量工作来说，必须遵循一定的原则，采取合理的程序和步骤。

一般来说，在实际测量工作中，必须遵循以下基本原则：

①在范围上，由整体到局部；

②在精度上，从高级向低级；

③在内容上，先控制后碎部；

④在作业过程中，做到步步有检核。

（二）基本原理

普通测量工作的实质是确定地面点的位置，即地面点的平面坐标 (x, y) 和高程 h。一般来说，地面点的平面坐标 (x, y) 和高程 h 都不宜直接测定，通常都是依据已知点，通过测定点与点之间相对关系的基本要素，间接推算出待定点的平面坐标 (x, y) 和高程 h。

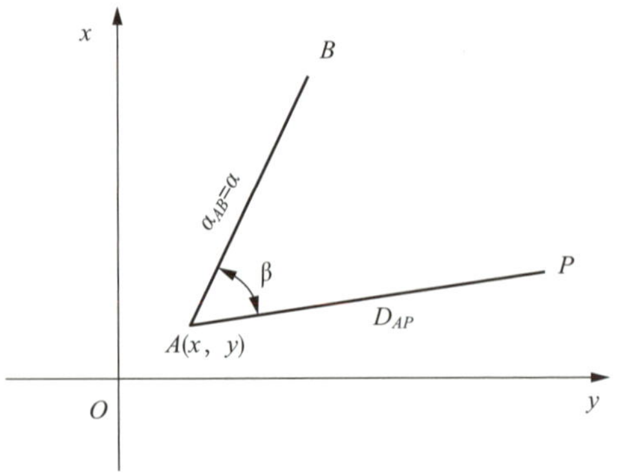

图 2–4–3　普通测量中确定一点的基本要素

如图 2–4–3 所示，设 A 为已知点，即其平面坐标 (x, y) 和高程 h 为已知值；AB 为已知方向，即其与 x 轴的夹角 α 为已知值。根据数学原理不难理解，要确定待定点 P 的平面坐标

(x_P, y_P)，只需测定 AB 到 AP 的夹角 β 和点 A 到点 P 的距离 D_{AP}。要确定待定点 P 的高程 h_P，只需测定点 A 到点 P 的高差 h_{AP}。

因此，可以说，水平角、水平距离和高差是确定地面点间相对关系的三个基本要素。或者说，角度测量、距离测量和高差测量是普通测量的基本内容。

（三）一般过程

根据测量的一般原则和普通测量的基本原理，当在一个特定的区域内进行测量工作时，其一般过程大致如下。

1. 起算数据准备

要在一个测区内开展测量工作，首先要获取必要的起算数据，作为开展测量工作的依据。这些起算数据通常为各个等级的测量控制点。

所谓测量控制点，是指按照一定原则所布设，并采用特制标志所标示的地面固定点，其精确位置（空间直角坐标 X、Y、Z，或空间大地坐标 B、L、H，或平面直角坐标 x、y 和高程 h）一般通过建立平面控制网、高程控制网确定，也可通过建立三维空间控制网确定。

一般地，测量控制点分为国家基本控制点和为城市及各种工程建设所布设的城市控制点（或工程专用控制点）。

2. 控制测量

所谓控制测量，一般是指通过建立控制网来确定地面点的精确位置所进行的测量工作。它是地形测图及工程测量的基础和依据。

在控制测量中，一般遵循“由整体到局部”“从高级向低级”的原则，即，先以已知国家控制点为基础，在整个测区范围内选择少量有控制意义的点，将各点用一定的图形联系起来，以较高精度测定各点间相对关系的基本要素，从而推算出它们的平面坐标和高程，作为测区的基本控制。基本控制一般不能完全满足地形测图或工程建设的需要，为此，必须进一步加密控制点，即，在已建立的基本控制点的基础上，根据地形测图或工程建设的需要，分区、分期地布设足够数量的控制点，将它们以一定图形联系起来，用稍低些的精度测定各点间相对关系的基本要素，从而推算出它们的平面坐标和高程，作为地形测图或工程建设的直接依据。

传统上，测量控制点分为平面控制点和高程控制点。平面控制点主要采用经纬仪、测距仪、全站仪等仪器，利用三角测量（相应的控制网称为三角网，相应的控制点称为三角点）、导线测量（相应的控制网称为导线网，相应的控制点称为导线点）等方法布设；高程控制点主要采用水准测量（相应的控制网称为水准网，相应的控制点称为水准点）或三角高程测量（一般与三角测量、导线测量同步进行，相应的控制点称为三角高程点）等方法确定。当前阶段，测量控制点主要采用 GNSS 方法布设（相应的控制网称为 GNSS 网，相应的控制点称为 GNSS 点），GNSS 控制点具有三维位置，既可以作为平面控制点，又可以作为高程控制点。自 1981 年第一台美国 GPS 接收机诞生以来，GNSS 技术的发展异常迅速，已经成为建立各类测量控制网的主要方法。

3. 碎部测量

碎部测量，即地形测图，是普通测量的一道工序。其主要内容：首先测定地物和地貌的特征点（如房角、路口、山顶等），然后对照实地运用相应的线划和符号在图纸上（或电脑上）加以描绘和描述，最终形成地形原图。其主要方法有航空摄影测量成图法、全站仪数字测绘法、卫星差分定位测绘法等。

传统上，地形测图的外业绘图工作都是在特制的聚酯薄膜或白色绘图纸上进行的。为了测图、用图的方便，一般都要分幅测绘，常用图幅有 50cm × 50cm、40cm × 50cm、40cm × 40cm 等几种规格。先将整个测区按照地形图分幅规则划分为若干图幅，在某一图幅上展绘出所对应的坐标格网，并展绘出该图幅所包含的控制点。然后，分别以各控制点为依据，采用一定的测量仪器和方法，测定控制点周围地物和地貌特征点的平面位置和高程，同时，采用一定的绘图工具，将所测定的地物和地貌特征点展绘于图上，并对照实地运用相应的线划和符号描绘出地物和地貌。最后，依次在各控制点设站测绘，直到测完整个图幅以至整个测区的全部图幅。

当前，主要是采用内外业一体化的数字测图方式，具有测图快、精度高、用人少、效率高等特点。

（四）用水平面代替水准面的限度

我们已经知道，要确定和表示一个地面点的位置，需要将其投影到大地水准面和参考椭球面上。由于大地水准面的起伏和参考椭球面的扁率相对于地球庞大的体积来说非常微小，因此在普通测量工作中，完全可以将大地水准面和参考椭球面看作圆球，甚至在一个相对更小的作业范围内，往往可以将水准面看作水平面（与铅垂线正交的平面），也就是把地球表面上的点直接投影到水平面上。用水平面直接代替水准面，一方面大大简化了测量计算工作，但又给测量结果造成了误差。这就需要考虑到底在多大范围内可以用水平面直接代替水准面的问题。以下就用水平面代替水准面对距离、角度、高差的影响作一分析。

1. 用水平面代替水准面对距离的影响

如图 2-4-4 所示，设 A 为一地面点，AO 表示铅垂线方向，以 O 为球心、R 为半径的球面表示水准面，过 A 点的球面的切平面表示水平面。

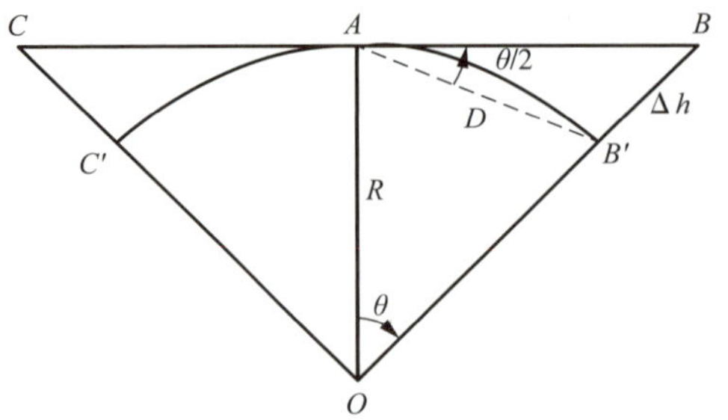

图 2-4-4　用水平面代替水准面对距离、高程的影响

用水平面代替水准面对距离的影响，就是用切线 AB 代替弧线 AB' 在距离方面产生的误差 ΔD：

$$\Delta D = \overline{AB} - \widehat{AB'}$$

当距离 D（即 AB 或 AB'）相对地球半径 R 来说非常小时，按照数学理论可以导出：

$$\Delta D = \frac{D^3}{3R^2} \qquad (2\text{-}4\text{-}5)$$

$$\Delta D / D = \frac{D^2}{3R^2} \tag{2-4-6}$$

以上二式即为用水平面代替水准面对距离的影响公式。

将 R=6371km 代入公式，按不同的距离分别计算对距离的影响列于表 2–4–1。

表 2-4-1　用水平面代替水准面对距离的影响

项目	数据 1	数据 2	数据 3	数据 4	数据 5
距离 D/km	1	10	20	50	100
距离误差 ΔD/mm	0.0082	8.2	65.7	1027	8212
相对误差 $\Delta D/D$	1/120000000	1/1200000	1/300000	1/50000	1/12000
精密光电测距精度	>1/1000000				
普通钢尺量距精度	>1/2000				

从表 2–4–1 可以看出，当地面距离为 10km 时，用水平面代替水准面所产生的距离误差，比目前最精密的光电测距仪所产生的测距误差还小。因而，在几十平方千米甚至上百平方千米范围内进行普通测量时，完全不必考虑用水平面代替水准面对距离的影响。

2. 用水平面代替水准面对角度的影响

在角度测量时，所依据的基准线和基准面是铅垂线和水准面。以水平面代替水准面对角度的影响可以这样理解：当对一个由 3 个地面点构成的三角形的 3 个内角进行测量时，如果认为 3 个点是在一个平面内，则一定符合内角和等于 180° 的条件；如果认为 3 个点是在一个水准面（球面）上，则在 3 个点上所测的角度不在一个平面内，因而内角不等于 180°，而是等于 180° +ε（ε 称为球面角超，单位为 s）。这个球面角超就是用水平面代替水准面对三角形内角和的影响。

按照数学理论，一个三角形的球面角超 ε 与球面三角形的面积 P 成正比，与球的半径 R 的平方成反比，即：

$$\varepsilon = \frac{P}{R^2}\rho \tag{2-4-7}$$

显然，这个球面角超是由在 3 个点上分别用水平面代替水准面共同造成的。因此，用水平面代替水准面对角度的影响 $\Delta\alpha$ 为：

$$\Delta\alpha = -\frac{1}{3}\varepsilon = -\frac{P}{3R^2}\rho \tag{2-4-8}$$

式（2–4–8）即为用水平面代替水准面对角度的影响公式。

将 R = 6371km 代入公式，按不同的面积分别计算对角度的影响列于表 2–4–2。

从表 2–4–2 可以看出，当实地面积为 100km^2 时，用水平面代替水准面所产生的角度误差，比目前最精密的测角仪器所产生的角度误差要小得多；即使实地面积达到 1000km^2 时，用水平面代替水准面所产生的角度误差，比一般测角仪器所产生的角度误差也小得多。因而，在几百平方千米范围内进行普通测量时，完全不必考虑用水平面代替水准面对角度的影响。

表 2-4-2 用水平面代替水位面对角度的影响

项目	数据 1	数据 2	数据 3	数据 4	数据 5
面积 P/km^2	1	10	100	1000	10000
角度误差$\Delta\alpha$（″）	0.00	0.02	0.17	1.69	16.96
精密角度测量精度 /（″）	0.5				
一般角度测量精度 /（″）	6				

3. 用水平面代替水准面对高差的影响

如图 2-4-4 所示，以水平面代替水准面对高差的影响，就是用切线 AB 代替弧线 AB' 在高程方面产生的误差Δh：

$$\Delta h = OB - OB'$$

当距离 D（即 AB 或 AB'）相对地球半径R来说相当小时，按照数学理论可以导出：

$$\Delta h = D^2 / 2R \qquad (2\text{-}4\text{-}9)$$

式（2-4-9）即为用水平面代替水准面对高差的影响公式。

将 $R = 6371\text{km}$ 代入公式，按不同的距离分别计算对高差的影响列于表 2-4-3。

表 2-4-3 用水平面代替水准面对高差的影响

项目	数据 1	数据 2	数据 3	数据 4	数据 5
距离 D/km	0.1	0.5	1	5	10
高程误差 Δh/mm	1	20	78	1962	7848
精密水准测量精度 /（mm/km）	≤ 3				
普通水准测量精度 /（mm/km）	≤ 10				

从表 2-4-3 数据可以看出，用水平面代替水准面所产生的高程误差，比目前一般水准测量所产生的测量误差要大得多。所以，即使在小范围内进行普通测量工作，也不能忽略用水平面代替水准面所产生的高程误差。

综上所述，在几百平方千米范围内进行普通测量时，在水准面上实测的长度和角度可以看作水平面上的长度和角度，完全不必考虑用水平面代替水准面对长度和角度的影响；但在更小的范围内，不能忽略用水平面代替水准面所产生的高程误差。

第五节　地形图及分幅编号规则

一　地形图的概念

所谓地图，是指按照一定的数学法则，运用特定的符号系统，以图形或数字的形式表示地球空间各种自然形态和社会现象的图。地图具有如下特征：

1. 可量测性

地图采用了地图投影、地图比例尺和地图定向等特殊的数学法则，可以在地图上精确量测点的坐标、线的长度方位、区域的面积、物体的体积和地面坡度等。

2. 直观性

地图符号系统称为地图语言，它是表达地理事物的工具，利用地图可以直观、准确地获得地理空间信息。

3. 一览性

地图是缩小了的地面表象，它不可能表达出地面上所有的地理事物，需要通过地图综合的方法，使地面上任意大小的区域缩小制图，按照制图目的，将读者需要的内容一览无余地呈现出来。

地图按比例尺分为大比例尺地图、中比例尺地图、小比例尺地图；按表示内容分为普通地图和专题地图；按表示方法分为线划地图、影像地图、数字地图等。

地图的内容由数学要素、地理要素和辅助要素等构成。

①数学要素包括地图的坐标网、控制点、比例尺、定向等内容，是编图的基础。

②地理要素是地图的主体，大致可以分为自然要素、社会经济要素和环境要素等。

③辅助要素是指为方便使用而提供的具有一定参考意义的说明性内容或工具性内容，主要包括图名、图号、接图表、图廓、分度带、图例、坡度尺、附图、资料及成图说明等。

地形图属于一种普通地图。所谓地形图，是指以一定的比例尺，按规定的符号表示地面上各种固定物体和起伏形态的平面位置和高程的正射投影图。地形图能够比较全面、客观地反映地表情况。

一幅完整的地形图一般包括图名、图号、图廓、比例尺、坐标格网、坐标系统、高程系统、三北关系图、图幅接合表以及图幅内的各种地形要素等。

①图名是一幅地形图的名称，一般以本图幅内最著名的地名、山名、河名等命名。图号是给一幅地形图编排的序号，国家基本地形图一般按统一的分幅编号规则编号，城市地形图或工程专用地形图往往按行列或流水编号；编号的目的是便于地形图的贮存、检索和使用。图名和图号注写在图幅上图廓外的中央。

②图廓是一幅地形图四周的范围线，由内图廓和外图廓组成。内图廓是图幅的实际范围线，梯形图幅的内图廓由经纬线（东西两边为经线，南北两边为纬线）构成，在内图廓

的 4 个脚注有相应的经纬度；矩形图幅的内图廓由直角坐标格网线构成；外图廓在内图廓之外加粗绘制，主要起装饰作用。

③比例尺是一幅地形图的尺度基准，有数字比例尺和直线比例尺两种形式，数字比例尺便于计算，直线比例尺便于量取图上距离，可减少因图纸伸缩造成的量距误差。比例尺注写在图幅下图廓外的中央。

坐标格网是用来确定地形图上点位的坐标标志线，分为地理坐标格网（经纬网）和直角坐标格网（方里网）。地理坐标格网一般以在内外图廓之间绘示分度带的方式表示，将相对两边等值分度带相连即得经纬线网，可用于确定点的地理坐标。直角坐标格网一般以在内外图廓之间绘示短线、在图幅内绘示十字的形式表示，用于确定点的平面直角坐标。

坐标系统、高程基准、地图投影等注写在图幅下图廓外的左部，用来说明该幅图所采用的坐标系统、高程基准、地图投影等，如“1954 年北京坐标系”“1985 国家高程基准”“独立坐标系”“假定高程系”等。

三北关系图用来描述该幅图范围内的真北、磁北和坐标纵线北之间的相互关系。一般绘在上图廓外右部，图中注有“三北方向”以及磁北方向与真北方向的夹角（磁偏角）、坐标纵线北方向与真北方向之间的夹角（子午线收敛角）。

图幅接合表用来描述该幅图与四周相邻图幅的接合关系。一般绘在上图廓外左部，由三横三纵 9 个格组成，居中绘有斜线的格代表本幅图，其余格分别代表相关图幅，格内注有相应的图名、图号。

图廓内表示的各种地形要素是地形图要表示的主要内容。地形要素包括各种地物（地面上各种人工或天然的固定性物体，如房屋、道路、水系、植被等）和地貌（地面的高低起伏形态），地物一般以特定的符号和相应的注记表示，地貌则主要用等高线和高程注记来表示。

地物是地面上各种天然或人类活动形成的固定性物体的统称。地物分为两大类：一类主要是天然形成的，如水系、植被等；另一类是人类活动形成的，如房屋、道路等。

二 比例尺的概念

（一）比例尺的定义

所谓比例尺，就是“图上距离与实地对应水平距离之比”。

为了使比例尺的意义更直观、更明确，通常把比例尺表达为分子为 1 的分数形式，即 1/M 或 1：M，M 为比例尺分母，一般为 500、1000、2000 等整数。

国家基本地形图的比例尺有 1：500、1：1000、1：2000、1：5000、1：10000、1：25000、1：50000、1：100000、1：250000、1：500000、1：1000000 等几种，一般称 1：500~1：5000 为大比例尺，1：10000~1：50000 为中比例尺，1：100000~1：1000000 则为小比例尺。

（二）比例尺的精度

正常人的眼睛通常只能清楚地分辨出图上相距 0.1mm 的两点，如果实地两点的平距按比例尺缩绘到图上后小于 0.1mm，则认为难以分辨。因此，人们把与图上 0.1mm 相应的实地水平距离称为比例尺的精度或比例尺的最大精度。

根据比例尺精度，可以把握在实际测量中，究竟要准确到什么程度才有实际意义；反之，也可以依据实际测量所要求（或达到）的精度，考虑到底选用多大的比例尺。例如，按照某项工程设计的要求，地形图上应能够反映出实地上 1m 的地物，则依据比例尺的最大精度，就需要提供 1：10000 或更大比例尺的地形图。

三 地形图测绘方法

（一）概述

地形图是指根据一定的数学法则，按照一定的比例尺，采用特定的符号系统和一定的表示方法，以模拟或数字的形式表示地球表面上各种地物和地貌的平面位置和高程的正射投影图。地形图的检查包括室内检查及外业检查，其中仪器设站检查为 10% 左右。在地形图测绘过程中，最后需将测得的各种地物地貌依照规定的比例尺、依据地形图图示规定的符号缩绘到图纸上。

地形测量是根据规范和地形图图式，将地物点和高程点及其他地理要素测量并记录在某种载体上的技术。地形测量主要分为图根控制、碎部点采集、地形图编绘等环节。

为大比例尺地形测图而建立的基本控制网，其密度和精度应以满足图根控制的需要为基本原则。在实时相位差分测量（RTK）技术运用之前，图根平面控制多以电磁波测距导线为主，以放射状支导线或极坐标点作为辅助形式。在图根高程控制测量中，当基本等高距为 0.5m 时，可采用电磁波测距三角高程测量。根据控制测量从整体到局部、分级布设、逐级布设的原则，在大比例尺地形测图中，图根控制测量允许同精度发展一次或同精度发展两次。目前，图根平面控制多以电磁波测距导线布设，也可采用 GNSS 载波相位差分测量布设。图根导线的边长与折角测量也可采用钢尺量距和光学经纬仪测角。

图根点是直接供测图使用的控制点，它包含平面控制点和高程控制点。图根控制网布设规格，应满足测量界址点坐标的精度要求，与地形图的比例尺大小基本无关。在大比例尺地形测图中，图根控制点是碎部点采集的主要依据，图根控制测量原则上不分等级，但允许同精度发展一次，个别困难地区可发展两次。地形测绘中，图根控制点应服务于各项地形测量。

控制点应埋设永久性标志，也可埋设半永久性标志，控制点应附有“点之记”描述。在布设测图图根点的过程中，一般布设图根点的密度要求为布设均匀、数量适中，能够满足碎步测量需要。在一般测图中图根点要有一定的密度，但图根点的密度不宜过大，密度过大可能会影响测图的精度及质量。在平坦开阔地区利用经纬仪测图时，1∶2000测图对图根点的密度要求不宜少于15个/km^2。1∶1000测图对图根点的密度要求不宜少于50个/km^2，1∶500测图对图根点的密度要求不宜少于150个/km^2。

在一般测图规范中，要求图根点相对于图根起算点的点位中误差不得大于图上0.1mm。在图根高程控制测量中，当基本等高距为0.5m时，不能采用经纬仪视距三角高程测量。图根控制点的作用：一是直接作测站点使用，进行碎部测量；二是作为临时增设测站点的依据，以满足大比例尺地形测图建立基本控制网满足图根控制密度、精度的需要。城镇建成区，通常采用导线布设地形图根控制网。图根控制网具有控制全局、限制测量误差累积的作用，是各项测量工作的依据。

在现代测绘工作中大量使用卫星定位RTK测量技术进行地形测量，RTK地形测量的内容为图根点测量和碎部点测量。

地形测量的目的是既要获得地面物体的平面位置，又要获得其高程，要完成这样的目的，通常有两种不同的测量程序：一种是在野外用仪器将碎部点与控制点的关系，包括距离、方向和高差进行测定，并记录下来，再在室内进行绘图，这种方法一般称为测记法；另一种是在野外根据图解的原理当时将碎部点的位置确定下来，所有的绘图工作是在野外完成的，这种方法一般称为测绘法。测绘法是最常用的地形测量方法。在野外进行的测量工作称为外业，在室内进行的测量工作称为内业。外业工作主要是获得必要的数据，如点与点之间的距离，边与边之间的夹角等。内业工作主要是计算与绘图。

地物特征点、地形特征点统称为碎部点，碎部测量是根据比例尺要求，运用地图综合原理，利用图根控制点对地物、地貌等地形图要素的特征点，用测图仪器进行测定并对照实地用等高线、地物、地貌符号和高程注记、地理注记等绘制成地形图的测量工作。其基本内容，就是测定地物和地貌的特征点并用相应的符号描绘成图形。碎部测量是地形测量的一道工序，主要是测定地物和地貌的特征点，碎部测量是测绘地物地形的作业，简单地说，碎部测量，一般是指大比例尺地形测图中测绘地物和地貌特征点平面位置和高程的过程。在进行地形测图时，当需要将地面点归化到高斯平面上时，对大比例尺地形测量，应采用3°带或1.5°带的高斯投影。

地形图的精度包含比例尺精度和碎部点精度，图上地物点的位置中误差可以作为衡量地形图碎部点精度的一项指标。衡量地形图碎部点的精度指标主要有图上地物点的位置中误差、间距中误差、平地高程注记点的高程中误差和等高线插求点的高程中误差。

在大比例尺地形测图中，当碎部点的平面位置采用全站仪极坐标法或GNSS RTK方法测定时，其高程通常采用电磁波测距三角高程法同时测定。当碎部点的平面位置采用经纬仪极坐标法测定时，若地势比较平坦且对高程精度要求较高，则其高程通常采用经纬仪水准高程法同时测定。在大比例尺地形测图中，碎部点平面位置的测定方法主要有极坐标法、方向交会法、距离交会法、综合作图法。

（二）碎部点测量

1. 碎部点平面位置的测定方法

（1）极坐标法

所谓极坐标法，就是以某一图根点为测站点，以另一图根点为后视点，通过测定后视点方向与碎部点方向之间的水平夹角和测站点到碎部点之间的水平距离，来确定碎部点的平面位置。极坐标法是测定碎部点平面位置的最基本方法，具有方便灵活、快捷准确等优点，只要被测碎部点可以立尺（立镜），就应优先考虑采用极坐标法测定。

（2）方向交会法

所谓方向交会法，又称角度交会法，就是在两个测站点上分别架设仪器，对同一个碎部点进行方向观测，从而确定出碎部点的平面位置。方向交会法是测定碎部点平面位置的一种辅助方法，因不用测量距离，故适用于测定远处或不便到达的明显目标点（如电杆、烟囱、房角等）。

（3）距离交会法

所谓距离交会法，又称长度交会法，就是从两个已测点上分别量取到同一个碎部点的距离，从而确定出碎部点的平面位置。距离交会法还是测定碎部点平面位置的一种补充方法，因不用观测方向，故适用于测定仪器观测不到，而又便于量距的地物特征点（如房角、水井、独立树等）。

（4）综合作图法

在实际地形测图中，总是以极坐标法为主，方向交会法和距离交会法为辅。除此之外，在建筑物密集地带，往往需要借助于建筑物之间的各种几何关系，通过作图设法确定出碎部点的平面位置，常用的方法有内分点法、延长线法、方向与距离联合交会法等。

2. 碎部点高程的测定方法

（1）光学视距三角高程

当碎部点的平面位置采用经纬仪极坐标法测定时，其高程通常采用光学视距、三角高程同时测定。由于光学视距的精度较低（约 1/200~1/400），随着视距的增加，高程的精度显著下降，因而，采用经纬仪测定碎部点时对视距的长度有比较严格的限制。

（2）经纬仪水准高程法

当碎部点的平面位置采用经纬仪极坐标法测定时，若地势比较平坦，且对高程精度要求较高，则高程可以采用经纬仪水准高程法测定，即将经纬仪望远镜视线处于水平（竖盘读数为 90°，要考虑到竖盘指标差），利用仪器高和标尺读数之差获取碎部点高程。

（3）电磁波测距三角高程

当碎部点的平面位置采用全站仪极坐标法测定时，其高程通常采用电磁波测距三角高程同时测定。由于电磁波测距的精度非常高，电磁波测距三角高程的精度主要与垂直角的大小及其测定精度有关，因而，在地势比较平坦地区，采用全站仪测定碎部点时，对测站点到碎部点距离的限制有比较显著的放松。

（三）地形图测绘

传统上，大比例尺地形测图的测绘主要采用经纬仪测绘法、全站仪测绘法、大平板仪测绘法等手工测绘方法。当前，以全站仪和计算机相结合、野外采集和室内成图一体化的数字地形测量方法已成为地形测量的主流方法，这种方法习惯上称为全站仪数字测图或数字化测绘（俗称电子平板）。

1. 全站仪测绘法

地形图测绘的全站仪法，一般可直接获得碎部点的坐标和高程。一般来说，采用全站仪测绘法进行数字化测图时，碎部点的视距要求比经纬仪测图要长，图根点的密度要求比经纬仪测图要低。利用全站仪测绘法（记录坐标、高程）进行碎部测量时，应将后视方向的水平度盘读数配置为其坐标方位角值。

全站仪不仅可以进行碎部测量，也可以进行控制测量。运用全站仪导线测图，相邻导线点间应通视良好，导线控制点应便于长时间保存。利用全站仪法进行地形图测绘时，根据碎部点的坐标确定其所在的方格，利用坐标展点尺展绘出点位。

2. 数字化测绘

数字化测绘是经过野外数据采集并将数据传输到计算机，通过制图软件进行处理、编辑成图。数字化地形测量生产工序包括控制测量与计算机辅助平差计算、碎部数据采集与软件编图成图。将原有地形图采用计算机、数字化仪或扫描仪和相应软件进行处理成图的过程称为地形图数字化。数字化是测绘工作现代化的一个重要方面。

在大比例尺数字化测图中，经内业编辑所生成的图形成果一般为矢量格式图形文件。简码法数字化测图作业流程包括外业数据采集、内业概略编图、草图外业补充调绘、内业详细编图。

大比例尺地形图一般采用普通测量方法，通过实地测绘或航空摄影测量方法测绘而成，小比例尺地形图通常根据航天遥感或航空摄影资料编绘，或者根据较大比例尺地形图编绘。

四 地形图测绘的内容

（一）地形图的基本内容

地形图的基本内容包括数学要素、地形要素、图内注记要素。数学要素即地形图的数学基础，如坐标格网、比例尺、控制点坐标等；地形要素即图幅内的各种地物、地貌要素，是地形图要表示的主要内容；图内注记要素即地形图内的各种注记。图外整饰要素，即地形图外的各种装饰。

在大比例尺地形测图中，地物的测绘与表示一般是测定其特征点，以规定的线划和填充符号按成图比例尺缩绘表示。在地形测图中测绘与表示地物时，一般是测定其特征点，并以规定的线划或符号表示，在地形测图中，凡不能够依比例尺表示的地物，应测定其中心点，并配置以相应的符号；凡能够依比例尺表示的地物，应测定其轮廓拐点，必要时填符号、注记。

在轮廓界线内，用填充颜色、网纹、符号、注记的方式，表示连续分布、布满于整个区域的面状现象质量特征的方法是质底法；用等值线的形式，表示布满整个区域且均匀渐变的面状现象数量特征的方法是等值线法；用图表的形式，反映定位于制图区域某些点上周期性现象的数量特征和变化的方法是定位图表法；用真实的或隐含的轮廓线，并在其范围内用填充颜色、网纹、符号、注记等方式，表示呈间断成片分布的面状现象质量特征的方法是范围法。地形图上表示地物的符号按照种类可分为依比例尺、半依比例尺、不依比例尺，半比例符号属于地图符号的一种。每张专业地形图的下面都会标注地图比例尺。

在地形图中的注记要素中，一般来说，只用符号往往不能表达清楚地物的全部属性，需要配以相应的文字注记，地图注记常和符号相配合，说明地图上所表示的地物的名称、位置、范围、高低、等级、主次等。在地图上起说明作用的各种文字、数字，统称注记，地图注记属于地图符号系统。对地图上地物、地貌符号的样式、规格、颜色、使用以及地图注记、图廓整饰等所做的统一规定，是测绘标准之一，被称为地图图式。

（二）地物的测绘与表示

在大比例尺地形测图中，地物的测绘与表示一般是测定其特征点，以规定的线划和填充符号按成图比例尺缩绘表示。

1. 地物测绘原则

①地面上各种固定性地物原则上均应表示，但应根据用户要求着重表示适当取舍；如在城市地形测量中，应着重表示与城市规划、建设和管理密切相关的房屋、街道及附属设施等。

②凡能依比例尺表示的地物，测定它们的轮廓或边界位置，填注相应的注记和符号；凡不能以比例尺表示的地物，测定它们的中心位置，配置相应的符号。

③各种地物均应按图式规定的符号表示。当图幅中有大范围的填充符号时，允许用文字说明代替；当图式中无对应的符号时，允许采用自行设计的符号，但应在技术设计或技术报告中加以说明。

2. 居民地的测绘与表示

居民地是各种地形图上最基本的地物要素，各类建筑物、构筑物及主要附属设施均应准确测绘与表示。房屋的测绘以墙基角为准，测注高程，区分层次，注记材质；门廊、阳台和雨罩等附属设施的测绘与表示按用户要求和设计书规定执行；在大比例尺数字地形测量中，全部测点均宜实测，但要注意顾及棱镜偏心对立尺点准确性造成的影响。对不能完全实测的街巷内部一般先按照极坐标法将街道和沿街巷的门面测出，再用支导线法将测站引入内部，再用几何作图法将内部测出。对于采用这种方式测绘地物，需要交互编辑成图。

3. 道路的测绘与表示

道路是各种地形图上最基本的地物要素之一，各类道路及附属设施均应准确测绘与表示。道路通过居民地不宜中断。

公路的测绘以路边线为准，路面两边交错立尺或一边立尺量取宽度，在图上每10~15cm于路面中心测注一个高程点；公路的交叉处和变坡处应测注高程点；在大比例尺数字地形测量中，公路的曲线段应选准起点、中点和终点，两边立尺并加大立尺点密度以确保内业成图时不失真，并特别注意路面宽度与量取值是否一致。

公路的路堤（路堑）应实测路肩及坡脚线并用相应符号表示，路两边的电杆实测中心位置，行树实测两端位置，排水沟在图上宽度小于1mm可不表示。

公路应正确表示其名称、等级、编号、铺装材料等。

城市街道区分车行道（快车道和慢车道）和人行道，实测人行道路牙边线（交叉路口实测路牙弯线），实测绿化带边线，实测行树端点，实测电杆、路灯、井盖、电信箱的中心，在图上每10cm左右于街道中心测注一个高程点。

城市街巷以两边的房屋墙基或围墙为界，其本身没有明显的固定边线，当测绘完房屋和围墙后，其形状自然形成。

内部道路是指机关、工厂、学校、医院、公园、居民小区等在围墙垣栅范围内部的道路，当其边线与房屋、围墙等建筑物、构筑物重合时，应断开表示。对其中能通行汽车的主要道路也可不按内部道路表示。

4. 管线的测绘与表示

位于公路、道路、田野、居民区、城市街道胡同两边的电力线、电信线均应表示，实测电杆、塔架的中心位置并绘注连线方向。

位于公路、道路、田野、居民区、城市街道胡同两边的各种地下和架空管道均应表示，实测支墩、支架和可见管沟位置并连线，注记类别；各种检修井和污水篦子应根据用户需要和图面负荷适当取舍。

围墙、垣栅、活树篱笆等均应实测并用相应符号表示；围墙要根据其宽度采用依比例尺或不依比例尺符号并注意方向；围墙与陡坎、栏杆等重合时要注意采用相应符号表示或合理配置。

5. 水系的测绘与表示

在地形图上需要测绘和表示的水系，包括河流、湖泊、水库、沟渠等。

河流要测绘岸边线和水涯线。自然形态的岸边线一般是指沙砾滩和长有植被的泥土交界线，大多呈现自然弯曲形态；人工形态的岸边线大多为土质或石质的陡坎或斜坡。水涯线上应测注水位高程点。

沟渠要测绘两岸的护堤和水涯线，测注渠边和渠底高程。在图上宽度小于1mm时以单线表示。

6. 植被的测绘与表示

在地形图上需要测绘和表示的植被，包括各种农作物（稻田、旱地、菜地、经济作物等）、树木（独立树、散树、行树、树林、灌木丛等）、草地、花圃等。

各种植被在地形图上要实测范围和地类界，内部配置相应的符号，中央测注高程点，要反映出植被的类别和分布特征。

当地类界与地面上有实物的线状符号（河流、道路、围墙、房屋边线等）重合时不表示，与地面上无实物的线状符号（境界线、等高线、电力线、通信线等）重合时，移位表示。

对大范围分布的植被，应适当放宽符号间隔，加注文字说明；对交叉分布的植被，应交错配置符号。

耕地应实测范围边线（有田埂的用田埂表示，无田埂的用地类界表示，内部田埂在图上宽度大于 1~2mm 的用双线表示）。

街道两边的绿化带、草坪、花坛均用花圃符号表示。

（三）地貌的测绘与表示

地貌是地形图的基本特征之一，是竖向规划设计的基本依据。因此，应准确测绘合理表示其形态和特征。

自然形态的地貌一般用等高线表示，人工地貌和特殊地貌用陡坎、斜坡等符号表示，对不易用等高线和符号表示的，采用高程注记点表示相互间的起伏关系。

在野外数据采集时，首先要准确选定地貌的特征点线，另外要注意适当加大测点的密度。

1. 等高线的概念

地形图上显示地貌的方法很多，目前常用的是等高线法。等高线能够真实反映出地貌形态和地面高低起伏，且能依据等高线量出地面点的高程。等高线即地面上高程相等的相邻各点连成的闭合曲线，等高线上各点的高程相等。等高线是一定高度的水平面与地面相截的截线。水平面的高度不同，等高线表示地面的高程也不同。

地形图上两相邻等高线之间的高差为等高距。在相同的地表环境下，等高距越小则地形图上等高线越密，地貌显示就越详细、确切；等高距越大则地形图上等高线就越稀，地貌显示就越粗略。等高距的大小，应根据比例尺、地面坡度及用图目的而定。同一幅地形图上一般不能有两种不同的等高距。等高距并不是越小越好，如果等高距很小，等高线非常密，不仅影响地形图画面清晰，而且使用也不方便，同时大大增加测绘工作量。

为了更好地表示地貌特征，便于识图用图，地形图上主要采用以下三种等高线。

①基本等高线称为首曲线，即按基本等高距测绘的等高线。

②加粗等高线称为计曲线，每隔四条首曲线加粗描绘一根等高线，并注写该线的高程值。

③半距等高线称为间曲线，按 1/2 基本等高距内插描绘的等高线，以便显示首曲线不能显示的地貌特征。在平地当首曲线间距过稀时，可加绘间曲线。间曲线可不闭合，但一般应对称。

2. 等高线的特性

①在同一条等高线上的各点高程相等，沿等高线方向的地面坡度为零。相同高程的点不一定在同一条等高线上。

②等高线是闭合的曲线。一个无限伸展的水平面和地表面相交，构成的交线不可能不是闭合曲线。所以某一高程的等高线必然是一条闭合曲线。由于具体测绘地形图的范围有限，所以等高线若不在同一幅图内闭合，也会跨越一个或多个图幅闭合。因此，等高线不能在图的中间中断。具体绘图时，等高线除遇有房屋、公路、某些工业设施及数字注记等，为了使图面清晰需要中间断开之外，其他地方不能中断。

③不同高程的等高线不相交。不同高程的水平面是不会相交的，所以它们和地表面的交线也不会相交。但一些特殊地貌，如陡坎、陡壁的等高线会重叠在一起，这些地貌必须加用陡坎、陡壁符号表示。悬崖的等高线可能相交，悬崖下部的等高线用虚线表示。

④等高线与山脊线、山谷线正交。

⑤两等高线间的垂直距离称为平距，等高线间平距的大小与地面坡度的大小成反比。在同一等高距的情况下，地面坡度越小，则等高线在图上的平距越大；反之，地面坡度越大，则等高线在图上的平距越小。换言之，坡度陡的地方，等高线就密；坡度缓的地方，等高线就稀。

3. 等高线量算高程的方法

所谓高程的量算是指在地形图上，使用直尺根据等高线通过内插法量测地形点高程的过程。量测地形点的高程，要充分熟悉等高线的概念及等高线的特性，认识地形图上各种等高线如首曲线、计曲线和间曲线等，并且能够根据标注判断地形点周围等高线的高程。

首先确认地形点位置，如果给出的是地形点的坐标，需要将坐标在地图上展绘出来。如果地图上已经存在地形点，可直接进行量测。其次计算地形点在两条等高线间的位置，利用直尺，过地形点绘制一条直线，使直线尽可能垂直地形点相邻的两条等高线，并分别量取地形点至两条等高线的距离，或线段的长度及点至相邻一条等高线的距离，那么根据相邻两条等高线的高程可以计算出地形点的高程。

$$h = h_a + \frac{L_a}{L}(h_b - h_a) \tag{2-5-1}$$

式中 h——地形点的高程；

h_a——地形点一侧的等高线高程；

h_b——地形点另一侧的等高线高程；

L_a——地形点至等高线的距离；

L——过地形点相邻等高线的平距。

（四）文字和数字注记

文字和数字注记是地形图上最重要的内容之一，是地形图上最直接的判读依据。

在小范围内进行大比例尺地形图测绘时，以水平面作为投影面。地形图上的各种注记，其字向一般为正向，但河流名称、街道名称、道路注记等除外。地形图上的文字注记，其排列格式有水平字列、垂直字列、雁行字列、屈曲字列等四种。地形图一般都有方位、距离、高程三个要素。在地形测图中，自然形态的地貌一般用等高线表示，人工地貌和特殊地貌用陡坎、斜坡等符号表示。在地形测图中，凡能依比例尺表示的地物，应测定它们的轮廓拐点，并以规定的线划和符号表示。在地形测图中，凡不能依比例尺表示的地物，应测定它们的中心位置，并以规定的符号表示。

地形图上所有居民地、道路、街道、河流、山脉等地理名称，主要机关、工厂、学校、医院、公园等单位名称，各种房屋、道路、管线、植被、独立地物的属性说明，均需调查核实，正确注记。

各种文字和数字注记所用的字体、字号、字向及排列格式应符合规范和图式的要求。

五 地形图分幅与编号规则

（一）概述

所谓地形图分幅编号，就是对一个比例尺系列中各种比例尺地形图的图幅尺寸、拼接关系、编号规则等按照一定的规则进行统一规定。国家基本比例尺地形图的分幅和编号通常由国家主管部门制定统一的图幅分幅和编号系统。

地形图分幅主要有矩形分幅和梯形分幅两种方式。大比例尺地形图的分幅一般采用矩形分幅，它是城市基本地形图和工程专业地形图的主要方式，它以平面直角坐标的纵横坐标线划分图幅，图幅的划分具有一定的灵活性。中小比例尺地形图的分幅一般采用梯形（经纬线）分幅，它是国际和国家标准分幅方式，它以经纬线划分图幅，图幅的划分具有一定的规律性。国家基本比例尺地形图的分幅，是以国际 1：1000000 地形图分幅方案为基准，按照一定的经差和纬差定义更大比例尺地形图的分幅。

我国的图幅编号有两种形式：一种是以 1991 年以前地形图分幅编号标准产生的，称为旧图幅编号，另一种是以 1991 年以后新的国家地形图分幅编号标准所产生的，称为新图幅编号。

（二）原有国家基本比例尺地形图分幅和编号

1. 原有国家基本比例尺地形图的分幅

原有国家基本比例尺地形图的分幅方案，是以 1：1000000 地形图为基准（图 2-5-1），按照一定的经差和纬差定义更大比例尺地形图的分幅。

（1）1：1000000 地形图的分幅

1：1000000 地形图的分幅和编号采用国际 1：1000000 地图分幅和编号标准。每幅 1：1000000 地形图的范围是由经差 6°、纬差 4° 的经线和纬线所围成的梯形。

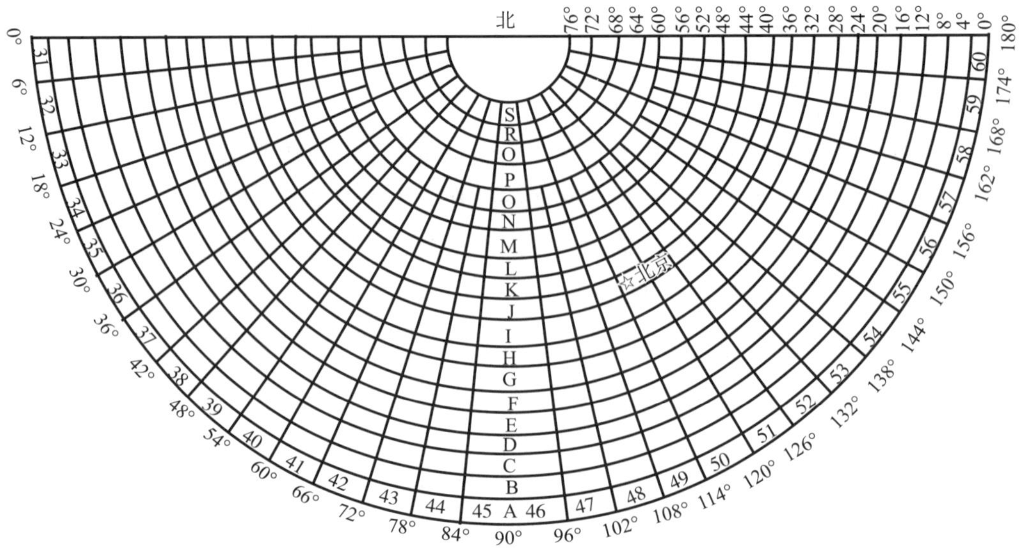

图 2-5-1　1：1000000 地形图分幅编号图示

（2）1：500000 地形图的分幅

每幅 1：1000000 地形图划分为 2 行 2 列，共 4 幅 1：500000 地形图，每幅 1：500000 地形图的范围是经差 3°、纬差 2°。

（3）1：200000 地形图的分幅

每幅 1：1000000 地形图划分为 6 行 6 列，共 36 幅 1：200000 地形图，每幅 1：200000 地形图的范围是经差 1°、纬差 40′。

（4）1：100000 地形图的分幅

每幅 1：1000000 地形图划分为 12 行 12 列，共 144 幅 1：100000 地形图，每幅 1：100000 地形图的范围是经差 30′、纬差 20′。

（5）1：50000 地形图的分幅

每幅 1：100000 地形图划分为 2 行 2 列，共 4 幅 1：50000 地形图，每幅 1：50000 地形图的范围是经差 15′、纬差 10′。

（6）1：25000 地形图的分幅

每幅 1：50000 地形图划分为 2 行 2 列，共 4 幅 1：25000 地形图，每幅 1：25000 地形图的范围是经差 7′ 30″、纬差 5′。

（7）1：10000 地形图的分幅

每幅 1：100000 地形图划分为 8 行 8 列，共 64 幅 1：10000 地形图，每幅 1：10000 地形图的范围是经差 3′ 45″、纬差 2′ 30″。

（8）1：5000 地形图的分幅

每幅 1：100000 地形图划分为 16 行 16 列，共 256 幅 1：5000 地形图，每幅 1：5000 地形图的范围是经差 1′ 52.5″、纬差 1′ 15″。

2. 原有国家基本比例尺地形图的编号

各种比例尺地形图的编号是在国际 1∶1000000 地形图编号标准的基础上，根据其在上一级比例尺地形图图幅中的位置，为每一幅图指定一个唯一的号码。由于历史的原因，原有国家基本比例尺地形图曾先后采用过几种大同小异的编号方式（如有时用甲乙丙丁，有时用 ABCD）。

（1）1∶1000000 地形图的编号

从赤道起算，向南北两极每纬差 4° 为一行，至南纬、北纬 88° 各分为 22 行，依次用大写拉丁字母 A，B，C，…，V 表示其相应行号。从 180° 经线起算，自西向东每经差 6° 为一列，共分为 60 列，依次用阿拉伯数字 1，2，3，…，60 表示其相应列号。一幅 1∶1000000 地形图的编号由其所在行号与列号用连字符连接而成。由于南北两半球的分幅和编号规则完全相同，为了加以区分，规定在南半球的图号前加一个 S，北半球的图号前不加任何符号。

（2）1∶500000 地形图的编号

一幅 1∶1000000 地图划分为 2 行 2 列，共 4 幅 1∶500000 地图，从左上角向右下角先横后列分别用甲、乙、丙、丁（或 A、B、C、D）表示，其编号是在 1∶1000000 地形图的编号后用连字符附加它本身的序号，如 J–50– 乙或 J 50–B。

（3）1∶200000 地形图的编号

一幅 1∶1000000 地图划分为 6 行 6 列，共 36 幅 1∶200000 地图，从左上角向右下角先横后列分别用带方括号的数字（1)，(2)，(3)，…，(36）表示。其编号是在 1∶1000000 地形图的编号后用连字符附加它本身的序号，如 J–50–（28）。

（4）1∶100000 地形图的编号

一幅 1∶1000000 地形图划分为 12 行 12 列，共 144 幅 1∶100000 地形图，从左上角向右下角先横后列按顺序依次编号是 1~144，具体为：从上到下排行，第一行从左到右依次编为 1~12，第二行从左到右依次编为 13~24，以此类推。其编号是在 1∶1000000 地形图图幅编号后用连字符附加它本身的序号，如 J–50–111。

（5）1∶50000 地形图的编号

一幅 1∶100000 地形图划分为 2 行 2 列，共 4 幅 1∶50000 地形图，从左上角向右下角先横后列分别用 A、B、C、D 表示。其编号是在 1∶100000 地形图图幅编号后用连字符附加它本身的序号。如 J–50–lll–D。

（6）1∶25000 地形图的编号

一幅 1∶50000 地形图划分为 2 行 2 列，共 4 幅 1∶25000 地形图，从左上角向右下角先横后列分别用 a、b、c、d（或 1、2、3、4）表示。其编号是在 1∶50000 地形图图幅编号后用连字符附加它本身的序号，如 J–50–111–D–d 或 J–50–111–D–4。

（7）1∶10000 地形图的编号

一幅 1∶100000 地形图划分为 8 行 8 列，共 64 幅 1∶10000 地形图，从左上角向右下角先横后列分别用 1，2，…，64 或带圆括号的数字（1)~（64）表示。其编号是在 1∶100000

地形图图幅编号后用连字符附加它本身的序号，如 J-50-111-32 或 J-50-111-（32）。

（8）1：5000 地形图的编号

一幅 1：10000 地形图划分为 2 行 2 列，共 4 幅 1：5000 地形图，从左上角向右下角先横后列分别用 a、b、c、d 表示。其编号是在 1：10000 地形图图幅编号后用连字符附加它本身的序号，如 J-50-111-（28）-d。

（三）现行国家基本比例尺地形图分幅和编号

根据《国家基本比例尺地形图分幅和编号》（GB/T 13989—92），我国国家基本比例尺地形图 1：1000000~1：5000 的分幅和编号规则如下。

1. 现行国家基本比例尺地形图的分幅

现行国家基本比例尺地形图的分幅方案，是以 1：1000000 地形图为基准，按照一定的经差和纬差定义更大比例尺地形图的分幅。

（1）1：1000000 地形图的分幅

1：1000000 地形图的分幅仍采用国际 1：1000000 地图分幅标准，即每幅 1：1000000 地形图的范围是由经差 6°、纬差 4° 的经线和纬线所围成的梯形。

（2）1：500000 地形图的分幅

每幅 1：1000000 地形图划分为 2 行 2 列，共 4 幅 1：500000 地形图，每幅 1：500000 地形图的范围是经差 3°、纬差 2°。

（3）1：250000 地形图的分幅

每幅 1：1000000 地形图划分为 4 行 4 列，共 16 幅 1：250000 地形图，每幅 1：250000 地形图的范围是经差 1° 30′、纬差 1°。

（4）1：100000 地形图的分幅

每幅 1：1000000 地形图划分为 12 行 12 列，共 144 幅 1：100000 地形图，每幅 1：100000 地形图的范围是经差 30′、纬差 20′。

（5）1：50000 地形图的分幅

每幅 1：1000000 地形图划分为 24 行 24 列，共 576 幅 1：50000 地形图，每幅 1：50000 地形图的范围是经差 15′、纬差 10′。

（6）1：25000 地形图的分幅

每幅 1：1000000 地形图划分为 48 行 48 列，共 2304 幅 1：25000 地形图，每幅 1：25000 地形图的范围是经差 7′ 30″、纬差 5′。

（7）1：10000 地形图的分幅

每幅 1：1000000 地形图划分为 96 行 96 列，共 9216 幅 1：10000 地形图，每幅 1：10000 地形图的范围是经差 3′ 45″、纬差 2′ 30″。

（8）1：5000 地形图的分幅

每幅 1：1000000 地形图划分为 192 行 192 列，共 36864 幅 1：5000 地形图，每幅 1：5000 地形图的范围是经差 1′ 52.5″、纬差 1′ 15″。

2. 现行国家基本比例尺地形图的编号

各种比例尺地形图的编号是在国际 1∶1000000 地形图编号标准的基础上，根据其在上一级比例尺地形图图幅中的位置，为每一幅图指定一个唯一的号码。

（1）1∶1000000 地形图的编号

1∶1000000 地形图的编号采用国际 1∶1000000 地图编号标准。从赤道起算，每纬差 4° 为一行，至南纬、北纬 88° 各分为 22 行，依次用大写拉丁字母 A，B，C，…，V 表示其相应行号；从 180° 经线起算，自西向东每经差 6° 为一列，共分为 60 列，依次用阿拉伯数字 1，2，3，…，60 表示其相应列号。一幅 1∶1000000 地形图的编号由其所在行号与列号组合而成，如北京所在图号为 J50。

（2）1∶500000~1∶5000 地形图的编号

1∶500000~1∶5000 地形图的编号均以 1∶1000000 地形图编号为基础，采用比例尺代码加行列编号表示。1∶500000~1∶5000 各种比例尺的代码分别为 B、C、D、E、F、G、H；一幅 1∶1000000 地形图按各种比例尺划分的行号和列号，分别用三位阿拉伯数字表示（横行从上到下编号、纵列从左到右编号，不足三位者用 0 补齐）。1∶500000~1∶5000 地形图的编号均由其所在 1∶1000000 地形图的编号、比例尺代码、其所在行号和列号共 10 位码组成。

六 地形图的应用

（一）确定点的大地坐标

在使用地图的过程中，经常需要量算地图上某个点、线或区域的位置，小比例尺地图如中国地图、分省行政区划图及 1∶50000 以下的地形图，一般使用经线和纬线作为地图坐标框架，所有的地图内容以这个框架为基础绘制和使用。地图上大地坐标格网横线代表纬度、竖线代表经度，用角度标注。地图上每个大地坐标格网纵横间距不一定相等，相同经差，赤道上的距离最远，向北或者向南，距离赤道越远，相同经差代表的距离越短。所以在地图上，每个大地坐标格网都近似矩形，大地坐标点的量算一般采用内插法，根据量算点距离横纵网格的距离计算大地坐标点的坐标。

（二）确定点的平面直角坐标

在生产生活中，经常需要取得地图上某一点的平面直角坐标，平面直角坐标点的量算一般采用内插法。

由于地图上平面直角坐标格网是正方形，地图上平面直角坐标各格网间横坐标差相等、纵坐标差相等，各格网间图上距离相等、实地距离相等，所以通过量测点到相邻网格线的图上距离就可以计算出量测点到网格线的实地距离，加上网格线的注记坐标就是量测点的坐标。

（三）确定高程

要确定某一点的高程，首先应查明地形图的等高距，再根据待定点附近的高程注记和等高距内插确定点的高程。

（四）确定两点间的距离和方位

1. 量取距离

当精度要求不高时，用刻有毫米分度的直尺、三棱尺等直接量取图上两点间的距离，再乘以比例尺分母，即得两点间实地水平距离。

2. 量取方位

当精度要求不高时，可用量角器直接量取；也可用刻有毫米分度的三角板、三棱尺等量取两点的坐标，再反算方位。

（五）察看工区地表特征

通过地形图，察看工区的地形、地貌等地表特征，为勘探、测量生产规避障碍提供服务。

思考题

1. 大地水准面与参考椭球面有何作用？
2. 地面点的位置主要有几种表示方法？
3. 三北是什么？相互之间有什么关系？
4. 高斯投影的主要特点有哪些？
5. 地形图主要内容有哪些？
6. 在地形图上如何确定点的平面直角坐标？

扫一扫
获取更多资源

第三章

测量误差

PART 3

客观上，任何一个量总是存在着一个唯一代表其真实大小的数值，此数值称为该量的真值；如一个三角形的内角和为 180°，这 180° 就是三角形内角和的理论值，称为真值；一个直角的角度是 90°，这 90° 就是直角的真值。受到观测者感官、测量设备精度、观测环境等因素的影响，观测过程会产生偏差。对某量（如一段距离）进行重复测量时，就会发现所得各次测量结果（观测值）之间往往存在差异。或者当对某几个相互之间具有固定关系的量（如三角形各内角）进行测量时，就会发现所得各个观测值之间往往不满足这种固定关系。不难理解，这是由于观测值中包含着“误差”。

第一节 误差概述

一 概念

所谓误差，一般指某量的观测值与其真值之差，称为真误差。

$$\Delta = X - L \tag{3-1-1}$$

或

$$\Delta = L - X \tag{3-1-2}$$

式中 Δ——真误差；

X——真值；

L——观测值。

二 误差产生原因

误差产生的原因归结为以下三个方面。

（一）观测者

由于观测者的感觉器官的鉴别能力具有一定的局限性，因此在仪器安置、照准、读数等方面都会产生偏差。另外，观测者的工作态度、技术水平和作业熟练程度等也会对观测结果产生直接影响。

（二）测量仪器

所谓测量仪器，这里是指采集数据所采用的任何工具和手段。一般测量工作都是借助测量仪器进行的。由于测量仪器的鉴别能力具有一定的局限性，因此使观测值的精密度受到一定的限制。例如，在用只刻有厘米分度的普通水准尺进行水准测量时，就难以保证在估读时厘米以下的尾数正确无误。同时，仪器本身也有一定的误差，如水准仪的视准轴不平行于水准轴等。同时，由于测量仪器本身制造上的缺陷和使用中的问题，也会对观测结果造成不良影响。

（三）外界条件

一切测量工作都是在一定的外界条件下进行的。温度、湿度、气压、风力、大气折光等因素及其变化都会对测量结果产生影响。特别是高精度测量，更要重视外界条件产生的观测误差。例如，GNSS 接收机所接收的是来自 2 万 km 高空的卫星信号，经过电离层、大气层都会发生信号延迟而产生误差等。

观测者、测量仪器和外界条件，总称为观测条件，是引起误差的主要来源。不难想象，观测条件的好坏直接决定着观测结果的质量，或者说，观测成果的质量高低是观测条件优劣的反映。当观测条件好一些时，观测结果中的误差就可能相应小一些，观测成果的质量就高；反之，当观测条件差一些，观测结果中的误差就可能相应大一些，观测成果的质量就差一些。如果观测条件相同，尽管所得各次观测结果略有不同，但是仍然可以说观测成果的质量相同。所以说，观测成果的质量高低也就客观地反映了观测条件的优劣。

但是，无论观测条件如何，由于受到上述种种因素的影响，观测的结果就会产生这样或那样的误差。从这一意义上来说，在测量中产生误差是不可避免的。当然，在客观条件允许的限度内，测量工作者可以而且必须确保观测成果具有较高的质量。

三 基本分类

根据观测误差对观测结果的影响性质，可将观测误差分为系统误差和偶然误差。

（一）系统误差

在相同的观测条件下作一系列观测，如果误差在符号和大小上表现出系统性，即保持不变或按一定规律变化，那么，这种误差就称为系统误差。测距仪的加常数误差和乘常数误差属于系统误差。

例如：用具有某一尺长误差的钢尺量距时，由尺长误差所引起的距离误差长度成正比地增加，丈量次数越多，所积累的误差也越大，这种误差也属于系统误差。每一把钢尺的尺长误差是一个常数，这种系统误差称为常系差。而对于全长的影响，则为线性项误差。又如，在定点垂直形变测量中，在两固定点间每天重复进行水准测量，就会发现由于温度等外界因素变化而产生以年为周期的周期性误差，这种具有线性项、周期性现象等有规律的系统差是一种规律性系统误差。还有的系统误差源对其中部分观测呈规律性影响，而对不同观测群的影响其符号又可正可负，呈现出随机性，从总体上看，这种系统误差属于随机性系统误差，在测量中称为半系统误差。此外，在测量实际中还存在着原因不明的系统误差。

（二）偶然误差

在相同的观测条件下作一系列观测，如果误差在符号和大小上表现出偶然性，即就单个误差来看，其符号、大小没有规律性，但从大量误差的总体来看具有一定的统计规律，那么，这种误差就称为偶然误差（又称随机误差）。环境的误差、观测的误差都属于偶然误差。

例如，仪器没有准确照准目标，读数不精确，测量时气候变化对观测数据产生微小变化等都属于偶然误差。此外，如果观测数据的误差是许多微小偶然误差项的总和，则其总和同时还是偶然误差。如测角误差可能是照准误差、读数误差、外界条件变化和仪器本身不完善等多项误差的代数和，因此，测角误差实际上是许许多多微小误差项的总和，而每项微小误差又随着偶然因素影响的不断变化，其数值忽大忽小，其符号或正或负，这样由它们所构成的总和，就其个体而言，无论是数值的大小还是符号的正负都是不能事先预知的，这种误差同时也是偶然误差。这是观测数据中存在偶然误差最普遍的情况。

根据概率统计理论可知，如果各个误差项对其总和的影响都是均匀的小，即其中没有一项影响占绝对优势时，那么它们的总和将是服从或近似地服从正态分布的随机变量。因此，偶然误差就其总体而言，都具有一定的统计规律性，故有时又把偶然误差称为随机误差。

另外，有时由于观测者的一时疏忽、测量仪器的偶然故障或外界条件的意外变化，有可能造成某个观测结果中带有不可容忍的偏差，称为粗差。一般来说，粗差不属于观测误差，在任何情况下都必须设法避免或剔除。

在测量工作中，观测误差是普遍存在的，是无法避免的。系统误差和偶然误差总是同时存在的。当观测值中有显著的系统误差时，偶然误差就居于次要地位，观测误差就呈现出系统性；系统误差对观测结果的影响具有积累性，对观测成果质量的影响特别显著。在测量工作中，必须采取适当措施消除系统误差或改正系统误差的影响，达到对观测成果质量的影响可以忽略不计的程度。例如，在角度测量中进行正、倒镜观测，以消除照准差、指标差等的影响。

当观测值中无显著的系统误差，或系统误差与偶然误差相比处于次要地位时，则观测误差就呈现出偶然性；偶然误差是普遍存在、无法消除的。在一般测量工作中，为了提高成果的质量，同时为了发现成果中的粗差，通常进行多余观测（观测值的个数多于未知量的个数）。如何处理有多余观测的以偶然性为主要特征的一系列观测值，消除观测值之间的不符值，获取观测量的最可靠值，评定观测值和最可靠值的精度，是测量数据处理必须解决的基本问题之一。

四 偶然误差特性

在一般测量工作中，总是采取适当措施消除系统误差或改正系统误差的影响，使系统误差忽略不计或与偶然误差相比处于次要地位。因而研究偶然误差的规律，从而正确处理一系列偶然误差占主导地位的观测值，就成为误差理论和测量平差的最基本问题。

（一）基本特性

根据偶然误差的定义，就单个误差来看，其符号、大小没有规律性，即呈现出偶然性（或随机性）。但大量实践和理论研究证实，从大量误差的总体来看，偶然误差呈现出一定的统计规律性。在一定的观测条件下，对同一量或不同量进行一组独立观测，所获得的一系列偶然误差具有以下显著的特性：

①有界性：偶然误差的绝对值不会超过一定的限值。

②规律性：绝对值较小的误差比绝对值较大的误差出现的概率大。

③对称性：绝对值相等的正误差出现的概率与负误差出现的概率相等。

④抵消性：当偶然误差的个数 n 足够多时，偶然误差的算术平均值接近于零，即 $\lim\limits_{n\to\infty}\frac{[\Delta]}{n}=0$。式中，[ ] 符号表示累加求和，余同。

为了直观起见，不妨将偶然误差的分布情况制作成误差分布统计表（将误差分布范围按一定间隔划分为区间，对出现在各个区间的误差个数或相对个数进行统计）。为了更加形象，还可以将偶然误差的分布情况制作成误差分布直方图（以横坐标表示误差的大小及区间间隔，以纵坐标表示出现在各个区间的误差相对个数与区间间隔的比值，构成一系列面积等于误差相对个数的矩形），如图 3-1-1 所示。

（二）概率特征

可以想象，当偶然误差的个数趋于无穷时，偶然误差在各个取值区间出现的频率都趋于稳定。如果将偶然误差的取值区间无限缩小，则误差分布直方图中的顶边折线将演变成一条连续的曲线，称为误差分布曲线，如图 3-1-2 所示。

一定的观测条件，对应着一定的误差分布，对应着同一个误差分布曲线。

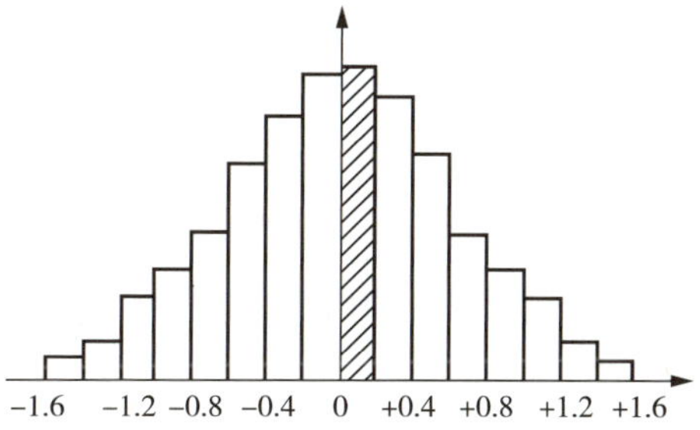

图 3-1-1 误差分布直方图

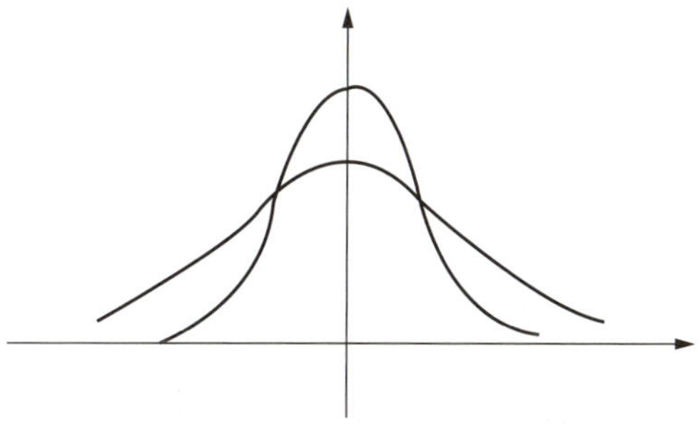

图 3-1-2 误差分布曲线

从误差分布曲线可以看出，在相同观测条件下对同一量或不同量作独立观测所获得的一组偶然误差具有以下显著的特性：

①在一定的观测条件下，偶然误差的绝对值不会超过一定的限值。

②绝对值较小的误差比绝对值较大的误差出现的概率大。

③绝对值相等的正误差与负误差出现的概率相等。

④偶然误差的理论平均值等于零。

根据概率论和数理统计理论，具有上述特征的分布属于正态分布（或高斯分布），正态分布不仅可以描述为分布曲线形式，还可以表述为数学方程形式，称为正态分布方程（或概率密度方程）。

$$f(\Delta)=\frac{1}{\sqrt{2\pi}\sigma}e^{-\frac{\Delta^2}{2\sigma^2}} \tag{3-1-3}$$

从正态分布方程可以看出，正态分布的特征与偶然误差的特征完全一致。即

①$f(\Delta)=f(-\Delta)$，即$f(\Delta)$是偶函数（与偶然误差的特性③、④一致）。

②如果$|\Delta_1|<|\Delta_2|$，$f(\Delta_1)>f(\Delta_2)$（与偶然误差的特性②一致）。

③当$\Delta=0$时，$f(\Delta)=\frac{1}{\sqrt{2\pi}\sigma}$为最大值。

④当$\Delta\to\pm\infty$时，$f(\Delta)=0$，实际上，当Δ达到一定值时，$f(\Delta)$已经相当小，此时的Δ可作为偶然误差的限度（与偶然误差的特性①一致）。

在正态分布方程中，参数σ^2和σ分别称为观测误差的方差和标准差（方根差），即

$$\sigma^2=\lim_{n\to\infty}\frac{[\Delta^2]}{n} \tag{3-1-4}$$

$$\sigma=\pm\sqrt{\lim_{n\to\infty}\frac{[\Delta^2]}{n}} \tag{3-1-5}$$

式中，[ ]表示真误差平方的累加。

σ的几何意义：误差分布曲线在纵坐标轴两侧各有一个拐点，两个拐点的横坐标分别为$-\sigma$和$+\sigma$。σ的物理意义：偶然误差分布的密集或离散程度，即在不同观测条件下的两组观测值，如果一组的观测条件较好，误差分布比较密集，则误差曲线比较陡，参数σ较小。

第二节　精度衡量指标

如何正确理解“精度”的概念，怎样衡量精度的高低，是测量外业观测和内业计算都必须明确的基本问题。

所谓精度，是指一组观测值误差分布的密集或离散程度。如果一组观测值的误差分布比较集中，则说明该组观测值的精度较高；反之，如果一组观测值的误差分布比较分散，

则说明该组观测值的精度较低。如果两组观测值的误差分布相同，则说明两组观测值的精度相同。

利用统计表、直方图等均能够描述一组观测值质量或精度。这样比较直观，但不便于比较两组观测值的质量好坏或精度高低。为此，引入几个量化参数作为衡量精度的指标。

一 中误差

在实际测量工作中，由于观测值个数总是有限的，即标准差的计算公式中所要求的 $n\to\infty$ 是不可能达到的，因此，实用上采用中误差代替标准差作为评定精度的指标。

中误差 m 的定义公式：

$$m=\pm\sqrt{\frac{[\Delta\Delta]}{n}} \tag{3-2-1}$$

标准差与中误差的区别，在于观测值个数不同，标准差表示一组观测值理论上的精度指标；而中误差则是一组有限个数的观测值实用上的精度指标，即中误差是标准差的估值（近似值）。

必须指出，在相同观测条件下对同一量或不同量作一组独立观测所获得的每一个观测值，尽管真误差各不相等，但由于它们对应着同一个误差分布，对应着同一个标准差（中误差），因而，此观测值称为等精度观测值。

二 平均误差

所谓平均误差 θ，就是一组误差的绝对值的平均值：

$$\theta=\pm\frac{[|\Delta|]}{n} \tag{3-2-2}$$

误差理论可以证明，对于同一组观测值来说，当 $n\to\infty$ 时，平均误差 θ 与中误差 m 之间有确定的比例关系：

$$\theta=\sqrt{2/\pi}m\approx 0.7979m$$

三 或然误差

所谓或然误差，从概率论上讲，误差出现在（$-\rho,+\rho$）之间的概率正好等于1/2，在实际应用中，是取一组误差按绝对值大小排序后居中位的一个误差值或居中的两个误差值的平均值，用 ρ 表示。

误差理论可以证明，对于同一组观测值来说，当 $n\to\infty$ 时，或然误差 ρ 与中误差 m 之间有确定的比例关系：

$$p \approx 0.6745m \approx \frac{2}{3}m$$

平均误差和或然误差与中误差一样，都可以作为评定精度的指标，但当观测值个数较少时，中误差比平均误差能更灵敏地反映大误差的影响，中误差比或然误差能更稳定地体现全部误差的影响，因此，实用上普遍采用中误差作为评定精度的指标。

四 容许误差

根据偶然误差的特性，在一定的观测条件下，偶然误差的绝对值不会超过一定的限度。现在有必要进一步考虑这个限度到底是多大。

从正态分布方程可以得出，在一组等精度独立观测值中，大于中误差的偶然误差出现的概率为 31.7%，大于 2 倍中误差的偶然误差出现的概率为 4.5%，大于 3 倍中误差的偶然误差出现的概率为 0.3%。

由于在一般测量工作中，或观测个数相当有限，出现大于 2 倍中误差的可能性已经比较小，因此，通常取 2 倍中误差（个别情况取 3 倍中误差）作为偶然误差的极限值，称为极限误差或容许误差。如果某个误差超过极限误差，则认为该观测值含有粗差，必须剔除。

五 相对误差

真误差、中误差、平均误差、或然误差、极限误差等都直接反映观测误差的大小，属于绝对误差。有时我们不仅关心观测误差本身的大小，而且更关心观测误差相对于观测值来讲的相对大小。例如，在距离测量中，分别对 100m 和 1000m 的两段距离进行测量，所得观测值的中误差均为 0.1m，显然两个测量的精度不相同。

所谓相对误差，一般是指相对中误差，是指中误差与观测值的比值。相对误差无量纲，一般表达为分子为 1 的分数形式，即 $1/N$（如：1/5000）。

对于真误差、极限误差，有时也需要表示为相对误差形式。例如，在导线测量中，实测所得的相对闭合差即为相对真误差，规范所规定的相对闭合差即为相对极限误差。

第三节 误差传播定律

在实际工作中，许多未知量不能直接观测而求其值，需要由观测值间接计算出来。例如，某未知点 B 的高程 h_B 是由起始点 A 的高程 h_A 加上从 A 点到 B 点进行若干站水准测量而得来的观测高差 h_1，h_2,…，h_n 求和得出的。这时 B 点的高程 h_B 是各独立观测值，即观测高差 h_1，h_2,…，h_n 的函数，需要根据观测值的中误差求观测值函数的中误差。阐述观测值中误差与观测值函数的中误差之间关系的定律称为误差传播定律。

一 倍数函数

设有函数：

$$z = kx \tag{3-3-1}$$

式中 z——观测值函数；

k——常数；

x——观测值。

该函数 z 为观测值 x 的 k 倍，如果已知观测值 x 的中误差 m_x，则 z 函数的中误差为：

$$m_z = km_x \tag{3-3-2}$$

即，观测值与常数乘积的中误差，等于观测值中误差乘常数。

例如，在 1∶500 比例尺地形图上量得 A 与 B 两点间的图上距离 $S_{ab} = 23.4\text{mm}$，中误差为 $m_{S_{ab}} = 0.2\text{mm}$。那么 A 与 B 之间的实地距离应为：

$$S_{AB} = 500S_{ab} = 500 \times 23.4 = 11700\text{m} = 11.7\text{m}$$

根据倍数函数误差传播定律，实地距离的中误差应为：

$$m_{S_{AB}} = 500m_{S_{ab}} = 500 \times (\pm 0.2) = \pm 100\text{mm} = \pm 0.1\text{m}$$

记为 $S_{AB} = 11.7\text{m} \pm 0.1\text{m}$。

二 和或差函数

设有函数：

$$z = x_1 \pm x_2 \pm x_3 \pm \cdots \pm x_n \tag{3-3-3}$$

式中 z——观测值函数；

$x_1, x_2, \cdots, x_n$——观测值。

该函数 z 为观测值 x_i 的和或差，如果已知观测值 x_i 的中误差 m_{x_i}，z 函数的中误差与观测值 x_i 的中误差 m_{x_i} 的关系为：

$$m_z^2 = m_{x_1}^2 + m_{x_2}^2 + \cdots + m_{x_n}^2 \tag{3-3-4}$$

即 n 个观测值代数和的中误差的平方，等于 n 个观测值中误差平方之和。

例如，以 30m 钢尺丈量 90m 的距离，当每尺段量距的中误差为 ±5mm 时，全长 90m 的中误差为；

$$m_{90} = \sqrt{m_{30}^2 + m_{30}^2 + m_{30}^2} = \sqrt{3 \times m_{30}^2} = \sqrt{3} \times (\pm 5) = \pm 8.66\text{mm}$$

记为 $S_{90} = 90\text{m} \pm 0.009\text{m}$，说明在量距测量中，量距的中误差与丈量尺段数 n 的平方根成正比。

三 直线函数

设有直线函数：

$$z = k_1x_1 \pm k_2x_2 \pm \cdots \pm k_nx_n \tag{3-3-5}$$

式中 $x_1, x_2, \cdots, x_n$——独立观测值；

$k_1, k_2, \cdots, k_n$——常数。

如果观测量 $x_1, x_2, \cdots, x_n$ 的中误差分别为 $m_1, m_2, \cdots, m_n$，则直线函数的中误差为：

$$m^2 = (k_1m_1)^2 + (k_2m_2)^2 + \cdots + (k_nm_n)^2 \tag{3-3-6}$$

第四节　中误差计算

一 算术平均值中误差

在相同的观测条件下对未知量观测了 n 次，观测结果为 $L_1, L_2, \cdots, L_n$，如果该未知量的真值为 X，则观测值的真误差为：

$$\Delta_i = X - L_i \left(i = 1, 2, \cdots n\right) \tag{3-4-1}$$

将上式相加得：

$$\sum \Delta_i = nX - \sum L_i \tag{3-4-2}$$

故真值X为：

$$X = \frac{\sum L_i}{n} + \frac{\sum \Delta_i}{n} \tag{3-4-3}$$

观测值的算术平均值x为：

$$x = \frac{\sum L_i}{n} \tag{3-4-4}$$

算术平均值的真误差为：

$$\Delta x = \frac{\sum \Delta_i}{n} \tag{3-4-5}$$

当 n 趋近于无穷大时，Δx 趋近于零，算术平均值即为真值。在实际工作中，观测次数总是有限的，所以算术平均值不可视为所求量的真值。但随着观测次数的增加，算术平均值则趋近于真值。因此在计算时，不论观测次数多少，均以算术平均值作为未知量的最或是值。

由于在相同的观测条件下观测，各观测值的精度相同，设其观测值中误差为m，则根据直线函数误差传播定律，算术平均值的中误差为：

$$m_x = \frac{m}{\sqrt{n}} \tag{3-4-6}$$

由式（3-4-6）可知，算术平均值的中误差是各独立观测值$1/\sqrt{n}$倍。

例如，在同样的观测条件下对一段距离丈量了5次，观测值分别为25.002m、25.001m、24.999m、24.997m、25.003m，每次丈量观测值的中误差为±2mm，则此丈量的算术平均值为：

$$x = \frac{\sum L_i}{n} = \frac{25.002 + 25.001 + 24.999 + 24.997 + 25.003}{5} = 25.0004\text{mm}$$

该算术平均值的中误差为：

$$m_x = \frac{m}{\sqrt{n}} = \frac{\pm 2}{\sqrt{5}} = \pm 0.89\text{mm}$$

二 同精度观测值中误差

利用观测值的真误差求观测值中误差的计算公式为：

$$m = \pm\sqrt{\frac{\sum \Delta_i^2}{n}} \tag{3-4-7}$$

但是未知量的真值往往是不知道的，真误差也就不知道了。所以此时不能直接用这个公式计算观测值的中误差。但是观测值的最或是值是可以求的，同精度观测值的最或是值为观测值的算术平均值。观测值的最或是值与观测值的差称为观测值的改正数：

$$v_i = x - L_i \tag{3-4-8}$$

式中 v_i——观测值的改正数；

x——观测值的最或是值；

L_i——观测值。

则在同精度观测条件下，利用改正数计算同精度观测值的中误差公式为：

$$m = \pm\sqrt{\frac{\sum v_i^2}{n-1}} \tag{3-4-9}$$

在同精度观测条件下，利用改正数计算同精度观测值算术平均值的中误差公式为：

$$m = \pm\sqrt{\frac{\sum v_i^2}{n(n-1)}} \tag{3-4-10}$$

例如，对某段距离进行5次同精度丈量，观测值分别为：148.64m、148.58m、148.61m、148.62m、148.60m，则观测值的算术平均值为：

$$x=\frac{\sum L_i}{n}=\frac{148.64+148.58+148.61+148.62+148.60}{5}=148.61\text{m}$$

各观测值的改正数为：

$$v_1=x-L_1=148.61-148.64=-3\text{m}$$

$$v_2=x-L_2=148.61-148.58=+3\text{cm}$$

$$v_3=x-L_3=148.61-148.61=0\text{m}$$

$$v_4=x-L_4=148.61-148.62=-1\text{cm}$$

$$v_5=x-L_5=148.61-148.60=+1\text{cm}$$

原则上，改正数之和应为 0，可以通过这个规律检核改正数计算正确与否。

利用改正数计算观测值的中误差为：

$$m=\pm\sqrt{\frac{\sum v_i^2}{n-1}}=\pm\sqrt{\frac{20}{4}}=\pm2.2\text{cm}$$

利用改正数计算观测值算术平均值的中误差为：

$$m=\pm\sqrt{\frac{\sum v_i^2}{n(n-1)}}=\pm\sqrt{\frac{20}{5\times4}}=\pm1.0\text{cm}$$

三 权的定义及权的确定

（一）权的概念

当进行了 n 次的同精度观测，可以通过计算算术平均值的方法计算未知量的最或是值。若对未知量进行 n 次不同精度观测，则不能取观测值的算术平均值作为未知量的最或是值。计算不同精度观测值的最或是值时，精度高的观测值在其中占的“比重”大些，而精度低的观测值在其中的“比重”小些。这里的“比重”反映了观测值的精度，可以用数值表示。这个反映观测值精度及其在计算最或是值过程中所占的比重数据称为观测值的“权”。观测值的精度越高，其误差越小，权越大；反之，观测值的精度越低，中误差越大，其权越小。

（二）单位权中误差

在测量工作中，可以利用中误差确定观测值的权，如：

$$p_i=\frac{\mu^2}{m_i^2}(i=1,2,\cdots,n) \qquad (3\text{-}4\text{-}11)$$

式中 p_i——观测值的权；

μ——任意常数；

m_i——观测值的中误差。

虽然 μ 为任意常数，但是在使用上式求一组观测值的权时，必须采用同一 μ 值。观测值的权 p_i 是与该观测值中误差平方成反比的一组比例数。同时，上式可以写为：

$$\mu^2 = p_i m_i^2 (i = 1, 2, \cdots, n)$$

或

$$\frac{\mu^2}{m_i^2} = \frac{p_i}{1} \tag{3-4-12}$$

上式说明，μ 是权等于 1 时观测值的中误差，通常称等于 1 时权为单位权，权为 1 的观测值为单位权观测值。而 μ 为单位权观测值的中误差，简称单位权中误差。

例如，已知观测值 L_1 的中误差 $m_1 = \pm 3\text{mm}$，L_2 的中误差 $m_2 = \pm 4\text{mm}$，L_3 的中误差 $m_3 = \pm 5\text{mm}$，那么各观测值的权可以这样确定：

设 $\mu = m_1 = \pm 3\text{mm}$，则

$$p_1 = \frac{l^2}{m_1^2} = \frac{(\pm 3)^2}{(\pm 3)^2} = 1$$

$$p_2 = \frac{\mu^2}{m_2^2} = \frac{(\pm 3)^2}{(\pm 4)^2} = \frac{9}{16}$$

$$p_3 = \frac{\mu^2}{m_3^2} = \frac{(\pm 3)^2}{(\pm 5)^2} = \frac{9}{25}$$

此时，单位权中误差为 ±3mm，三个观测值的权分别为 1、$\frac{9}{16}$、$\frac{9}{25}$。

（三）带权平均值中误差

设对某未知量 x 进行了 n 次不同精度的观测，观测值为 $L_1, L_2, L_3, \cdots, L_n$，其相应的权为 $p_1, p_2, p_3, \cdots, p_n$，则不同精度观测值的最或是值为：

$$x = \frac{p_1 L_1 + p_2 L_2 + \cdots + p_n L_n}{p_1 + p_2 + \cdots + p_n} \tag{3-4-13}$$

由于此式是根据观测值的权来计算不同精度观测值的最或是值，故由此式计算的未知量称为带权平均值，或称广义算术平均值。当所有的观测值都是同精度时，各观测值的权相等，则广义算术平均值或带权平均值即为算术平均值。

例如，对某长度进行了三次不同精度的丈量，观测值为：L_1=88.23m、L_2=88.20m、L_3=88.19m，其权为：p_1=1、p_2=3、p_3=2，则该长度的最或是值为：

$$x = \frac{p_i L_i}{\sum p_i} = \frac{88.23 \times 1 + 88.20 \times 3 + 88.19 \times 2}{1+3+2} = 88.20\text{m}$$

带权平均值的中误差为：

$$m_x = \frac{\mu}{\sqrt{\sum p_i}} \tag{3-4-14}$$

思考题

1. 误差产生的原因有哪些？
2. 偶然误差的特性是什么？
3. 衡量精度的指标有哪些？
4. 什么是误差传播定律？
5. 什么是权，如何定权？

扫一扫
获取更多资源

第四章

常规测量方法

PART 4

常规测量工作是使用水准仪、全站仪等常规测量仪器测定地面点的平面坐标和高程。水平角、水平距离和高差是常规测量确定地面点间相对关系的三个基本要素。在常规测量中，角度用望远镜配合水平度盘、垂直度盘进行测量，距离测量通过全站仪的电磁波测距方法进行测量，两点之间的高差可以通过水平距离和垂直角来确定，或者使用水准仪进行测量。在卫星定位测量技术出现以后，为了加以区别，将使用全站仪、水准仪等仪器进行的导线测量、水准测量等称为常规测量。由于卫星定位测量技术存在一定的局限性，在一些地形复杂区域仍然离不开常规测量。

第一节　导线测量

一　导线测量概述

（一）导线测量概念

所谓导线测量，就是以已知控制点为基础，按一定的要求选定一系列地面点（导线点），将相邻点依次连接而构成连续的折线（称为导线），分别测定各折线边（导线边）的边长和相邻折线边之间的转折角（导线角），最后，根据给定的起算数据推算出各导线点的坐标。

导线测量通常按所采用测距手段的不同分为钢尺量距导线、光学视距导线和光电测距导线，目前，应用最广泛的是光电测距导线。

（二）导线布设形式

按照不同的情况和要求，导线可以布设为附合导线、闭合导线、支导线、结点导线网等几种形式。一般来说，单一导线按图形结构的优劣由低到高排序为支导线、闭合导线、附合导线。

1. 附合导线

导线起始于一个已知点而终止于另一个已知点，这种导线称为附合导线。附合导线的出发点和闭合点是基于两组不同的已知控制点（图 4-1-1）。附合导线又分为单定向导线、双定向导线、无定向导线。

附合导线既可以对已知数据进行检核，又可以发现角度和边长观测数据中的错误，因此应作为布设单一导线的首选形式。

2. 闭合导线

导线以已知点为起始点，利用已知方位，经过一系列的导线点测量后回到起始点，这种导线称为闭合导线（图 4–1–2）。

3. 支导线

导线以一个已知点为起始点，利用已知方位，经过一系列的导线点观测后，未闭合于任何已知点和方位，这样的导线称为支导线（图 4–1–3）。

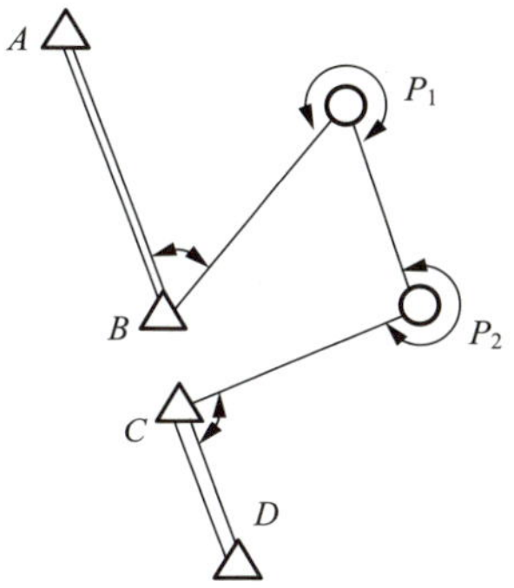

图 4–1–1　附合导线

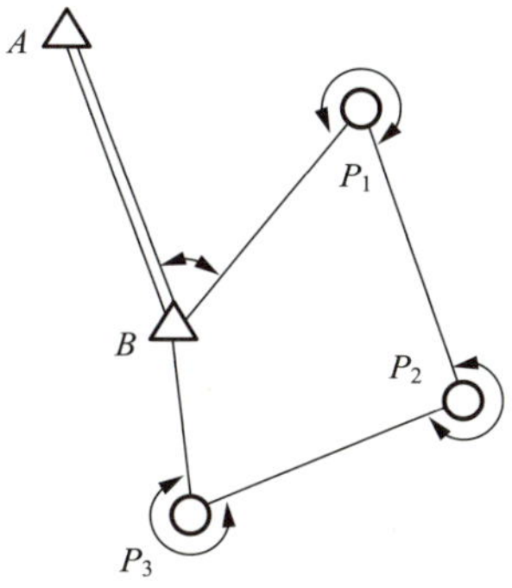

图 4–1–2　闭合导线

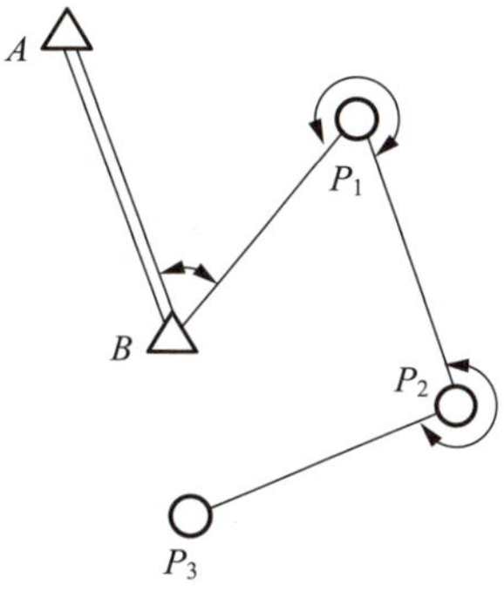

图 4–1–3　支导线

4. 结点导线网

结点导线网是指多条附合导线、闭合导线或支导线利用结点连接，形成网状的导线（图 4–1–4、图 4–1–5）。导线网是工程测量控制网较常用的一种布设形式，网中的观测值是角度、方向和边长。独立导线网的起算数据是：一个起算点的 x、y 坐标和一个方向的方位角，导线网特别适合于隐蔽地区、障碍物较多的平坦地区。导线网的主要缺点是多余观测数比同样规模的三角网少，相比三角网而言可靠性不高。随着电磁波测距仪的不断完善和普及，导线网和边角网逐渐得到广泛应用，在精度要求较高的情况下，可布设部分测边、部分测角的控制网或边、角全测的控制网。

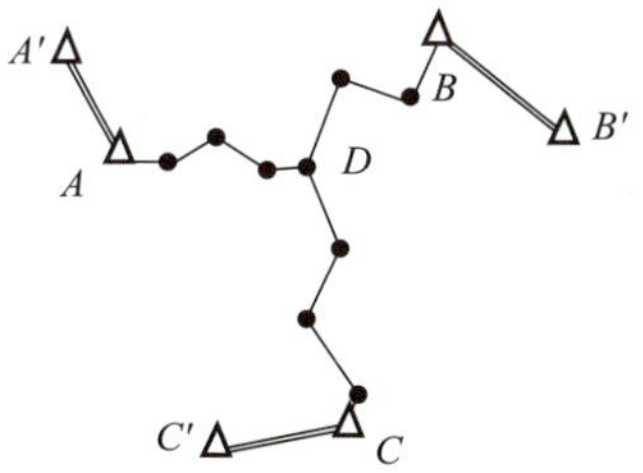

图 4–1–4　附合结点导线网

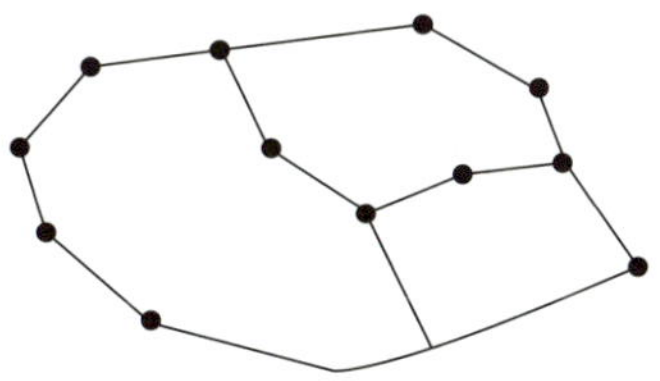
图 4–1–5　环形结点导线网

（三）导线测量方位角

导线测量中，根据起始已知方位和利用全站仪测定的转折角可以计算各导线边的方位角。在已知方位难以获得的情况下，可以通过测定天文方位角或太阳方位角作为起始已知方位。

（四）技术要求

导线测量既可用作测区较高等级的控制测量，又可用作直接供测图、放样使用的较低等级的控制测量。关于导线测量等级的划分及各等级导线的技术要求，国家和有关行业测量规范都有相应的规定。

导线测量的技术要求，主要包括对导线的全长、平均边长、测角精度、测距精度、角度闭合差、全长相对闭合差等的具体要求。石油物探导线测量一般参照现行石油物探测量规范的要求执行。

二 导线测量外业

（一）准备工作

导线测量准备工作包括收集资料、踏勘选线（点）、测量仪器检测（若采用全站仪，还应包括仪器参数的设置）等。

1. 收集资料

应收集的资料主要包括如下内容：

①有关测量规范、技术要求。

②测区及周围已知点成果（包括坐标、点之记等）。

③测区现有各种比例尺地形图资料及其他有关资料。

2. 踏勘选线（点）

不同的测量目的，对导线的形式、导线全长、平均边长、最小边长、最大边长、导线点的具体位置等都有一定的要求。为了全面满足有关技术要求，一般应经过图上设计、实地踏勘、埋石或钉桩等几个环节。

（1）图上设计

图上设计即在测区现有最大比例尺地形图上拟定布设方案。先在图上标出测区及周围已知控制点，再根据测区地形条件和导线的具体技术指标来拟定导线的路线及导线点的大致位置。

（2）实地踏勘

即根据图上设计所拟定的方案，到实地踏勘、落实和选定导线的路线及导线点的具体位置。如图上设计所拟定的方案确有不可行之处，则根据实地情况，现场选定更为合理、可行的路线和点位。

关于导线点位置的选定，一般应遵循以下原则：

①导线的路线应通行方便，通视良好。

②导线点的位置应选定在开阔地带，以便于测角和量距，便于保存和今后使用。

③导线边的长度应大致相等，以尽量减免望远镜调焦带来的误差，特别是要避免相邻

导线边的长度一条过短一条过长。

（3）埋石或钉桩

当导线点的位置选定后，应根据导线的等级和使用目的，埋设永久性标石或临时性标志桩。标石的类型、规格应按规范、技术要求以及点位所处具体位置等灵活掌握。

3. 测量仪器检测及仪器参数设置

测量仪器的检测应执行有关规范的规定，仪器参数的设置应根据具体仪器型号而定。

（二）水平角观测

在石油物探测量中，水平角的观测一般采用测回法或方向观测法。

1. 测回法

测回法是水平角观测的常用方法之一，适用于两个方向之间的单角观测。如图 4-1-6 所示，O 为测站，A、B 为观测目标，欲测水平角 $\angle AOB$。其观测方法为：在 O 点架设全站仪，在 A、B 两点立标尺，先用盘左分别照准 A、B 两点处所立标尺并读取水平度盘读数，再用盘右分别照准 A、B 两点处所立标尺并读取水平度盘读数，则盘左两读数之差与盘右两读数之差的平均值即为水平角。

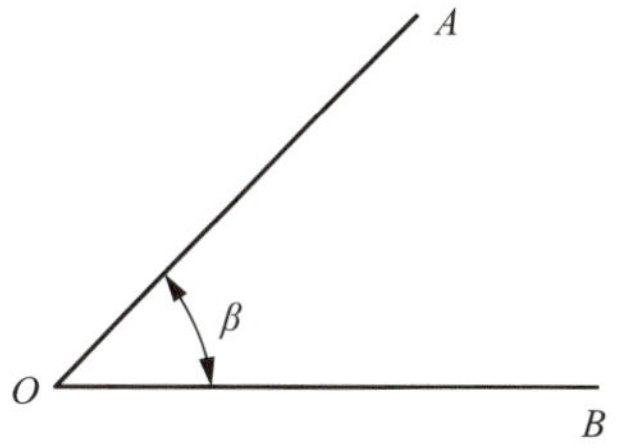

图 4-1-6　测回法水平角观测

当全站仪的竖直度盘位于望远镜左侧时，观测的读数为盘左读数，一般称为正镜读数。相对应，当全站仪的竖直度盘位于望远镜右侧时，观测的读数为盘右读数，一般称为倒镜读数。在一个测站，盘左分别观测两个目标并取得水平角观测读数的过程为盘左半测回或上半测回；盘右分别观测两个目标并取得水平角观测读数的过程为盘右半测回或下半测回。盘左和盘右两个半测回合在一起叫作一个测回。

测回法一测回的具体操作步骤如下：

①上半测回（盘左）：顺时针转动照准部，照准左目标 A（零方向，水平度盘配置于 0° 00′ 00″ 或稍大），读取水平度盘读数 $a_{左}$，并记录到观测手簿上。

②顺时针转动照准部，照准右目标 B，读取水平度盘读数 $b_{左}$，并记录到观测手簿上。

③求取水平角值 $\beta_{左}$：

$$\beta_{左} = b_{左} - a_{左} \tag{4-1-1}$$

④下半测回（盘右）：倒转望远镜，变换为盘右位置，逆时针转动照准部，照准右目标 B，读记水平度盘读数 $b_{右}$。

⑤逆时针转动照准部，照准左目标 A，读记水平度盘读数 $a_{右}$。

⑥求取水平角值 $\beta_{右}$：

$$\beta_{右} = b_{右} - a_{右} \tag{4-1-2}$$

上、下两个半测回合称一测回，当两个半测回角值之差在规定限差之内时，取两个半测回角值的平均值作为一测回的水平角值。

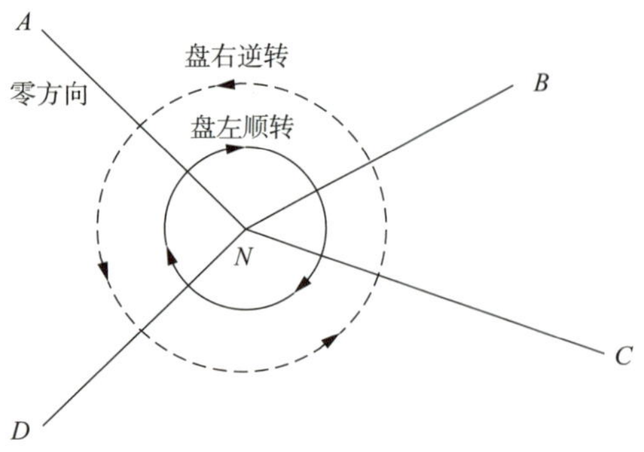

图 4–1–7 全圆测回法水平角观测

对同一方向正、倒镜读数取平均值时，以正镜度数为准，在倒镜读数加上“±180°”。

2. 全圆测回法

全圆测回法，又称全圆方向法，简称“方向法”，同时还是水平角观测的常用方法之一，当在一个测站上有 3 个以上的观测方向，需要观测多个角度时，通常采用全圆测回法。如图 4–1–7 所示，设 N 为测站，A、B、C、D 等为应观测的目标。其观测方法为：选择通视条件好、目标远近适中的一点（如 A 点）作为零方向，先用盘左位置，依顺时针方向旋转照准部，从零方向 A 开始，依次照准 A、B、C、D、A 等目标并读取水平度盘读数，再用盘右位置，依逆时针方向旋转照准部，按相反次序分别照准 A、D、C、B、A 等目标并读取水平度盘读数。

全圆测回法一测回的具体操作步骤如下：

①上半测回（盘左）：顺时针转动照准部，照准零方向 A，配置水平度盘，读取水平度盘读数并记录到观测手簿上。

②顺时针转动照准部，依次照准 B、C、D 等并读记水平度盘读数。

③继续顺时针转动照准部，再次照准零方向 A 并读记水平度盘读数。

在半测回中前后两次对零方向 A 进行观测，称为“归零”。其目的是检查水平度盘的位置在观测过程中是否发生了变动，同时提高观测精度。前后两次零方向观测值之差，称为“归零差”。若归零差不超过规定限差，则为半测回观测结束。

④下半测回（盘右）：倒转望远镜，用盘右位置逆时针转动照准部，依次照准 A、D、C、B、A，读记各方向水平度盘读数。

若归零差不超过规定限差，则为一测回观测结束。当观测方向数只有 3 个时，可以不归零。

在方向法水平角观测中，测站限差主要有 $2C$ 差、$2C$ 互差、归零差和各测回间方向值互差等。$2C$ 差是指同一方向正倒镜水平角读数的差值，$2C$ 差是普遍存在的，只要不偏出某个限定值，可以通过盘左盘右的观测值取中数，来作为本次方向观测的数据。$2C$ 互差是指在一测回内，最大 $2C$ 差与最小 $2C$ 差的差值。当 $2C$ 互差、两个半测回同一方向值互差或各个测回间同一方向值互差超限时，均应重测该测回。对一测回内两个半测回角值互差与两个方向 $2C$ 互差加以控制具有等价效果。导线测量观测过程中，在水平角观测记录手簿对度盘读数中度数部分的读记错误允许改动，但必须在现场更改。读记错误的秒值不许改动，必须重新观测。

（三）垂直角观测

天顶距是指从某点的天顶方向到某一目标方向之间的夹角，高度角是指目标方向与水平方向的夹角。垂直度盘的注记按读数零点位置的不同分为天顶距式和垂直角式。全站仪望远镜、竖盘和竖盘指标差之间的关系是望远镜转动，竖盘和指标都跟着转动。垂直度盘按读数增加方向的不同分为逆时针式和顺时针式两种形式。设在倒镜位置，望远镜视线水平时竖盘读数为 270°，当望远镜视线上仰时读数逐渐减小，则为高度角等于 270° 减去瞄准目标时的读数。在三角高程测量中，若对向观测的外界条件相同，则为取直、反觇观测高差的平均值可消除或减弱地球曲率和大气折光的影响。双盘位观测某个方向的竖直角可以消除竖盘指标差的影响。

导线测量观测过程中，在垂直角观测记录手簿对度盘读数中度数部分的读记错误记录要求允许改动，但必须在现场更改。读记错误的秒值不许改动，必须重新观测。

（四）边长测量

在地物分布比较密集复杂的建筑区多采用导线测量方法，当采用电磁波测距时，相邻点之间视线应避开烟囱、散热塔、散热池和强电磁场等。在选定导线点时，相邻两点之间的视线倾角不宜过大，应注意使导线边的长度大致相等，尤其要避免相邻导线边的长度一条过短一条过长，其目的主要是减弱望远镜调焦引起的误差。

三　导线测量内业计算

导线计算的根本任务，就是根据给定的已知坐标和方位角，以及外业观测获得的导线转角和导线边边长，计算各导线点的平面直角坐标并评定导线测量的精度。导线测量内业计算的基本问题，实质上是坐标正、反算问题和坐标方位角的传递问题。

（一）坐标正算

如图 4-1-8 所示，已知一点的平面直角坐标 (x_A, y_A) 和该点到未知点的距离 S_{AB} 和坐标方位角 α_{AB}，求取未知点的平面直角坐标 (x_B, y_B)，称为坐标正算。

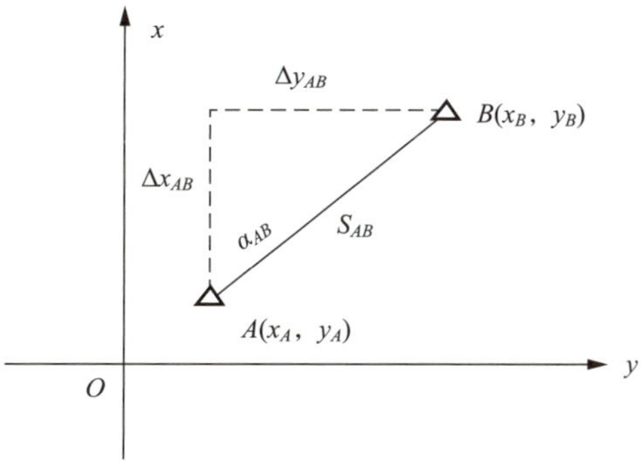

图 4-1-8　坐标正算、反算示意图

坐标正算的基本公式为：

$$\Delta x_{AB}=S_{AB}\cos\alpha_{AB}$$

$$\Delta y_{AB}=S_{AB}\sin\alpha_{AB}$$

$$x_B=x_A+\Delta x_{AB}$$

$$y_B=y_A+\Delta y_{AB} \tag{4-1-3}$$

式中　Δx_{AB}——由 A 点到 B 点的纵坐标增量；

Δy_{AB}——由 A 点到 B 点的横坐标增量。

（二）坐标反算

如图 4–1–8 所示，已知两点的平面直角坐标 (x_A, y_A) 、(x_B, y_B)，求取两点间的距离 S_{AB} 和坐标方位角 α_{AB}，称为坐标反算。

坐标反算的基本公式为：

$$\Delta x_{AB}=x_B-x_A$$

$$\Delta y_{AB}=y_B-y_A$$

$$\alpha_{AB}=\operatorname{arctg}\frac{\Delta y_{AB}}{\Delta x_{AB}}$$

$$S_{AB}=\frac{\Delta x_{AB}}{\cos\alpha_{AB}}=\frac{\Delta y_{AB}}{\sin\alpha_{AB}}$$

$$S_{AB}=\sqrt{\Delta x_{AB}{}^2+\Delta y_{AB}{}^2}=\sqrt{(x_B-x_A)^2+(y_B-y_A)^2} \tag{4-1-4}$$

（三）坐标方位角的确定

在坐标正算问题中，坐标增量的正负号取决于坐标方位角；在坐标反算问题中，直接由公式算得的角值实际上是带有正负号的象限角值，要获得坐标方位角，必须先根据纵、横坐标增量的正、负号判断出所在象限，再进一步确定出坐标方位角。表 4–1–1 为坐标增量的符号与坐标方位角的关系表。

表 4-1-1　坐标增量的符号与坐标方位角的关系表

象限	方位角取值范围	纵坐标增量Δx	横坐标增量Δy	最终方位角
Ⅰ	0°~90°	+	+	α_{AB}
Ⅱ	90°~180°	−	+	$\alpha_{AB}+180°$
Ⅲ	180°~270°	−	−	$\alpha_{AB}+180°$
Ⅳ	270°~360°	+	−	$\alpha_{AB}+360°$

（四）坐标方位角的传递

要根据给定的已知坐标依次计算各导线点的平面直角坐标，需要首先确定出各导线边的坐标方位角。通常都是根据给定的起算方位角和观测所得的各转角按顺序依次推算各导线边的坐标方位角。

设 0、1、2、…、$n-1$、n、$n+1$ 为一条连续折线（导线）的各端点和转点，已知 0、1 边的方位角 α_{01} 和相邻各边间的夹角 β_1、β_2、……、β_{n-1}、β_n，则为其余各边的坐标方位角为：

$$\alpha_{12}=\alpha_{01}\pm\beta_1\mp180^\circ$$

$$\alpha_{23}=\alpha_{12}\pm\beta_2\mp180^\circ$$

…………………………

$$\alpha_{n-1,n}=\alpha_{n-2,n-1}\pm\beta_1\mp180^\circ$$

$$\alpha_{n,n+1}=\alpha_{n-1,n}\pm\beta_1\mp180^\circ \tag{4-1-5}$$

关于 ± 号的规律归纳如下：

①当 β 为导线前进方向的左角时，β 前取“+”，通常 180° 前取“−”；

②当 β 为导线前进方向的右角时，β 前取“−”，通常 180° 前取“+”；

③如果结果小于 0°，则为加上 360°，如果计算结果大于 360°，则为减去 360°。

（五）导线测量计算步骤

1. 起算数据的准备

一般来说，给出的导线起算数据大都是两组已知点的坐标，这就需要根据坐标反算公式反算出相应的坐标方位角。计算时，一定要确认各已知点的坐标属于同一个坐标系统。

2. 数据整理

（1）水平角观测数据整理方法

利用全站仪进行物探测量时，需要观测水平角、垂直角和距离。利用水平角和距离，可以计算方位角和坐标，通过垂直角和距离，可以计算测站至目标点的高差。

观测的水平角数据是全站仪测量的基础观测数据，由于人为操作、仪器误差、测站环境等影响因素，角度观测存在误差，需要进行整理，检查误差是否在允许范围内。如果误差超限，需要重新进行观测，如果在技术指标容许范围内，需要计算水平角测量值。

水平角的观测数据整理的主要步骤如下：

①计算 $2C$ 差。$2C$ 差是同一方向正、倒镜读数之差，也称两倍照准差。计算方法是：

$$2C=\text{盘左读数}-\text{盘右读数}\pm180^\circ$$

②计算正倒镜中数。正倒镜中数是指同一目标正倒镜读数的平均数，计算方法是：

$$\text{正倒镜中数}=(\text{盘左读数}+\text{盘右读数}-180^\circ)\div2$$

③计算归零差。归零差是零方向同一度盘位置两次读数之差，计算方法是：

$$\text{归零差}=\text{闭合方向读数}-\text{起始方向读数}$$

④计算水平方向值。

各目标水平方向值 = 正倒镜中数 − 归零差

（2）坐标方位角计算的方法

由表 4-1-1 可知，当纵坐标增量 $\Delta x > 0$，横坐标增量 $\Delta y > 0$ 时，则为方位角 α 与象限角 R 的关系为 $\alpha = R$；当纵坐标增量 $\Delta x < 0$，横坐标增量 $\Delta y > 0$ 时，方位角 α 与象限角 R 的关系为 $\alpha = 180° - R$；当纵坐标增量 $\Delta x < 0$，横坐标增量 $\Delta y < 0$ 时，方位角 α 与象限角 R 的关系为 $\alpha = 180° + R$；当纵坐标增量 $\Delta x > 0$，横坐标增量 $\Delta y < 0$ 时，方位角 α 与象限角 R 的关系为 $\alpha = 360° - R$。在导线计算过程中，计算导线角度闭合差需要起始边坐标方位角、导线各边夹角。

在测量实际工作中，常应用以上公式进行坐标方位角、坐标增量及坐标推算。例如，已知 $\alpha_{AB} = 89°12'01''$、$x_B = 3065.347\text{m}$、$y_B = 2135.265\text{m}$，坐标推算路线为 $B \to 1 \to 2$，测得坐标推算路线的右角分别为 $\beta_B = 32°30'12''$、$\beta_1 = 261°06'16''$，水平距离分别为 $D_{B1} = 123.704\text{m}$、D_{12}=98.506m，试计算 1 点，2 点的平面坐标。

推算坐标方位角：

$$\alpha_{B1} = (89°12'01'') - (32°30'12'') + 180° = 236°41'49''$$

$$\alpha_{12} = (236°41'49'') - (261°06'16'') + 180° = 155°35'33''$$

计算坐标增量：

$$\Delta x_{B1} = 123.704 \times \cos(236°41'49'') = -67.922\text{m}$$

$$\Delta y_{B1} = 123.704 \times \sin(236°41'49'') = -103.389\text{m}$$

$$\Delta x_{12} = 98.504 \times \cos(155°35'33'') = -89.702\text{m}$$

$$\Delta y_{12} = 98.504 \times \sin(155°35'33'') = 40.705\text{m}$$

计算 1 点、2 点的平面坐标：

$$x_1 = 3065.347 - 67.922 = 2997.425\text{m}$$

$$y_1 = 2135.265 - 103.389 = 2031.876\text{m}$$

$$x_2 = 2997.425 - 89.702 = 2907.723\text{m}$$

$$y_2 = 2031.876 + 40.705 = 2072.581\text{m}$$

（3）坐标方位角的传递

在根据方位角传递公式推算方位角时，如果计算结果小于 0°，则应加 360°。导线测量就是依次测定各导线边的边长、各转折角，根据起算数据，推算各边的坐标方位角，从而求出各导线点的坐标。坐标正算要知道的已知条件是已知点的平面直角坐标，已知点到未知点距离，已知点到未知点的坐标方位角。

（4）垂直角观测数据整理方法

垂直角是全站仪测量的主要观测数据之一，垂直角用来计算测站与目标点的高差。由于人为操作、测站环境、仪器系统等因素的影响，垂直角的观测数据一定含有误差，所以在进行三角高程计算之前，必须进行整理，发现和检查测站垂直角观测数据的误差，核实误差大小，如果在技术要求范围内，计算出垂直角数值；如果误差超出技术要求，必须进行重测或补测。

顺时针注记的仪器观测垂直角时，盘左测量高处目标，盘左度盘读数 L 是减小的，并小于 90°；相反，盘右观测同一目标时，盘右度盘读数 R 是增大的，并大于 270°。则垂直角分别为：

$$\alpha = 90° - L$$

$$\alpha = R - 270° \qquad (4\text{–}1\text{–}6)$$

逆时针注记的仪器观测垂直角时，盘左测量高处目标，盘左度盘读数 L 是增加的，并大于 90°；相反，盘右观测同一目标时，盘右度盘读数 R 是减小的，并小于 270°。则垂直角分别为：

$$\alpha = L - 90°$$

$$\alpha = 270° - R \qquad (4\text{–}1\text{–}7)$$

同一类型的仪器观测低处目标时，上述公式依然适用。测站的垂直角误差主要来源于观测粗差、记录粗差和垂直度盘指标差。垂直度盘随仪器望远镜转动，盘上有一个指标水准器。当望远镜水平，指标水准器气泡居中时，垂直度盘的读数是 90 或 90 的整倍数。但实际上由于结构上的问题往往不是 90 或 90 的整倍数，存在一个差值，这个差值就是垂直度盘指标差，一般用 x 表示（图 4–1–9）。当指标差偏移方向与度盘注记方向一致时，则使读数增加了一个 x，因此，x 为正值；反之，x 为负值。

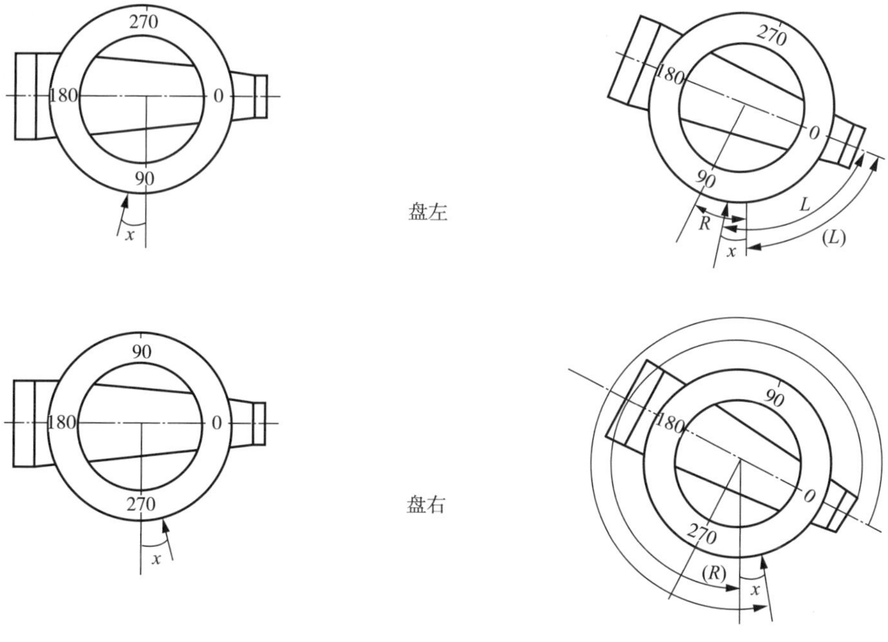

图 4–1–9　垂直度盘指标差

如果使用带有指标差的垂直度盘观测垂直角，则观测结果必然带有指标差的影响。为了衡量垂直角观测精度和准确计算垂直角，必须由其观测值计算出指标差的数值。垂直度盘指标差的计算公式为：

$$x=\frac{L+R-360^\circ}{2} \tag{4-1-8}$$

同一仪器、同一测站各视准方向的指标差应近似于某一常数，由于观测误差使观测目标的指标差产生变化。同一测站点上各视准目标的指标差之差称为指标差变动范围。指标差数值的大小，对于垂直角计算是没有影响的。但是为了方便和快速计算，用正、倒镜读数及指标差计算垂直角。

顺时针注记度盘用式：

$$\alpha=90^\circ-(L-x)$$
$$\alpha=(R-x)-270^\circ \tag{4-1-9}$$

逆时针注记度盘用式：

$$\alpha=(L-x)-90^\circ$$
$$\alpha=270^\circ-(R-x) \tag{4-1-10}$$

内业垂直角数据整理时使用式：

$$\alpha=\frac{1}{2}(R-L-180^\circ) \tag{4-1-11}$$

（5）导线坐标增量的计算

在导线计算中，闭合差是一系列测量值函数的计算值与其已知值之差。导线坐标增量闭合差包括纵坐标增量闭合差和横坐标增量闭合差。导线坐标闭合差的理论值等于零。坐标闭合差分配的原则是按边长成正比分配各改正数，改正数总和与坐标闭合差符号相反、大小相等。附合导线、闭合导线、导线网都存在坐标增量闭合差，支导线不存在坐标增量闭合差。计算附合导线坐标增量闭合差应用的已知数据有导线各边方位角、导线各边边长、起始点坐标。计算坐标增量所用的坐标方位角应是经角度平差之后，根据角度平差值所推算的坐标方位角，计算各导线点纵、横坐标所用的坐标增量应是经坐标增量闭合差改正后的坐标增量。在实际工作中，经常利用已知点坐标及坐标增量计算未知点的坐标。

例如已知 A 点的坐标为：

$$x_A=2746316.0\text{m}$$
$$y_A=19534976.1\text{m}$$

A 点至 B 点的坐标增量为：

$$\Delta x=184.2\text{m}，改正数为 +0.3\text{m}$$
$$\Delta y=654.3\text{m}，改正数为 -0.5\text{m}$$

则 B 点的坐标为：

$$x_B = 2746500.5\text{m}$$

$$y_B = 19535629.9\text{m}$$

同时，可以利用已知边长及坐标方位角计算坐标增量。例如，已知 AB 两点的边长为 188.43m，方位角为 146° 07′06″，则 AB 的x坐标增量为 –156.433m。

3. 观测边长的改正

导线外业观测所获得的距离，经常会含有一些系统性误差，对于距离测量的系统性误差，一般通过加入相应改正来消除其影响。例如，钢尺量距的尺长改正、温度改正、倾斜改正，电磁波测距的加乘常数改正、气象改正、倾斜改正等。对全站仪电磁波测距来说，上述改正项通常都是在外业观测时施加的。

除此之外，由于边长观测数据是地球表面上的结果，而导线的起算数据则是高斯投影平面上的成果，因此，一般还需要对观测边长进行以下两项改正。

（1）归算至投影基准面的改正

当测区的高程较大时，地面上的导线边观测边长与其归算至投影基准面上的边长将存在明显的差异，例如当测区高程为 2000m 时，归算前后的长度变形接近 l/3000。因此，当测区位于高原或海拔较高的山区时，需要将地面上的观测边长统一归算为投影基准面（不必区分是大地水准面还是参考椭球面）上的距离，为此而施加的改正数，称为高程归算距离改正。一般来说，高程归算距离改正的符号总为负。

高程归算距离改正数的计算公式为：

$$\Delta S_{\text{h}} = \frac{H_{\text{m}}}{R} \cdot S \tag{4-1-12}$$

式中 H_{m}——导线边中点的平均高程（实用上以测区的平均高程代替），km；

R——地球平均半径，一般取 6371km；

S——导线边的观测边长，m。

（2）化算到高斯投影平面的改正

根据高斯投影的特性，在投影带边缘附近，投影前后的长度变形是很大的，在六度投影带的边缘，最大长度变形达 1/1000 左右，在三度投影带的边缘，最大长度变形也接近 l/3000。因此，当测区位于投影带边缘附近时，必须将球面上的边长化算为高斯投影平面上的直线距离，为此而施加的改正数，称为高斯投影距离改正。高斯投影距离改正的符号总为正。

高斯投影距离改正数的计算公式为：

$$\Delta S = \frac{{y_{\text{m}}}^2}{2R^2} \cdot S \tag{4-1-13}$$

式中 y_{m}——导线边中点（实用上以导线的中点代替）的横坐标自然值，km；

R——地球平均半径，一般取 6371km；

S——导线边的球面边长，m。

以上两项改正，对于一条导线边来说，只要其相对改正数不超过相对极限误差，则可以不加考虑。对于直接供碎部点测量和放样的导线来说，若以上两项相对改正数不超过相对极限误差，则也可以不加考虑。但当两项改正关系到导线相对闭合差超过相对极限误差时，则应考虑施加两项改正。

4. 角度闭合差的计算

由导线起始端已知方向的坐标方位角起，根据各转角依次推算各边的坐标方位角，最终可以推算出导线结束端已知方向的坐标方位角。由于各转角观测值不可避免地含有误差，致使导线结束端已知方向的坐标方位角的推算值与所给定值不相等，其差值称为方位角闭合差，又称为角度闭合差，一般用f_β表示。

（1）附合导线角度闭合差的计算。

附合导线角度闭合差的计算公式为：

$$f_\beta=\alpha_0+\sum\beta_{左}-n\times180°-\alpha_n=\sum\beta_{左}-(\alpha_n-\alpha_0+n\times180°) \qquad (4\text{-}1\text{-}14)$$

或

$$f_\beta=\alpha_0-\sum\beta_{右}+n\times180°-\alpha_n=-\sum\beta_{右}+(\alpha_0-\alpha_n+n\times180°)$$

式中 α_0、α_n——导线起始端和结束端的已知方位角；

$\sum\beta_{左}$、$\sum\beta_{右}$——导线转角（左角或右角）观测值的总和；

n——导线转角个数，实际应用时，公式中的n有时要比导线转角个数少或者多2。

例如，设有一附合导线，起始边方位角为177° 04′ 42″，结束边方位角为147° 41′ 06″，5个测站的水平角（左角）总和为870° 37′ 30″，则角度闭合差为：

$$\begin{aligned}f_\beta&=\sum\beta+(\alpha_n-\alpha_0)-n\times180°\\&=870°37'30''-(147°41'06''-177°04'42'')-5\times180°\\&=+1'06''\end{aligned}$$

导线计算中常对闭合差给予一个容许值，称为限差。当限差在技术要求范围内时，可以对角度闭合差进行平差配赋。如果观测的是左角，则将角度闭合差反号平均分配到各左角上；如果观测的是右角，则将角度闭合差同号平均分配到各右角上。当导线的角度闭合差按平均分配仍有余数时，原则上应将余数分配到短边夹角。

（2）闭合导线角度闭合差的计算

闭合导线角度闭合差的计算公式为：

$$f_\beta=\sum\beta_{内}-(n-2)\times180° \qquad (4\text{-}1\text{-}15)$$

或

$$f_\beta=\sum\beta_{外}-(n+2)\times180° \qquad (4\text{-}1\text{-}16)$$

式中 $\sum\beta_{内}$、$\sum\beta_{外}$——导线中多边形内角（或外角）观测值的总和；

n——导线中多边形的内角（或外角）个数，实际应用时，式中n有时比导线转角个数少或者多2。

实际上，闭合导线是附合导线的特例，其角度闭合差的计算完全可以采用附合导线角度闭合差的计算公式。只是，$\alpha_0=\alpha_n$，n为多边形的内角（或外角）个数，即参与计算角度闭合差的转角个数减1（因已知点上的连接角实际上并未参与计算）。

5. 角度闭合差的分配

角度闭合差的大小，一定程度上反映了角度观测的质量。在有关规范中，对不同等级导线的角度闭合差的最大容许值做了规定。当导线角度闭合差在最大容许值之内时，要对所存在的角度闭合差加以处理，消除矛盾。由于角度闭合差主要是由各转角的观测误差引起的，每一个转角的观测精度通常认为是相等的，因此，一般都是将角度闭合差平均分配到各转角的观测值中，这个分配值称为角度改正数，一般用v表示。即：

$$v_i=-f_\beta/n \tag{4-1-17}$$

式中 f_β——导线角度闭合差；

n——导线观测角的个数；

v_i——各观测角的改正数，$i=1,2,\cdots,n$。

改正数的取位一般与观测值的取位相同，当角度闭合差不能平均分配时，可对长边所夹的角适当少分或对短边所夹的角适当多分，以保证改正数总和与角度闭合差的绝对值相等。

在闭合导线中，因已知点上的连接角实际上并未参与角度闭合差的计算，所以连接角一般不分配改正数。

6. 坐标增量及闭合差的计算

（1）附合导线坐标闭合差的计算

附合导线坐标闭合差的计算公式为：

$$\begin{aligned}f_x&=x_0+\sum\Delta x-x_n=\sum\Delta x-(x_n-x_0)\\f_y&=y_0+\sum\Delta y-y_n=\sum\Delta y-(y_n-y_0)\end{aligned} \tag{4-1-18}$$

式中 x_0、y_0、x_n、y_n——导线起始端和结束端的已知坐标；

$\sum\Delta x$、$\sum\Delta y$——导线边纵、横坐标增量的总和。

（2）闭合导线坐标闭合差的计算

闭合导线坐标闭合差的计算公式为：

$$\begin{aligned}f_x&=\sum\Delta x\\f_y&=\sum\Delta y\end{aligned} \tag{4-1-19}$$

（3）导线全长相对闭合差的计算

由于坐标闭合差的存在，致使从导线起点推出的终点位置与其已知的正确位置不一致，其偏离距离，称为导线全长闭合差，一般用f_S表示。即：

$$f_S=\sqrt{f_x^2+f_y^2} \tag{4-1-20}$$

全长闭合差与导线全长的比值，称为导线全长相对闭合差，简称为导线相对闭合差，一般用 K 表示，并表达为多少分之一的形式。即：

$$K = \frac{f_S}{\sum S} = \frac{1}{\sum S / f_S} \tag{4-1-21}$$

例如，某导线全长 620m，算得 $f_x = 0.123\text{m}$，$f_y = -0.162\text{m}$，导线全长相对闭合差 $K = 1/3048$。

导线全长闭合差和相对闭合差，一定程度上反映了整条导线外业观测的质量。

（4）纵、横坐标增量闭合差的分配

当导线全长相对闭合差在容许范围内，则可将纵、横坐标增量闭合差分配到各纵、横坐标增量中去，分配的原则是按边长成比例地分配给各坐标增量，相应的分配值称为纵、横坐标增量改正数，一般用 $v_{\Delta x}$、$v_{\Delta y}$ 表示。即：

$$v_{\Delta x_i} = -\frac{f_x}{\sum S} \cdot S_i$$

$$v_{\Delta y_i} = -\frac{f_y}{\sum S} \cdot S_i \tag{4-1-22}$$

式中　S_i——各导线边的边长；$i = 1, 2, \cdots, n$。

改正数的取位一般与坐标增量值的取位相同，如果有凑整误差时，可根据凑整误差的大小考虑取舍，要保证改正数的总和与坐标增量闭合差的绝对值相等，而符号相反。

（5）各导线点纵、横坐标的计算

根据导线起始点的坐标和改正后的坐标增量，按坐标正算公式依次推算各导线点的纵、横坐标。为了计算检核，应进一步推算出结束端已知点的坐标，若计算无误，则计算值应等于其给定值。

7. 导线测量精度评定

导线测量的技术指标主要包括角度闭合差、全长相对闭合差、测角精度、测距精度等。导线测量作业时应根据相关规范要求进行精度评定，确保导线质量合格。

四 导线测量仪器

（一）全站仪概述

全站仪是既能测角又能测距的常规测量仪器，使用全站仪能够进行测距、测角、测高差及坐标放样导线测量。全站仪的照准设备是望远镜，全站仪通过电子度盘自动读取角度读数并在仪器上显示出来、记录下来或者传输出去。使用全站仪可以进行坐标放样、导线测量等。

全站仪按测量功能模块分为测角和测距两大系统，由电子经纬仪、光电测距单元、计算机与记录器等部件组成。全站仪的角度度量设备主要是水平度盘和垂直度盘，测距设备由信号发生器和信号接收器组成，测距信号经过棱镜或目标表面返回才能得到测站点到目标的距离，全站仪的计算机和记录器是根据用户需求用于计算并记录所需的内容。

全站仪的基座是用来调整仪器水平轴水平和固定仪器的重要设备。在测站上，全站仪一经观测，其斜距、竖角、水平角等均自动显示，并能立即得到平距、高差和点的坐标。

经典型的全站仪也称常规全站仪，一般测程小于 3km。全站仪的照准点即仪器观测照准的目标点，全站仪的视准轴是指望远镜的物镜中心与十字丝中央交点的连线。全站仪采用了光电扫描测角系统，其类型主要有编码盘测角系统、光栅度盘测角系统、动态光栅度盘测角系统。

早期的全站仪，大都是积木型结构，即电子速测仪、电子经纬仪、电子记录器各是一个整体，可以分开使用，也可以通过电缆或接口把它们组合起来，形成完整的全站仪。在自动化的进程中，全站仪进一步克服了需要人工照准目标的重大缺陷，实现了全站仪的智能化。全站仪按功能分为普通型全站仪、智能型全站仪、自动跟踪式全站仪等，全站仪按结构可分为组合型全站仪和集成型全站仪。

新型全站仪的电子水准器和激光对点器使整平、对中更为简便和准确，新型全站仪内置的系统软件能自动进行仪器调校、参数设置、气象改正等，其三轴补偿器可自动测定竖轴误差、横轴误差和视准轴误差并加以改正。

随着电子测距仪进一步轻巧化，现代的全站仪大都把测距、测角、记录单元在光学、机械等方面设计成一个不可分割的整体，测距仪的发射轴、接收轴、望远镜的视准轴一般为同轴结构，这对保证较大垂直角情况下的距离测量精度非常有利。利用应用软件还可进行前方交会、后方交会、道路横断面测量、悬高测量以及按设计坐标进行点位放样等功能。

电子经纬仪是一种集光学、机械、电子技术于一体的测角仪器。相对于普通光学经纬仪而言，全站仪电子经纬仪部分增加的检测项目主要有基座稳定性检测、照准部旋转正确性检测、竖轴倾斜补偿系统性能检测等。

全站仪中的电子经纬仪单元可以单独工作，许多新型电子经纬仪的对中系统采用了激光对点器，整平系统采用了电子气泡整平，借助于补偿器和电子气泡实现精确整平。

电子经纬仪的读数可直接显示于显示屏。编码度盘直接把角度转换成二进制代码，称为绝对转换系统。光栅度盘把单位角度转换成脉冲信号，然后用计算机累积变化的脉冲数，求得相应的角度值，称为增量转换系统。

补偿器的补偿精度有两种含义：一种是在用户手册上给出的倾斜量测精度，另一种是在检定证书中给出的垂直角修正精度。补偿器的补偿范围总是有限度的，全站仪的补偿范围一般在 3′~5′。

全站仪补偿器的作用就是减弱或消除整平误差和轴系误差对角度测量的影响。在全站仪中，所谓补偿，就是根据仪器竖轴的倾斜信息，自动对测量值进行改正。单轴补偿仅能补偿由于垂直轴倾斜而引起的垂直度盘的读数误差，双轴补偿可同时补偿由于垂直轴倾斜而引起的垂直度盘、水平度盘的读数误差。现代全站仪大都采用双轴（或三轴）补偿器，从而提高了半测回测角精度。

全站仪的电子气泡，实际上就是补偿器的显示单元，全站仪上的电子气泡有数字型和图形型两种显示形式。当全站仪的电子气泡居中时，表示竖轴竖直。全站仪电子气泡显示的纵向和横向的倾斜值分别是指竖轴在视准轴方向、横轴方向的倾斜。

由垂直轴倾斜引起的水平角误差不能用正镜、倒镜观测加以消除。垂直轴的纵向倾斜是指垂直轴倾斜在视准轴与铅垂线平面内的分量，垂直轴的横向倾斜是指垂直轴倾斜在水平轴、铅垂线平面内的分量。对全站仪来说，若不采用补偿器，垂直轴纵向倾斜将主要影响垂直角的测量。单轴补偿就是对垂直轴纵向倾斜所引起的垂直角误差施加改正，单轴补偿仅能补偿由于垂直轴倾斜而引起的垂直度盘的读数误差。

新型全站仪的三轴补偿器可自动测定竖轴误差、横轴误差、视准轴误差并加以改正。垂直轴倾斜不仅引起对中误差，而且还引起水平角误差和垂直角误差。

（二）全站仪安置

全站仪的安置主要包括对中、整平、调焦工作。全站仪安置的目的是使仪器的旋转轴与测站点铅垂线一致。在全站仪安置中，一般先对中后整平，当调节仪器脚螺旋整平水准器时，光学对点器的对中状态将随之变化。

在全站仪精确整平时，先使照准部水准管与任意两个脚螺旋的连线平行，用两手同时以相反方向转动两个脚螺旋使气泡居中，再将照准部旋转 90°，转动第三个脚螺旋使气泡居中，反复几次，使水准管气泡在任意方向都居中，管水准气泡移动的方向与操作者左手拇指方向一致。

全站仪的望远镜在观测之前需要调整焦距，就是调节望远镜的目镜和物镜使十字丝和物像清晰的动作或过程。目镜调焦的目的是使十字丝清晰，即使十字丝成像于人眼的明视距离处。物镜调焦的目的是使目标成像与十字丝影像同时最为清晰，即使目标成像准确落在十字丝平面上。调焦时，特别要注意消除视差。当人眼在目镜端轻微晃动时，如果物像与十字丝之间有相对错动的现象，就表明存在视差，此时，应仔细进行目镜调焦和物镜调焦，直到视差完全消除为止。望远镜的放大率越大，则分辨率越高，但视场角也随之减小。

第二节 三角高程测量

一 基本原理

（一）定义

所谓三角高程测量，就是根据所测得的两地面点间的垂直角、所测得的（或已知的）两地面点间的水平距离以及所量取的仪器高和觇标高，应用三角学公式计算出两点间的高差，然后依据其中一个已知点的高程，求得另一个点（待定点）的高程。三角高程测量所测定高程的点，称为三角高程点，三角高程测量所经过的路线，称为三角高程路线。

（二）原理

如图 4–2–1 所示，设 A、B 为两个地面点，已知 A 点的高程为 h_A，欲确定 B 点的高程 h_B，显然，只要知道 A 点到 B 点的高差 h_{AB} 即可。为了确定高差 h_{AB}，在 A 点架设经纬仪，在 B 点竖立标志，观测 A 点到 B 点的高度角并直接量取仪器高 i 和觇标高 v，设 A、B 两点间的水平距离 S 为已知（或测得），则：

$$h_{AB}=S\cdot\tan\alpha+i_A-v_B$$

$$h_B=h_A+S\cdot\tan\alpha+i_A-v_B \qquad (4\text{–}2\text{–}1)$$

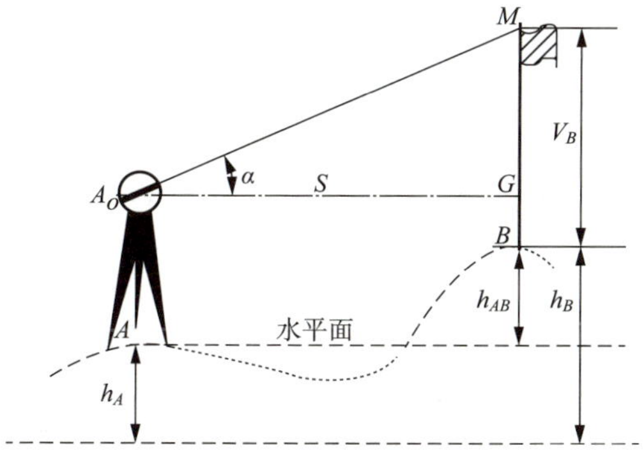

图 4–2–1　三角高程测量原理图

以上就是三角高程测量的基本原理和基本公式。需要说明，此式的前提是地球表面为水平面和光线传播方向为直线。因此，只有当 A、B 两点间的距离很短时，才可作为近似公式来用。而当 A、B 两点间的距离较远时，就必须考虑地球弯曲和大气折光的影响。

二 两差改正

三角高程测量路线的总长原则上可参考同等级的水准路线的长度。三角高程测量基本公式成立的前提条件是地球表面为水平面和光线传播方向为直线，当两地面点间的距离较远时，就必须考虑地球曲率、大气折光的影响。球差是以水平面作为基准面的高差和以水准面作为基准面的高差之间的差值。在三角高程测量中，球差使所测高差减小，应在所测结果中加入正值。球差的大小与两点间距离的平方成正比，而与两点间高差基本无关。大气折光系数的计算与地球半径、大气折光曲线曲率半径有关。

通常把地球弯曲和大气折光对高差的影响分别称为“球差”和“气差”，简称两差。为了消除两差所施加的改正称为“两差改正”。

（一）球差

如图 4–2–2 所示，假设过 A 点的水平面为 AE，过 A 点的水准面为 AF，A、B 两点的水平距离为 D。则“球差”就是以水平面作为基准面的高差和以水准面作为基准面的高差（正确高差）之间的差值，也就是过 A 点水平面和水准面在过 B 点的铅垂方向上的差距 EF。

显然，球差使所测高差减小，因此，应在所测高差中加入球差改正。将地球看作圆球，并在地球半径中忽略地面高程的大小，则可导出球差的近似计算公式：

$$q_{AB}=\frac{D^2}{2R} \tag{4-2-2}$$

不难看出，球差的大小与两点间距离的平方成正比，而与两点间高差基本无关。

（二）气差

众所周知，地球被大气所包围，大气密度又因距地面高度的不同而不同，距地面越近密度越大，距地面越远密度越小。我们设想：大气密度是稳定而又连续变化的，并将密度连续变化的大气层分解为无数个不同密度的介质层。由几何光学原理可知，光线通过两个不同介质的临界面时要产生折射现象，从光疏进入光密时，出射角总是小于入射角；反之，出射角总是大于入射角。

不难理解，当用仪器照准目标时，光线要通过无数个不同密度的介质层，即光线要发生无数个连续折射现象，这样，从仪器照准目标的视线将不再是一条直线，而是由无数个连续折线所组成的一条凹向地面的曲线（称为大气折光曲线）。也就是说，当用仪器照准目标时，望远镜视准轴所指的方向，不是仪器与目标的连线方向（正确方向），而是从仪器照准目标的弧线的切线方向。

所谓气差，就是用望远镜实际照准方向所测得的高差与用望远镜正确照准方向所算得的高差之差。显然，气差使所测高差增大，因此，应在所测高差中减去气差。图 4–2–3 为球、气差对高差的影响示意图。

从理论和实践得知，大气折光曲线近似为圆弧，其曲率半径为地球半径的 6~7 倍，通

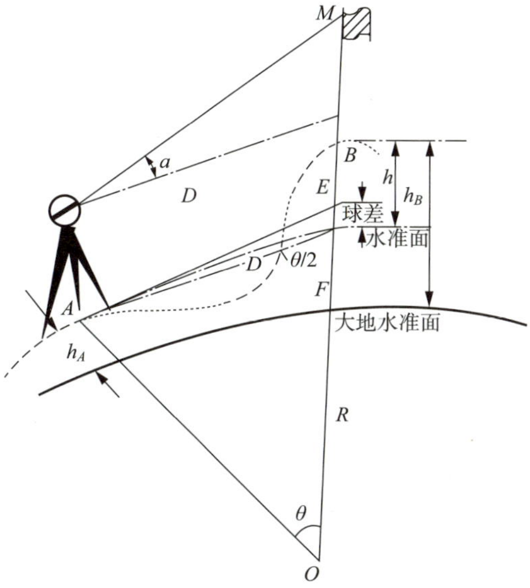

图 4-2-2　球差对高差影响图

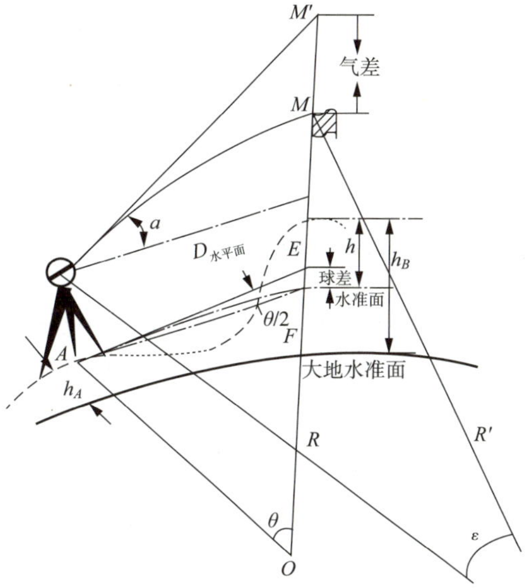

图 4-2-3　球、气差对高差的影响

常将大气折光曲线曲率半径与地球半径之比的倒数称为大气折光系数，用 K 表示，其值大约为 0.15。类似地，可以导出气差的近似计算公式：

$$p_{AB}=K\cdot\frac{D^2}{2R} \tag{4-2-3}$$

在实际工作中，通常是选用全国性或地区性的平均大气折光系数，如果个别地区的实际大气折光系数与平均大气折光系数偏差较大，则可选用适合本地区具体情况的大气折光系数。

（三）两差改正

综上所述，球差使所测高差减小，气差使所测高差增大，因此，在所测高差中应进行“加上球差减去气差”的改正。

$$f_{AB}=q_{AB}-p_{AB}=(1-K)\frac{D^2}{2R} \tag{4-2-4}$$

f_{AB}即为地球曲率和大气折光综合影响的改正数，称为球气差改正或两差改正。

三　直、反觇观测实用公式

在实际作业中，为了提高精度和避免粗差，通常要分别在 A、B 两点设站，相互观测垂直角，并量取仪器高和觇标高，即进行双向观测或对向观测。由已知高程点设站对待定高程点的观测称为直觇观测，由待定高程点设站对已知高程点的观测称为反觇观测。直觇观测和反觇观测的公式如下：

$$h_B=h_A+\left(D\cdot\tan\alpha_{AB}+i_A-v_B+f_{AB}\right) \tag{4-2-5}$$

$$h_B = h_A - \left(D \cdot \tan\alpha_{BA} + i_B - v_A + f_{BA}\right) \qquad (4\text{–}2\text{–}6)$$

若对向观测的外界条件相同，即$f_{AB} = f_{BA}$，则取直、反觇观测的中数即可消除球气差的影响。

四 三角高程导线

所谓三角高程导线，就是从 1 个已知高程点出发，以导线的形式用三角高程测量的方法依次连测若干未知点，最后，根据具体条件再附合到另一已知高程点或闭合到出发时的已知高程点。三角高程导线的布设形式也分为附合导线和闭合导线等。

三角高程导线的外业观测通常与作为平面控制的导线测量同步进行。各边都要对向观测，即每边都有直、反觇高差可供检核，最后取直、反觇高差中数参加三角高程导线的内业计算。

三角高程导线的内业计算通常在导线计算完成后进行，也可与导线计算同步进行。各边边长由平面坐标反算求得或由电磁波测距仪测得。

（一）各边高差的计算

从起始点开始，依次计算各边的直、反觇高差，当直、反觇高差较差符合规定限差要求时取中数。

（二）高差闭合差的计算

根据起点、迄点的高程和各边高差中数，计算三角高程导线的高差闭合差，即：

$$W_{AB} = h_A + \sum h - h_B \qquad (4\text{–}2\text{–}7)$$

（三）高差闭合差的配赋

如果高差闭合差不超过规定的限差，则可进行高差闭合差的配赋。一般认为，高差闭合差主要由垂直角观测误差和边长测量误差所引起。因此，通常按边长成比例地将高差闭合差分配到各观测高差中去，经改正后的高差总和应等于两已知点间的高差。

（四）各待定点高程的计算

根据起始点高程和改正后的高差，依次推算各待定点的高程，最后再推算出终端点的高程，其值应等该点的已知高程。

第三节　水准测量

一　基本原理

水准测量，是指利用水准仪和水准尺测定地面上两点间高差的过程和方法。如图 4–3–1 所示，A、B 是两个竖立尺子的地面点，在两个地面点之间安置一台水准仪，单实线是水准仪的水平视线，a、b 是水平视线在尺面上读得的读数。

$$h_B = h_A + h_{AB}$$

$$h_{AB} = a - b$$

$$h_B = h_A + (a - b)$$

$$h_B = (h_A + a) - b$$

$$h_B = h_i - b \qquad (4\text{–}3\text{–}1)$$

式中　h_i——水准仪的高程。

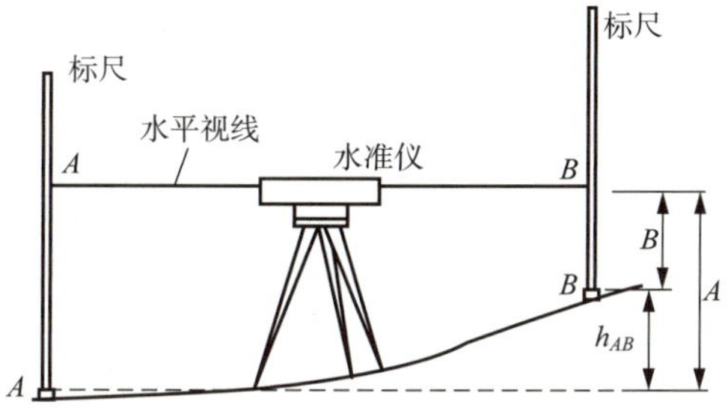

图 4–3–1　水准测量原理

A 点为后视点，A 点尺上的读数 a 称为后视读数；B 点为前视点，B 点尺上的读数 b 称为前视读数，高差等于后视读数减去前视读数。

水准测量的基本设备是一台能提供水平视线的水准仪和一对能保持竖立的水准标尺。在水准测量中，当两点间高差太大或距离太远时，应在中途加设若干个临时立尺点作为传递高程的过渡点。在水准测量的高差计算公式中，h_{AB} 可以为正数也可以为负数。在上述讨论中，为了简单起见，将水准面看成水平面，而在实际的高差测量中，必须考虑地球曲率的影响。

概括起来水准测量的原理：主要是利用水准仪提供的水平视线，直接测定地面上各点之间的高差；然后根据其中一点的已知高程推算其他各点的高程。

水准测量可以通过以下方法消除地球曲率对高差的影响：对各测站观测高差施加地球曲率改正，但逐站施加地球曲率改正非常麻烦，在实际作业中，都是通过使前、后视距相等来消除地球曲率对高差的影响。

二 水准测量的等级

水准测量等级按精度要求、控制范围可分为一等、二等、三等、四等，其中一等、二等水准测量称为精密水准测量。一等水准测量仅在国家等级中存在，作为国家高程控制，建立统一的高程基准，科学研究如地壳变形、地面沉降、精密测量等；二等水准测量作为大城市的高程控制，地面沉降、精密工程测量；三等、四等水准测量，作为小地区的高程控制，普通工程测量、图根水准测量之用。

一等水准路线是高程控制的骨干，在此基础上布设的二等水准路线是高程控制的全面基础，在一等、二等水准网的基础上加密三等、四等水准路线，三等、四等水准测量主要用于国防建设、经济建设、地形测图的高程起算。按国家水准测量规范规定，各等级水准路线一般都应构成闭合环线或附合于高等级水准路线上。

作为一个测区高程控制的水准测量，通常分为二等、三等、四等，各等级均可以作为首级控制，即首级控制可选用各等级的水准测量，具体采用哪个等级作为首级控制，主要根据测区大小和实际需要确定，作为一个测区加密高程控制的三等、四等水准测量，水准路线宜优先考虑布设成附合路线的形式。如果测区内只有与首级控制同级或比首级控制低级的水准点，则通常选择一个水准点作为起算点，将首级控制布设为闭合路线或环形网形式。一般来讲，水准路线可布设成水准网或单一水准路线的形式。

三 水准测量的观测

普通水准测量野外施测程序如下：将水准尺立于已知高程的水准点上作为后视，水准仪置于施测路线附近合适位置，在施测路线的前进方向上取仪器至后视大致相等的距离放置尺垫，也就是说水准仪应安置于两水准标尺的等距处。在普通水准测量中，仪器至标尺的视距通常是采用光学视距法获得的。在尺垫上竖立水准尺作为前视，观测员将仪器用圆水准器粗平之后瞄准后视标尺，用微倾螺旋将水准管气泡居中，用中丝读后视读数至毫米，掉转望远镜瞄准前视标尺，此时水准管气泡一般会偏离少许，将气泡居中，用中丝读前视读数，记录员根据观测员的读数在手簿上记下相应的数字，并立即计算高差，此为第一站的全部工作量。

国家三等、四等水准测量的精度要求较普通水准测量的精度高，因除仪器的技术参数有具体规定之外，对观测程序、操作方法、视线长度及读数都有严格的技术指标，用于三等、四等水准测量的水准尺，通常采用木质的两面有分划的红黑双面标尺。为了减弱仪器沉降的影响，测站观测顺序应为“后前前后”。为了减弱标尺沉降的影响，一条水准路线应进行往返观测取平均值。为了消除水准标尺零点误差的影响，应使两相邻水准点间水准路线的测站总数为偶数。

三等水准测量应沿路线进行往返观测，四等水准测量当端点为高等级水准点或自成闭合环时只进行单程测量，四等水准支导线则必须进行往返测量，每一测段的往测与返测其测站数均为偶数，否则要加入标尺零点差改正，由往测转向返测时，必须重新整置仪器，两根水准尺也应互换位置。

四等水准测量的观测记录及计算见表 4–3–1，表内 *K* 为标尺黑、红面零点的差数；带括号的号码为记录和计算的顺序，（1）~（8）为观测数据，其余为计算结果。

表 4-3-1　四等水准测量记录

测站编号	后尺	前尺	方向及尺号	标尺读数		*K*+黑－红	高差中数	备注
	下丝	下丝		黑面	红面			
	上丝	上丝						
	后视距	前视距						
	本站视距差	累计视距差						
	（1）	（5）	后	（3）	（4）	（9）		
	（2）	（6）	前	（7）	（8）	（10）		
	（12）	（13）	后－前	（16）	（17）	（11）	（18）	
	（14）	（15）						
11	1571	0739	后 5	1384	6171	0		
	1197	0363	前 6	0551	5239	−1		
	374	376	后－前	+0833	+0932	+1	0832.5	
	−0.2	−0.2						

当测站限差超限，若在迁站前发现可立即重测本站，若在迁站后才发现，则应从前面的水准点或间歇点起重测。

在普通水准测量记录手簿中，一个测站需记录的原始读数共 8 项。一个测站需控制的观测限差共 7 项，上、下丝读数主要用来求取仪器到标尺的视距。

若测站上有关观测限差超限，在本站检查发现后应立即重测。若迁站后才检查发现，则应从水准点或间歇点起，重新观测。在完成一测段的往返观测后，应立即比较往返测的高差，其不符值若在限差之内，则取往返测高差的平均值作为合格的外业成果。再对外业成果进行认真仔细地检查，并确认无误后，便可着手进行水准测量的内业计算。

需要提醒的是，四等水准支线测量每一段必须进行往返观测。每一段的往测与返测，其测站数均应为偶数。由往测转向返测时，必须重新整置仪器，两根水准尺也应互换位置。

进行水准测量必须先做技术设计，其目的在于根据作业的具体任务要求，从全局考虑统筹安排，使整个水准测量任务能够顺利地完成。水准路线的拟定工作内容包括：水准路线的选择、水准点位置的确定以及编制施测计划。水准测量的方案设计，就是根据已知点的分布、测区情况、实际需要等因素拟定经济上合理、技术上可靠的设计和施测方案。

拟定水准路线一般首先要收集现有的较小比例尺地形图，收集测区已有的水准测量资料，包括水准点的高程、精度、高程系统、施测年份及施测单位。设计人员还应亲自到现场勘测，核对地形图的正确性，了解水准点的现状，在此基础上根据任务要求确定如何合理使用已有资料，然后进行图上设计。水准测量方案的图上设计是根据已知水准点分布和实地情况，选定水准路线和水准点的概略位置。

一般来说，对精度要求高的水准路线应沿公路、大道布设，精度要求低的水准路线也应尽可能沿各类道路布设，目的在于路线通过的地面比较坚实，使仪器和标尺都能稳定。为了不增加测站数，并保证足够的精度，水准线路尽量沿坡度较小的公路及其他道路布设。水准测量的设计方案确定后，在实地选线和选点时，要注意使路线避开土质松软地段。水准点的位置应在拟定水准路线时同时考虑，对于较大测区，如果水准路线布设成网，则应考虑平差计算的初步方案，以便内业工作顺利进行。

图上设计结束后，绘制一份水准路线布设图，图上按一定比例绘出水准路线、水准点的位置，注明水准路线的等级、水准点的编号，此外应编制施测计划，其中大致包括人员编制、仪器设备、经费预算和作业进度表等。

一个完整的控制测量体系应包括平面控制测量和高程控制测量两部分，两者具有同等重要的地位。传统上，一般分别建立平面控制和高程控制，即使如此，往往也需要对平面控制作水准或三角高程联测。近年来，虽然经常采用 GNSS 测量建立三维控制测量，但为了获得满意的水准高程成果，往往仍需要对 GNSS 控制点进行水准测量。可见，水准测量作为高程控制的主要方法具有不可替代的作用。

水准测量的设计过程：收集资料，包括测区地形图、交通图，地质、水文资料，水准点成果资料等；实地踏勘：实地查看水准点的完好情况，着重落实水准路线可能经过地带的地形、交通、地质、水文情况；图上设计：根据已知水准点分布和实地情况，按照水准路线布设原则和技术要求，选定水准路线和水准点的概略位置；技术设计编制：主要内容包括任务来源、技术依据、测区范围及概况、现有资料及分析、高程起算点及联测方案、水准路线的布设及精度估算、水准点标石的规格及埋设方式等。

四 水准测量计算

（一）水准路线平差计算的方法

1. 附合水准路线

从已知高程的水准点 BM_1 出发，测定 1、2……待定点的高程，最后附合到另一已知水准点 BM_2。其闭合差为：

$$f_h = \sum h_{测} - \left(h_{终} - h_{始}\right) \tag{4-3-2}$$

2. 闭合水准路线

从已知高程的水准点 BM_1 出发，沿各待定高程的水准点 1、2……进行水准测量，最后

又回到原出发点 BM_1 的环形路线，称为闭合水准路线。其闭合差为：

$$f_h=\sum h_{测} \quad (4\text{-}3\text{-}3)$$

3. 支水准路线

从已知高程的水准点 BM_0 出发，沿待定高程的水准点 1、2……进行水准测量，这种既不闭合又不附合的水准路线，称为支水准路线。为了检验精度，支水准路线要进行往返测量。其闭合差为：

$$f_h=\sum h_{往}+\sum h_{返} \quad (4\text{-}3\text{-}4)$$

原则上，在平坦地区，水准路线高差闭合差应按各测段的路线长度成正比地分配到高差观测值上。在地形起伏较大地区，水准路线高差闭合差应按各测段的测站个数成正比地分配到高差观测值上。

（二）地球曲率对高差的影响

在水准测量高差的计算公式 $h_{AB}=\sum_1^n a-\sum_1^n b$ 中，将大地水准面看作平面，因而该式中不包含地球曲率对高差的影响值。但实际上大地水准面接近于球面，一个测站上的水准测量的高差计算公式应该是 $h_{AB}=a-b-\Delta h_{AB}$，其中 Δh_{AB} 称为地球曲率对高差的影响。在推导地球曲率对高差的影响过程中，把经过后视点的大地水准面当作理想的圆弧处理。

地球曲率对高差的影响关系式为：

$$\Delta h_{AB}=\frac{1}{2R}(S_a-S_b)(S_a+S_b) \quad (4\text{-}3\text{-}5)$$

式中　S_a——后视距离；

S_b——前视距离。

若 $S_a=S_b$，则 $\Delta h_{AB}=0$，说明当前后视距相等时，地球曲率对一个测站的高差是没有影响，可以看出前后视距之差 S_a-S_b 对地球曲率、对高差值的影响是至关重要的。在水准测量的实际工作中，一般将前后视距之差的总和需加以限制，就可使地球曲率对高差的影响不致过大。在水准测量中，如果某站的前后视距相等，所测得的高差中可消除地球曲率对高差的影响，还可消除 i 角误差的影响以及大气折光改正的影响。

对于一条水准线路而言，地球曲率对高差影响的公式可写成：

$$\Delta h_{AB}=\frac{1}{2R}(S_a+S_b)\sum(S_a-S_b) \quad (4\text{-}3\text{-}6)$$

式中，S_a-S_b 表示每一个测站的后视距离减去前视距离的差值，该值可以为正值，可以为负值，但一般可能很小，在施测过程中只要注意它的积累，可将 $\sum(S_a-S_b)$ 限制在某一范围内。例如，当 S_a+S_b 平均为 200m，$\sum(S_a-S_b)\leqslant 10\text{m}$ 时，$\Delta h_{AB}\leqslant 0.16\text{mm}$。

五 水准测量仪器

（一）水准仪的分类

水准仪是用来建立水平视线测定地面两点间高差的仪器，主要部件有望远镜、管水准器（或补偿器）、垂直轴、基座、脚螺旋。水准仪按结构分为微倾水准仪、自动安平水准仪、激光水准仪和数字水准仪（又称电子水准仪）；按测量精度分为普通水准仪和精密水准仪；按整平的原理分为微倾水准仪和补偿器水准仪两类。

（二）光学水准仪

1. 光学水准仪的结构

普通光学水准仪主要由基座、竖轴系、望远镜、水准管等部件组成。普通光学水准仪的望远镜和水准管连在一起，而且使水准管的水准轴与视准轴平行，水准管的水准轴水平，即气泡居中时，视准轴也就处于水平位置。圆水准器的用途是用它粗略地整平仪器，也就是使仪器竖轴处于垂直状态。按一定的操作方法调节基座的三个脚螺旋可将圆水准气泡导至中央，从而将仪器大致置平。

2. 光学水准仪操作方法

使用水准仪时将仪器装于三脚架上，安置在选好的测站上。三脚架头大致水平，仪器的各种螺旋都调整到适中的位置，以便螺旋向两个方向均能转动。转动脚螺旋使圆水准器的气泡居中，称为粗平；放松制动螺旋水平方向转动望远镜，用准星和照门大致瞄准水准尺；固定制动螺旋，用微动螺旋使望远镜精确瞄准水准标尺；转动微倾螺旋使水准管气泡居中，称为精平；最后通过望远镜用十字丝中间的横丝在水准尺上读数。

（三）电子水准仪

电子水准仪又称数字水准仪，其基本构造由光学机械部分、自动安平补偿装置和电子设备组成。电子水准仪的望远镜光学部分和机械结构与自动安平光学水准仪相同，因而具有人工操作和自动照准读数两套功能，只是配置的标尺刻画形式不同。水准仪利用精度为 8′/2mm 的圆水准器概略整平，补偿器就使视线自动安平。补偿器采用悬挂在吊丝下的摆棱镜，它在重力作用下起定向作用，空气阻尼器使摆迅速稳定，补偿器安平精度小于 ±0.4mm。在电子水准仪的部分元件中采用非磁性材料，比如补偿器和吊丝，使得这些元件在均匀磁场作用下磁滞效应不明显。电子水准仪与光学水准仪不同之处，是采用条码水准标尺和仪器内装有电子识别处理系统。如果使用传统水准标尺，电子仪又可以像普通自动安平水准仪一样使用，这时的测量精度低于电子测量的精度。

（四）水准仪 *i* 角检验

水准仪的检校主要是对望远镜视准轴与水准管水准轴的平行性检校。

水准仪望远镜的视准轴和水准管水准轴，都是空间直线，如果它们互相平行，那么无论是在竖直面上的投影，还是在水平面上的投影都应该是平行的。对竖直面上投影是否平行的检验称为 i 角检验，水平面上的投影是否平行的检验称为交叉误差检验。

对于水准测量，重要的是 i 角检验。如果 i=0，则水准轴水平后，视准轴同时还是水平的，满足水准测量基本原理的要求。

1. i角对读数上的影响

如图 4-3-2 所示，设 i 角使视线向上倾斜，那么它在 A 点尺子上的读数将较水平视线的读数增大一个 x 值。若 A 点距仪器的距离为 S，则有：

$$x = S \cdot \tan i \tag{4-3-7}$$

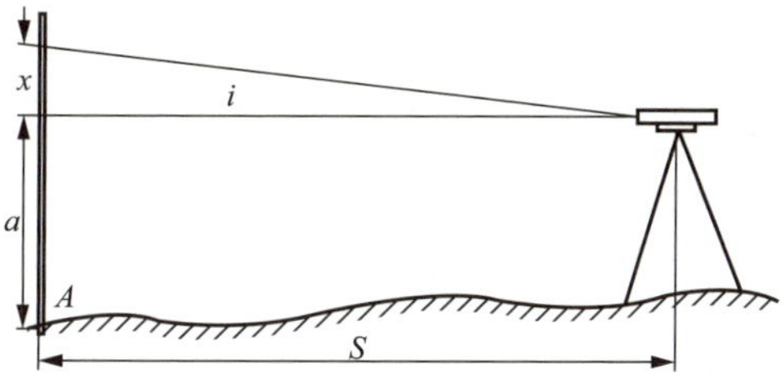

图 4-3-2　i 角读数

一般i角均甚小，所以式（4-3-7）可写成：

$$x = \frac{S \cdot i}{\rho} \tag{4-3-8}$$

当 i 角的大小不变时，则 x 的大小与 S 成正比，即尺子离仪器越远，i 角对读数的影响越大。现规定向上倾斜的 i 角为正，则由此引起的读数误差 x 亦为正。设 a' 为水准尺的实际读数，那么水准尺上的读数 a 为：

$$a = a' - x \tag{4-3-9}$$

2. i角对高差的影响

已知 A、B 两点的高差h_{AB}'按式（4-39）计算：

$$h_{AB}' = a' - b' \tag{4-3-10}$$

式中　a'——后视读数；

　　　b'——前视读数。

于是 A、B 两点的正确高差为：

$$h_{AB} = (a' - x_A) - (b' - x_B) = h_{AB}' - (x_A - x_B) \tag{4-3-11}$$

式中　$x_A - x_B$ 即为 i 角在高差中的影响，用以 δh_{AB} 表示：

$$\delta h_{AB} = x_A - x_B = \frac{i}{\rho} S_A - \frac{i}{\rho} S_B = \frac{i}{\rho}(S_A - S_B) \tag{4-3-12}$$

可见，当后视与前视的距离相等时，i 角的影响 $\delta h_{AB} = 0$，得到正确的高差。而当后视与前视的距离不相等，后视与前视的距离相差越大时，i 角在高差中的误差影响 δh 也越大，且 $S_A > S_B$ 时，δh_{AB} 与 i 的符号相同，反之与 i 的符号相异。

3. *i* 角检验

检验 i 角的具体方法较多，但基本原理是相同的，都是在两个固定点上竖立标尺，利用仪器的两个不同位置，测得两个立尺点高差的不同，求出 i 角的大小。在进行水准仪的 i 角检验时，两次安置水准仪的位置是不同的，但两个立尺点的高差都会受到 i 角的影响。i 角检验按基本原理可分为两类。

第一类检验方法的原理：在地面上选定两个固定点 A 和 B，将仪器置于 A、B 两点等距处，测得 A、B 的正确高差 h_{AB}，然后将仪器置于距 A、B 两点不等距处，比如置于 A、B 任一点附近，测得一个带有 i 角影响的高差 h_{AB}'，若 $h_{AB}' = h_{AB}$ 则表示 i 角等于零，否则表示存在 i 角误差。

第二类检验方法的原理：在地面选定两个固定点 A 和 B，用水准仪测出带有 i 角影响的两次高差 h_{AB}' 和 h_{AB}''，若第一次仪器位置的后前视距离差 $(S_A' - S_B')$ 等于第二次仪器位置的前后视距离差 $(S_B'' - S_A'')$，则 i 角在 h_{AB}' 和 h_{AB}'' 中的影响正好是绝对值相等而符号相反。因此，若 $h_{AB}' = h_{AB}''$，则表示 h_{AB}' 和 h_{AB}'' 中都没有误差，即 $i = 0$；反之 $h_{AB}' \neq h_{AB}''$，则它们的和可以消去 i 角的影响，它们的差即是 i 角影响的两倍。i 角的计算公式为：

$$i = \frac{h_{AB}'' - h_{AB}'}{(S_A'' - S_B'') - (S_A' - S_B')} \cdot \rho \qquad (4\text{-}3\text{-}13)$$

式中　ρ——弧度常数，取值 206265。

仪器经过长途运输、长期作业、操作环境的不断变化等因素，均可能使仪器的 i 角发生变化。因此，在使用水准仪前需要进行 i 角的检验和校正。在进行水准仪的 i 角检验时，两个立尺点的位置是固定不动的。

（1）第一类方法的检验

在较平坦的地方选定适当距离的两个点 A 和 B，并用木桩钉入地面，或用尺垫代替。置水准仪于点 A 和点 B 的中间，使两端距离严格相等，此时测得正确高差 h_{AB}，然后将水准仪置于两点的任一点附近，比如 B 点，此时因距离不等，在测得的高差中将有 i 角的影响 $\delta h_{AB} = h_{AB}' - h_{AB}$，即

$$i = \frac{h_{AB}'' - h_{AB}'}{S_A - S_B} \cdot \rho \qquad (4\text{-}3\text{-}14)$$

（2）第二类方法的检验

将水准仪置于 BA 延长线上 A 点的一端，测得高差 h_{AB}'，再将水准仪置于 AB 延长线上 B 点的一端，测得高差 h_{AB}''，则：

$$i = \frac{h_{AB}'' - h_{AB}'}{(S_A'' - S_B'') - (S_A' - S_B')} \cdot \rho \qquad (4\text{-}3\text{-}15)$$

对于电子水准仪的 i 角检验的方法包括 Forshlermethod（富斯特乃尔法）、Nabauermethod

（纳保尔法）、Kukkamakimethod（库卡马可法）、Japanesemethod（日本方法）。虽然电子水准仪具有将测定的 i 角存入机内，并对所测数据按该 i 角进行自动修正的功能，但仪器 i 角受外界温度、湿度、振动的影响而瞬时变化。

4. i角的校正

水准仪的 i 角校正工作应紧接着检验工作进行，即不要搬动水准仪。在水准仪的 i 角校正时，首先要计算 i 角对远尺点读数的影响值。当水准尺立尺点的实际读数大于计算出的该点的正确读数时，说明视线向上倾斜。

①在水准仪 i 角检验的第一类方法中，可求的 i 角在读数上的影响值 x_A 表示对固定点 A 点的影响值，即 $x_A=\dfrac{\delta h_{AB}}{S_A-S_B}\cdot S_A$，有了 x_A 之值即可以对水准仪进行校正，先算出在 A 点标尺上的正确读数 a_2：

$$a_2=a_2'-x_A \tag{4-3-16}$$

校正工作在检验的基础上进行，对微倾式水准仪来说，用微倾螺旋使读数对准a_2，这时水准管气泡将不居中，调节上下两个校正螺钉使气泡居中。

②在第二类检验方法中，若仪器在 B 点一端，求出较远一点标尺的影响值为：

$$x_A''=\frac{i}{\rho}\cdot S_A''=\frac{\delta h_{AB}}{S_{AB}}\cdot S_A'' \tag{4-3-17}$$

式中　S_{AB}——前视至后视距离。

因此，正确读数为 $a_2=a_2'-\dfrac{\delta h_{AB}}{S_{AB}}\cdot S_A''$。同理，仪器在 A 点一端的正确读数为 $b_1=b_1'-\dfrac{\delta h_{AB}}{S_{AB}}\cdot S_B'$。有了正确读数后，就可以对仪器进行校正了，校正工作同时还是在检验的基础上进行。校正时，用微倾螺旋使得读数对准正确读数，然后用水准管上下校正螺钉将气泡居中。

i角的检验校正应该符合国家相关规范的要求。

思考题

1. 导线的布设形式有哪些？
2. 导线边长计算时需要进行哪些改正？
3. 导线测量角度闭合差的分配原则是什么？
4. 什么是两差改正，如何进行两差改正？
5. 水准测量中地球曲率对高差有何影响？
6. i角检验的方法有哪几类？

扫一扫
获取更多资源

第五章

GNSS 测量方法

PART

全球导航卫星定位系统是可以为全球任何地点拥有特定装备的用户提供连续导航定位服务的一个或多个导航卫星系统及其增强系统，简称 GNSS。GNSS 包括美国 GPS 全球定位系统、俄罗斯 GLONASS 全球导航系统、欧洲 GALILEO 导航系统和中国北斗导航系统等卫星定位系统，是通过全球导航卫星系统接收机接收导航卫星信号来测定接收机所在位置的空间坐标。

随着 GNSS 测量技术的不断发展和完善，测量精度越来越高，传统测量方式逐渐被 GNSS 测量替代。

第一节　卫星定位原理

一　卫星定位简介

卫星定位技术是一项通过仪器观测卫星而进行测量的技术，较早的卫星定位系统是美国的子午仪系统，通过观测卫星运行期间信号的多普勒频移来确定观测仪器位置，1958 年研制，1964 年正式投入使用。由于该系统卫星数较少，卫星运行高度较低，从地面观测到卫星的时间间隔较长，因而它无法提供连续的实时三维导航，而且精度较低。为了满足军事部门和民用部门对连续实时和三维导航的迫切要求，研发了第二代卫星导航定位系统，即以美国的 GPS 为主要代表的 GNSS 全球导航卫星系统，它具有在海、陆、空进行全方位、实时三维导航与定位能力。目前已遍及国民经济各部门，并开始逐步深入人们的日常生活。

GNSS 是 Global Navigation Satellite System 的缩写，译为“全球导航卫星系统”。全球导航是相对于陆基区域性导航而言的，以此体现卫星导航的优越性，是可以为全球任何地点的拥有特定装备的用户提供连续导航定位服务的一个或多个导航卫星系统及其增强系统。

GNSS 是所有在轨工作的卫星导航系统的总称，是一个综合星座系统。主要包括 3 大类系统，第一是全球卫星导航系统（包括 GPS 全球定位系统、GLONASS 全球导航卫星系统、BDS 中国北斗卫星导航系统、Galileo 卫星导航定位系统），第二是区域卫星导航系统（包括 QZSS 日本的准天顶系统、IRNSS 印度区域导航卫星系统、中国北斗二号曾同时还是区域卫星导航系统等），第三是增强系统（包括 WAAS 美国广域增强系统、SDCM 俄罗斯的差分改正监测系统、EGNOS 欧洲静地卫星导航重叠系统、MSAS 日本的多功能卫星星基增强系统、GAGAN 印度的 GPS 静地卫星增强系统、DORIS 星载多普勒无线电定轨定位系统、PRARE 精确距离及其变率测量系统等）。

卫星定位方法具有以下特点：

①全球全天候定位：GNSS 卫星的数目较多，且分布均匀，保证了地球上任何地方、任何时间，至少可以同时观测到 4 颗 GNSS 卫星，确保实现全球全天候连续的导航定位服务。

②定位精度高：应用实践证明，GNSS 相对定位精度在 50km 以内可达 10^{-6}，100~500km 可达 10^{-7}，1000km 可达 10^{-9}。RTK 精度达 1~2cm。

③观测时间短：随着 GNSS 系统的不断完善，软件的不断更新，目前，20km 以内相对静态定位，仅需 15~20min；快速静态相对定位测量时，当每个流动站与参考站相距在 15km 以内时，流动站观测时间只需 1~2min；采取实时动态定位模式时，每站观测仅需几秒钟。因而使用 GNSS 技术建立控制网，可以大大提高作业效率。

④测站间无需通视：GNSS 测量只要求测站上空开阔，不要求测站之间互相通视，因而不再需要建造觇标。这一优点既可大大减少测量工作的经费和时间，同时也使选点工作变得非常灵活，也可省去经典测量中的传算点、过渡点的测量工作。

⑤仪器操作简便：随着 GNSS 接收机的不断改进，GNSS 测量的自动化程度越来越高，有的已趋于“傻瓜化”。另外，现在的接收机体积也越来越小，相应的质量也越来越轻，极大地减轻了测量工作者的劳动强度。

⑥可提供三维地心坐标。

二 卫星定位基本原理

GNSS 的定位实质是把卫星视为“动态”的控制点，在已知其瞬时坐标的条件下，进行空间距离后方交会，确定用户接收机天线所处的位置。

在普通测量中，有测距交会确定点位的方法。近代导航领域的无线电导航定位系统和大地测量领域的卫星激光测距定位系统，也都是利用测距交会原理确定点位的。

对无线电导航定位系统来说，设想在地面上有 3 个已知坐标的无线电信号发射台，在某一时刻用户接收机采用无线电测距方法分别测得至 3 个发射台的距离，则以 3 个发射台为球心，至 3 个台机距离为半径，即可交会出用户接收机的空间位置。如果只有两个发射台，已知接收机的概略位置，则可交会出接收机的平面位置。

就卫星激光测距定位系统来说，设想在地面上有 3 个已知坐标的卫星激光测距站（仪），于某一时刻同步分别测定至 3 颗激光测距卫星（安装有激光反射镜）的距离，则可确定在该时刻 3 颗卫星的空间位置。如果在地面上有 1 个未知坐标的卫星激光测距站（仪）也同步测定了至 3 颗激光测距卫星的距离，则可交会出该地面点的空间位置。现代的全球定位系统，实质上就是以卫星为基础的无线电导航定位系统。

在利用 GNSS 卫星进行定位时，GNSS 卫星连续发射导航电文（导航电文含有卫星的位置信息）和测距信号，用户接收机在某一时刻同时接收 3 颗以上 GNSS 卫星信号。根据导航电文和测距信号，解译出该时刻 GNSS 卫星的空间位置，测量出至 3 颗以上 GNSS 卫星的空间距离，进而利用无线电测距交会原理解算出用户接收机（天线中心）所在位置。

三 卫星定位方式

GNSS 定位的方法多种多样，用户可以根据不同的用途采用不同的定位方法。GNSS 定位方法依据不同的分类标准，做如下划分：依定位采用的观测值可分为伪距定位、载波相位定位。依定位模式可分为绝对定位（或单点定位）、相对定位（或差分定位）。依时效可分为：实时定位、非实时定位。依定位时的状态可分为：动态定位、静态定位。

（一）伪距测量

1. 伪距的概念

伪距是指由卫星发射的测距码信号到达 GNSS 接收机的传播时间乘以光速可以得出的量测距离。由于卫星钟、接收机钟的误差以及无线电通过电离层和对流层中的延迟，实际测出的距离 ρ' 与卫星到接收机的几何距离 ρ 有一定的差值，而非真实距离，因此一般称量测出的距离为伪距。通俗理解伪距就是不真实的距离。

2. 伪距定位原理

利用测距码进行伪距测量是 GNSS 的基本测距方法。

伪距测量是在用全球导航定位系统进行导航和定位时，用卫星发播的伪随机码与接收机复制码的相关技术，测定测站到卫星之间的、含有时钟误差和大气层折射延迟的距离的技术和方法。伪距测量所采用的测距码称为伪距观测值，伪距定位观测方程是以接收机天线相位中心的三维坐标和卫星钟差为未知数的方程组，方程组含有 4 个未知数，必须有 4 个以上的伪距，即在某一瞬间利用 GNSS 接收机同时测定至少 4 颗卫星的伪距才可以得出结果。伪距测量定位速度快，但一次定位精度不高。

理论上，GNSS 卫星发射的测距码是按照一定规律排列的，在一个周期内，某一特定码对应着某一特定时间。只要识别出每个码的形状特征，就可以推算出 GNSS 测距码从卫星传播到接收机所用的时间，从而进一步计算出卫星到接收机的距离。

但实际上，由于码的生成过程中带有随机误差，并且信号的传输过程也会产生变形，因此仅根据码的形状特征来推算时延值将存在比较大的误差。因而实用上，采用码相关技术来确定时延值。GNSS 卫星依据自己的时钟发射测距码，经过一定时间的传播到达接收机；GNSS 接收机在自己的时钟控制下产生一组结构完全相同的测距码（复制码），并通过时延器延迟时间来对两组测距码进行相关处理，当相关系数达到最大值时（理论上等于 1），表明接收机所产生的复制码与所接收到的卫星测距码完全对齐。此时，其延迟时间即为 GNSS 卫星信号从卫星传播到接收机所用的时间。码相关技术的实质，是采用多个码特征共同确定时延值，因而最大幅度地消除了各种随机误差的影响。

简而言之，伪距测量的原理就是对接收机所产生的本地码和接收机所接收到的卫星码进行相关处理，来测定信号从卫星到接收机的传播时间，从而进一步计算出从卫星到接收机的伪距。

（二）载波相位测量

1. 载波相位测量概念

载波相位测量是测定卫星播发的载波信号或副载波信号与由接收机产生的本振信号之间相位差的技术和方法。此种测量可用于较精密的绝对定位，尤其适于高精度的相对定位。载波相位测量比伪距测量的精度高，载波信号是一种周期性的正弦信号，而相位测量又只能测定其不足一个波长的部分，因而存在整周数不确定性的问题，使解算过程变得比较复杂。如何准确确定整周未知数是运用载波相位测量进行精密定位的关键。

2. 载波相位测量原理

从载波相位测量的概念可知，要想获得载波信号在卫星和接收机之间的相位差，就需要测定同一时刻载波信号在卫星处的相位和接收机处的相位。显然，载波相位测量的关键问题是如何测定某一时刻载波信号在卫星处的相位。

在 GNSS 信号中，由于已用相位调整的方法在载波上调制了测距码和导航电文，因而接收到的载波相位已不再连续，所以在进行载波相位测量以前，首先要进行解调工作，设法将调制在载波上的测距码和卫星电文去掉，重新获取载波，这一工作称为重建载波。重建载波一般可采用两种方法，一种是码相关法，另一种是平方法。采用前者，用户可同时提取测距信号和卫星电文，但用户必须知道测距码的结构；采用后者，用户无需掌握测距码的结构，但只能获得载波信号而无法获得测距码和卫星电文。

3. 伪距测量和载波相位测量的区别

利用测距码进行伪距测量，其量测精度大约为一码元宽度的 1/100；测距码的码元较长，量测的精度较低，从而导致定位成果精度较低，因此无法满足一些高精度应用的需要。

而如果把载波作为量测信号，对载波进行相位测量，由于载波的波长短（如 GPS 的 L1 载波和 L2 载波的波长分别为 19.03cm 和 24.42cm），因此，就可以达到很高的精度。目前的大地型接收机的载波相位测量精度可达 1~2mm，利用载波相位测量进行相对定位，其基线精度可达 1×10^{-6}~1×10^{-8}，因此，在高精度测量中，普遍采用载波相位测量相对定位。

（三）载波相位测量的特殊问题

载波相位测量与伪距测量相比，存在两个特殊的问题：一个是整周跳变（简称周跳）问题；另一个是整周未知数问题。要想利用载波相位测量获得高精度的定位结果，就必须解决好整周跳变问题和准确地确定出整周未知数。

1. 周跳的探测与修复

（1）周跳的概念

某一观测历元的载波相位值可分解为三部分：初始时刻的整周未知数，从初始时刻到观测历元的整周计数，不足一周的小数计数。如果由于某种原因，使得整周计数暂时中断，则即使整周计数能够恢复，但在计数结果中仍然含有计数暂时中断期间所丢失的整周数带来的偏差。

在跟踪卫星的过程中，由于某种原因造成信号失锁，致使载波相位整周计数器无法连续计数，当重新恢复跟踪后，整周计数不正确（但不足整周的相位观测值仍然正确），这种现象称为整周跳变，简称周跳。

（2）周跳的原因

导致周跳的原因有多种。例如，卫星信号暂时被遮挡、外界无线电信号干扰、接收机动态条件恶劣、接收机电路瞬间故障等。上述原因都可能导致载波相位整周计数中断，造成恢复计数后的整周计数不正确。

（3）周跳的探测与修复

如果能够探测出周跳发生的时刻，并求出所丢失的整周数，就可以对恢复计数后的整周计数进行修正，将其恢复到正确计数。这项工作称为周跳的探测与修复。

周跳探测与修复的方法主要有：屏幕扫描法、用高次求差或多项式拟合法、利用星间差探测和修复周跳、利用无周跳卫星的数据发现和修复周跳、根据平差处理后的残差发现和修复周跳。

由于载波相位测量的精度很高，在正常情况下经平差处理后的残差应该很小，而含有周跳观测值的残差可能较大。利用这种特性就可以发现和修复周跳。

需要指出，解决周跳问题的根本途径还是预防周跳的产生，应特别要注意做好观测组织，改善观测条件。

2. 整周未知数的确定

确定整周未知数的方法主要有以下几种。

（1）伪距法

在载波相位测量的同时，也进行测距码伪距测量，用伪距观测值减去以距离为单位的载波相位测量观测值，再除以载波波长，即可获得整周未知数。由于伪距测量的精度较低，因此需要多次计算取平均才可能获得准确的整周未知数。

（2）经典法

经典法是将整周未知数作为平差中的待定参数求解。

在早期的 GPS 应用中，载波相位测量只能用于静态定位并要求进行长时间观测（1~2h），长时间观测的主要目的，并不是为了提高观测精度，而是为了准确地解算出整周未知数。在一个较长的时段内，不同历元同步观测卫星的几何分布变化较大，相应地，法方程的性质比较好，从而可获得比较准确的整周未知数。

（3）三差法（多普勒法）

根据三差观测值平差模型可知，将连续跟踪的两个相邻观测历元的载波相位观测值相减就可以消去整周未知数，从而直接解算出坐标参数。但由于三差模型的法方程性质较弱，相应解算精度较差，因而通常都是将三差模型解算出的坐标参数作为已知值，再根据单差或双差模型解算整周未知数和坐标未知数。

（4）快速模糊度解算法

1990 年，E.Frei 和 G.Beutler 提出快速模糊度（即整周未知数）解算法（Fast Ambiguty

Reso-lution Approach，FARA）。实验表明，利用快速模糊度解算法，在短基线定位时，采用双频接收机只需 1min 观测即可成功地确定整周未知数，采用单频接收机也只需数分钟观测（7~8 颗卫星）就能确定整周未知数。

快速模糊度解算法，实质上是一种基于数理统计检验的算法。首先用一组载波相位观测数据按照双差观测值平差模型解算出实数的双差相位模糊度和定位参数，然后根据解的统计信息建立置信区间，对每一组落在置信区间的模糊度组合进行检验，最后确定出一组既满足统计检验（不含系统误差）又具有最小方差的模糊度组合作为正确的模糊度解。

（四）绝对定位和相对定位

绝对定位又称单点定位，这是一种采用一台接收机进行定位的模式，它所确定的是接收机天线的绝对坐标。这种定位模式的特点是作业方式简单，可以单机作业，绝对定位一般用于导航和精度要求不高的应用中。

相对定位又称为差分定位，这种定位模式采用两台以上的接收机，同时对一组相同的卫星进行观测，以确定接收机天线间的相互位置关系。

（五）实时定位和非实时定位

实时定位是根据接收机观测到的数据，实时地解算出接收机天线所在的位置。

非实时定位又称为后处理定位，它是通过对接收机接收到的数据进行后处理以进行定位的方法。

（六）静态定位和非静态定位

静态定位，就是在进行 GNSS 定位时，将接收机天线的位置作为一个不随时间改变而改变的量。

动态定位，就是在进行 GNSS 定位时，认为接收机的天线在整个观测过程中的位置是变化的，也就是说，在数据处理时，将接收机天线的位置作为一个随时间改变而改变的量。

在测量中，静态定位一般用于高精度的测量定位，在石油勘探测量工作中，静态测量方法经常用于工区控制网测量、发展 RTK 参考站等工作。

四 星站差分定位

星站差分定位（简称 RTG）是利用专业卫星播发的差分信号进行单点定位的实时差分测量方式。整个星站差分系统由五个部分组成：参考站、数据处理中心、注入站、通信卫星、用户端。与 RTK 定位不同，星站差分定位方式由于摆脱了常规参考站传输链路（例如电台、网络）的限制，因此在只要有星站差分系统覆盖的区域，就能实现准确定位。目前，有的星站差分系统的定位精度已经能达到厘米级。

目前常用的星站差分系统主要有美国 StarFire、美国 OmniStar、英国 Veripos、日本的

QZSS 系统、美国 Trimble 的 RTX 系统。

（一）StarFire

StarFire 网络是美国 NAVCOM 公司在 1999 年建立的在全球范围内提供 GNSS 差分信号并发布服务广域的差分系统，它提供了独一无二的可靠性和分米级的定位精度，具备 99.99% 的联机可靠性。StarFire 网络自从 1999 年 4 月开始运行以来，基本上覆盖了全世界。在北纬 76° 到南纬 76° 的任何地球表面，都能提供同样的精度。

StarFire 采用四颗高频通信卫星进行通信，在国内没有参考站。其采用在世界范围内的 28 个双频参考站来对差分信息进行收集，这些信息收集以后发回数据处理中心，经数据处理中心处理后，形成一组差分改正数，将其传送到卫星上，然后通过卫星在全世界范围内进行广播。采用 RTG 技术的 GNSS 接收机在接收 GNSS 卫星信号的同时也接收卫星发出的差分改正信号，从而达到实时高精度定位。

（二）OmniStar

OmniStar 系统原属 Fugro 公司运营，于 2011 年 3 月出售给 Trimble 公司运营，是一套可以覆盖全球的高精度 GNSS 增强系统。在通过卫星提供增强的 GNSS 数据方面 OmniStar 为世界市场的领先者，该系统通过分布在世界各地的 70 个地面参考站来测定 GNSS 系统的误差，由分别位于美国、欧洲和澳大利亚的 3 个控制中心站对各参考站的数据进行分析和处理，并将经分析确认后的差分改正数据通过同步卫星广播给用户，实现高精度的实时定位。OmniStar 提供测量、定位、环境及包括陆地和近海的卫星服务在陆地上新的应用方面 OmniStar 服务均可以满足精密定位系统的需求。

目前，在 OmniStar 信号覆盖范围内可最高实现单机 10cm（CEP）的实时定位精度。OmniStar 的应用横跨了众多行业，包括农业（精密耕作）、采矿业和大地测量等。航空业应用包括农作物灌溉和地理测量等。OmniStar 提供三种 GNSS 差分等级的服务：VBS、HP 和 XP。

OmniStar VBS 是一个亚米级的服务。2σ（95%）置信度下的水平位置偏差小于 1m，而 3σ（99%）的位置偏差接近于 1m。

OmniStar HP 服务在 2σ（95%）的置信度下的水平位置偏差小于 10cm，3σ（99%）的水平位置偏差小于 15cm。

OmniStar XP 服务提供短期几英寸和长期重复性优于 20cm（95%CEP）的精度。它特别适合农业自动化操纵系统。而它稍微比 HP 精度低，它是全世界范围内可用，在测量方面，与地域性差分系统（如 WAAS）相比，精度有所提高。

用户在购买具有 OmniStar 功能的 GNSS 接收机后，可向 OmniStar 的服务商交纳服务费用，申请开通服务。目前在中国地区，可支持 VBS 和 XP 两种服务。

（三）Veripos

Veripos 系统由 Subsea7 公司建立，在全球建立了超过 80 个参考站，并在英国 Aberdeen

和新加坡拥有两个控制中心。控制中心监控 Veripos 通信系统的整体性能，也能为用户提供有关系统性能的实时信息，同时，具有开启和关闭 Veripos 增强系统的权限。所提供的定位服务有以下几类：VeriposApex、VeriposApex2 和 TerraStar，其中 Apex 和 Apex2 针对海上应用，分别提供 GPS 和 GPS+GLONASS 的星站差分服务；TerraStar 主要针对近海、陆地和航空服务，该服务通过分布全球的 80 个地面参考站来测定 GNSS 系统的误差，再由分别位于亚伯丁和新加坡的 2 个控制中心站对各参考站的数据进行分析和处理，最终将分析确认后的差分改正数据通过网络或 7 颗同步卫星分发给用户，从而实现高精度的实时单点定位。目前，在中国地区 TerraStar 可提供服务精度为 10cm（95%）。像我们熟知的 NovAtel 接收机，大多数产品都支持 TerraStar 信号解算功能，用户只需要配套支持 TerraStar 功能的天线，然后向 NovAtel 或其经销商交纳服务费用即可申请开通服务。

（四）QZSS

日本自己的卫星导航系统准天顶星卫星系统 QZSS 于 2018 年 11 月 1 日启用。QZSS 服务于亚太地区，主要市场是日本，目前有四颗卫星在轨。相比美国的 GPS，日本的 QZSS 能提供 10cm 以下的定位精度，是全球精度最高的定位导航卫星。1~4 号卫星均停留在日本上空附近，即便是 GPS 信号难以到达的山区和高层建筑林立的位置，也可以稳定地获得高精度位置信息。

（五）RTX

天宝公司在 2011 年推出了全球精密定位服务（RTX），通过全球跟踪基站网络在全球部署了 120 个左右的跟踪基站，对 GNSS 观测值进行实时跟踪和存储，将 GNSS 观测值时发送给分别位于欧洲和美国的控制中心，控制中心对全星座精密卫星轨道、钟差和大气建模，得到全球精密定位改正数。全球精密位置改正数通过 L 波段卫星或者网络的方式广播给服务授权的终端用户。截至 2018 年，已经形成支持包括中国北斗、美国 GPS、俄罗斯 GLONASS、欧洲 Galileo、日本 QZSS 在内的全星座、全频率、通过 L 波段通信卫星覆盖全球的定位服务网络。

Trimble RTX 全球精密定位服务通过多个地面跟踪站的 GNSS 观测数据计算出精密卫星轨道和卫星钟差，然后通过卫星或者网络的方式将差分改正数发给单台 GNSS 接收机，对其采集的相位和伪距观测值进行差分定位解算。其精度可达到厘米级，是目前全球星站差分精度最高的。

五 卫星定位的误差来源及其影响

在利用 GNSS 进行定位时，会受到各种各样因素的影响。影响 GNSS 定位精度的因素可以依据其具体来源分为三大类：与 GNSS 卫星有关的因素、与传播途径有关的因素、与 GNSS 接收机有关的因素。

（一）与 GNSS 卫星有关的因素

1. 卫星钟差

卫星钟差是 GNSS 卫星上所安装的原子钟的钟面时与 GNSS 标准时间之间的误差。尽管卫星钟为高精度的原子钟（铷钟或铯钟），但其与 GNSS 标准时间之间仍难免存在偏差和漂移，并且卫星钟的偏差和漂移还会随着时间的推移发生变化。尽管卫星钟差可控制在 1ms 以内，但由此引起的等效距离误差仍可达 300km。

然而，卫星钟差的变化又是缓慢的、有一定规律的，一般可用二阶多项式模型描述。

用多项式模拟卫星钟差及其变化，只能保证卫星钟与标准时间的同步差在 20ns 以内，但由此引起的等效距离误差仍可达 6m，因此，要进行高精度测量定位，则需要采用在接收机间求一次差等方法进一步消除剩余的卫星钟残差。

2. 星历误差

所谓星历误差，是指由卫星星历所给出的卫星位置与卫星的实际位置之差。

卫星星历是由地面监控站根据对卫星连续跟踪所获得的观测数据推算出来的。卫星星历有两种：广播星历和实测星历。

广播星历是卫星发播给用户的卫星电文中的主要信息。它是由 GNSS 地面监测站传送给卫星并由卫星发播给用户的广播星历，是根据地面监测站对卫星轨道的跟踪数据外推出来的预报星历。由于卫星运行受多种摄动力的综合作用，地面监测站难以及时准确地掌握它们的影响规律，因而所发布的预报数据难免含有比较大的误差。

广播星历误差对绝对定位的影响与卫星的几何图形有关，一般可达数米、数十米，甚至上百米，对相对定位的影响约为 1×10^{-6}，可满足基线不太长、定位精度要求不太高的应用需要；另外，当基线较短时，同一卫星位置误差对两个测站同步观测值的影响相近，通过对两个测站同步观测同一卫星的观测值求差，就可以有效地减弱卫星星历误差的影响。

实测星历，又称为精密星历，是由若干已知精确位置地面跟踪站（不一定是 GNSS 系统的地面监测站）根据实测数据计算出观测瞬间卫星的真实位置，再经过拟合处理获得的星历。精密星历的精度可达 0.25m。精密星历由美国国家大地测量局（NGS）或其他机构提供，可通过互联网或其他途径获得。

精密星历不能实时地提供给用户信息，因而对导航和实时定位无应用价值。但对长基线、高精度的静态定位非常有意义，可满足 1000km 基线相对定位精度 1×10^{-8} 的要求。

（二）与传播途径有关的因素

1. 电离层延迟

电离层是指地球上空距地面高度在 50~1000km 的大气层。电离层中的气体分子由于受到太阳等天体各种射线辐射，产生强烈的电离而形成大量的自由电子和正离子。

由于电离层对电磁波有折射效应，使得当 GNSS 卫星信号通过电离层时，传播路径发生弯曲，传播速度发生变化，传播时间也会发生延迟。因而用信号的传播时间乘上真空中光速得到的距离就不等于卫星至接收机间的几何距离，这种现象称为电离层折射或电离层延迟。

电离层折射的影响与电离层中的电子密度有关，理论可以证明，电离层折射的影响与电离层中的电子密度成正比。电离层中的电子密度是不断变化的，它与季节变化、昼夜变化及太阳黑子活动状况密切相关（有关资料表明，冬季约为夏季的4倍，白天约为夜间的5倍，太阳黑子活动高峰期约为低谷时的4倍）。

电离层折射的影响也与卫星信号的频率有关，理论可以证明，电离层折射的影响与电磁波频率的平方成反比，它对单一频率的载波的影响与多种波叠加而成的伪距码的影响符号相反、大小相同。

电离层折射的影响还与卫星信号传播的方向有关。在天顶方向（高度角为90°），其延迟可达50m，在地平方向（高度角为20°），其延迟可达150m。

减弱电离层折射影响的主要措施如下：

（1）利用双频观测

由于电离层折射的影响与卫星信号的频率有关，因此，如果同时利用两个不同频率的卫星信号进行观测，就能很容易地确定电离层折射的影响。经过双频观测值改正后，电离层延迟影响的伪距残差约为厘米级。

（2）利用模型改正

在卫星导航电文中提供了电离层改正模型，该模型一般用于单频接收机，可将电离层延迟的影响减少75%。

（3）利用同步观测值求差

对于短基线，由于卫星信号通过电离层的路径相似，因此，对两个测站同步观测同一卫星的观测值求差，可以有效地减弱电离层折射的影响。但随着基线长度的增加，站间求差的有效性随之降低，特别是在太阳黑子活动剧烈时期，站间求差的有效性会显著降低。所以，一般单频接收机，只宜用于15km以内的基线测量。

2. 对流层延迟

所谓对流层，是指从地球表面一直到40km高度之间的大气层。对流层集中了99%的大气层质量，其密度比电离层要大得多；对流层与地面接触并从地面获得辐射热能，其温度随着高度的上升而下降，各种大气现象比电离层要复杂得多。

由于地球周围的对流层对电磁波的折射效应，使得GNSS信号的传播路径发生弯曲，传播速度发生变化，传播时间也会发生延迟，这种变化称为对流层折射或对流层延迟。显然，对流层折射比电离层折射更为复杂。

对流层折射的影响与大气折射率有关，即与电磁波传播途径上的温度、湿度和气压变化密切相关。对流层折射的影响也与电磁波传播的方向有关，在天顶方向（高度角为90°），其延迟可达2.3m，在地平方向（高度角为10°），其延迟可达20m。

减弱对流层折射影响的主要措施如下：

（1）利用模型改正

对流层折射的影响比较复杂，一般采用改正模型加以削弱。常用的改正模型有：霍普菲尔德（Hopfield）公式、萨斯塔莫宁（Saastamoinen）公式、勃兰克（Black）公式等。理论分析和实验验证都表明，利用实测气象资料，经模型改正可校正对流层延迟的90%~95%，几种改正模型所求得的天顶方向的对流层延迟相互较差一般为几个毫米。

（2）利用站间求差

对于短基线（例如小于20km），由于卫星信号通过对流层的路径相似，因此，对两个测站同步观测同一卫星的观测值求差，可以有效地减弱对流层折射的影响。但随着基线长度的增加，站间求差的有效性随之降低，当基线长度超过100km时，对流层折射的影响将成为制约定位精度的主要因素之一。

（3）引入待估参数

在平差模型中引入描述对流层影响的附加待估参数，在数据处理中与坐标参数等一并求解。

3. 多路径效应

若接收机天线周围有高大建筑物或大面积水域，由于建筑物和水面对电磁波具有强反射作用，致使天线所接收的信号中，不仅有直接来自卫星的信号，还有从反射物反射的信号，它将和直接来自卫星的信号产生干涉，从而使得经过信号叠加后的观测值偏离真实值。这种由多路径信号传播引起的干涉而导致的时延效应，称为多路径效应。

多路径效应主要由强反射大面积平坦光滑地面和建筑物引起，还与反射物的角度、反射物到天线的距离等有关。多路径效应是GNSS测量的一种重要误差源，将严重影响GNSS测量的精度，甚至还会引起卫星信号的失锁。实践表明，多路径效应对载波相位测量的影响可达分米级，对P码伪距的影响可达10m以上。

减弱多路径效应的主要方法如下：

（1）选择合适的站址

测站应远离大面积水域，因为大面积水域是强反射物；测站宜选在草丛、灌木丛和各种植被以及粗糙不平的地面附近，它们能较好地吸收微波信号；测站不宜选择在山坡、山谷和盆地中，以避免反射信号从天线抑径板上方进入天线，产生多路径效应误差。

（2）采用特制的接收机天线

为了减弱多路径效应，可在接收机天线中设置抑径板，以抑制与直射信号有不同极化特性的反射信号的影响。

（三）与GNSS接收机有关的因素

1. 接收机钟差

接收机钟差是接收机钟的钟面时与GNSS标准时之间的差异。

一般GNSS接收机所采用的时钟是高精度的石英晶体振荡器，其稳定度约为1×10^{-9}~0.5×10^{-9}。如果接收机钟与卫星钟之间的同步误差为1μs，则由此引起的等效距离误差约为 300m。

消除或减弱接收机钟差的措施主要有：在单点定位中，将钟差作为未知数求解，在载波相位相对定位中，采用星间单差、星站双差观测值，可有效地减弱钟差的影响；在高精度定位中，采用高精度外接原子频标。

2. 天线相位中心偏差

接收机天线相位中心偏差是指接收机天线的真实相位中心与其标称相位中心之间的差异。

在 GNSS 测量中，所有观测值都是以接收机天线的相位中心为准的，而天线的对中整平是以天线的几何中心为准的。所以，要求天线的标称相位中心与其几何中心一致。但天线相位中心的瞬时位置随着卫星信号输入的方向和强度不同而略有变化，从而导致天线相位中心的瞬时位置与标称几何中心不一致。

天线相位中心偏差直接影响定位精度，所以应设法减弱其影响。在天线设计时，一般都在天线盘上标志出指北方向；在天线安置时，使指北标志指向北方（偏差在 5° 以内），这样，在相对定位中，可以通过站间求差来减弱天线相位中心偏差的影响。

3. 与观测作业有关的误差

与观测作业有关的误差主要是天线安置误差，即天线对中、整平、量高误差，在精密定位中，应仔细对中、整平、量高。

六 主要全球卫星导航系统

目前，有 4 大全球卫星导航系统（Global Navigation Satellite System，GNSS），包括中国的北斗卫星导航系统（BeiDou Navigation Satellite System，BDS）、美国的全球定位系统（Global Positioning System，GPS）、欧盟的伽利略卫星导航系统（Galileo Navigation Satellite System，Galileo）和俄罗斯的格洛纳斯卫星导航系统（Global Orbiting Navigation Satellite System，GLONASS）。其中，北斗系统和 GPS 已服务全球，性能相当；功能方面，北斗系统较 GPS 多了区域短报文和全球短报文功能。GLONASS 虽已服役全球，但性能相比北斗系统和 GPS 稍逊，且 GLONASS 轨道倾角较大，导致其在低纬度地区性能较差。Galileo 的观测量质量较好，但星载钟稳定性稍差，导致系统可靠性较差。

（一）GPS 全球定位系统

目前，世界使用最多的全球定位系统是美国的 GPS 系统。GPS 系统是 20 世纪 70 年代由美国陆、海、空三军联合研制的新一代空间卫星导航定位系统，其主要目的是为陆、海、空三大领域提供实时、全天候和全球性的导航服务。可对地面车辆、海上船只、飞机、导弹、卫星和飞船等各种移动用户进行全天候的、实时的高精度三维定位测速和精确授时。

（二）北斗卫星导航系统

北斗卫星导航系统是中国自行研制的全球卫星导航系统。2020 年 7 月 31 日，北斗三号全球卫星导航系统正式开通。这标志着中国成为继美国 GPS 全球定位系统、俄罗斯 GLONASS 全球导航卫星系统之后，第三个拥有成熟的全球卫星导航系统的国家。目前，全球已有 120 余个国家和地区使用北斗卫星导航系统。

北斗卫星导航系统的发展目标是建设世界一流的卫星导航系统，满足国家安全与经济社会发展需求，为全球用户提供连续、稳定、可靠的服务；发展北斗产业，服务经济社会发展和民生改善；深化国际合作，共享卫星导航发展成果，提高全球卫星导航系统的综合应用效益。

（三）GLONASS

格洛纳斯卫星定位系统（GLONASS）由苏联（俄罗斯）国防部独立研制和控制的第二代军用卫星导航系统，与美国的 GPS 相似，该系统也开设民用窗口，对 GLONASS 系统采用了军民合用、不加密的开放政策。

俄罗斯 GLONASS 系统标准设计为 24 颗卫星，系统拥有工作卫星 21 颗，分布在 3 个轨道平面上，同时有 3 颗备份星。每颗卫星都在 1.91 万 km 高的轨道上运行，周期为 11h15min。因 GLONASS 卫星星座一直处于降效运行状态，目前只有 8 颗卫星能够正常工作。GLONASS 的精度要比 GPS 系统的精度低。

GLONASS 卫星与 GPS 卫星有许多不同之处，一是卫星发射频率不同，由于卫星发射的载波频率不同，GLONASS 可以防止整个卫星导航系统同时被干扰，因而具有更强的抗干扰能力。二是坐标系不同，GPS 使用世界大地坐标系，而 GLONASS 使用苏联地心坐标系。三是时间标准不同,GPS 系统时与世界协调时相关联，而 GLONASS 则与莫斯科标准时相关联。

俄罗斯 GLONASS 未来计划构建中高轨混合星座，提供差异化多样服务。SDCM 系统 GEO 升级：拟用 3 颗 Luch-5M GEO 卫星，替代现有 SDCM 3 颗卫星，并在 160E 增加 1 颗 GEO 卫星，实现双频多星座增强，进一步提升广域差分增强和完好性能力；计划将现有的 25 国内站和 10 海外站增加为 45 国内站和 12 海外站；增加 IGSO 卫星：计划 2025 年前发射 6 颗 GLONASS-B，东半球性能提升 25%，届时将形成 MEO+GEO+IGSO 混合星座。

（四）Galileo

伽利略卫星导航系统（Galileo）是世界上第一个基于民用的全球卫星导航定位系统，伽利略系统由欧盟自主、独立地研制和建立，旨在为全球用户提供高精度、高可靠性的定位服务，实现完全非军方控制与管理。该系统由于采用了许多较 GPS 和 GLONASS 更先进的新技术，使得系统更加灵活、全面、可靠，并且可以提供完整、准确、实时的数据信号。伽利略系统的卫星发射信号功率较 GPS 的大，所以在一些 GPS 系统不能实现定位的区域，伽利略系统可以很容易克服干扰并进行信号接收，例如高纬度地区、中亚以及黑海等地区。

第二节　GPS 全球定位系统

一　系统的构成

GPS 全球定位系统由空间部分、地面控制部分、用户设备部分三部分组成。

（一）空间部分

发射入轨能正常工作的 GPS 卫星的集合称为 GPS 卫星星座。GPS 卫星设计星座包括 21 颗正式的工作卫星和 3 颗活动的备用卫星，6 个轨道面，平均轨道高度 20200km，轨道倾角 55°，运行周期为 12 恒星时（等于 11h58min 平太阳时，即每天提前 4min，每年提前 24h 看到相同的星座分布），保证在 24h，高度角 15° 以上，能够同时观测到至少 4 颗卫星。每颗 GPS 工作卫星都发出用于导航定位的信号，GPS 用户正是利用这些信号来进行工作的。

GPS 卫星主要由原子钟、微处理机、导航电文存储器、双频发射设备等组成。GPS 卫星的核心部件是高度精确的原子钟，它为卫星信号提供高度稳定的频率标准。每颗 GPS 工作卫星都发射一组无线电信号，每组信号包括载波（L1、L2、L5）、测距码（C/A 码、P 码），以及卫星轨道信息。几种不同频率的卫星信号都源于一台原子钟所发出的一个标准频率 10.23MHz。

GPS 卫星的编号有几种不同的方式，如顺序编号（按卫星发射先后）、PRN 编号（按卫星采用的伪随机噪声码）、国际识别号（卫星发射年份和该年内发射顺序）等。通常采用 PRN 编号，它可以由卫星导航电文获知。

（二）地面控制部分

地面控制部分又称为地面监控系统。每颗 GPS 卫星所播发的星历，是由地面监控系统提供的。卫星上的各种设备是否正常工作，以及卫星是否一直沿着预定轨道运行，都要由地面设备进行监测和控制。地面监控系统的另一重要作用是保持各颗卫星处于同一时间标准，即 GPS 时间系统。GPS 工作卫星的地面监控系统包括 1 个主控站、3 个注入站和 5 个跟踪站。主控站的作用是收集各监测站的数据，编制导航电文，监控卫星状态，通过注入站将卫星星历注入卫星，向卫星发送控制指令，进行卫星维护与异常情况的处理。注入站的作用是将导航电文注入 GPS 卫星。跟踪站的作用是监测卫星状态，收集卫星数据并将数据送到主控站，为主控站编算导航电文提供观测数据。

（三）用户设备部分

用户设备部分是指 GPS 信号接收机及相关设备。用户设备多数采用石英钟，作用是捕获、跟踪卫星并接收卫星信号，对接收的卫星信号进行变换、放大、解译和处理，测量

GPS 信号从卫星到接收机天线的传播时间，解释 GPS 卫星所发送的导航电文，实时计算出测站的三维坐标和时间等。

二 系统参数

（一）卫星信号

GPS 卫星定位测量是通过用户接收机接收 GPS 卫星发射的信号来测定测站坐标的，GPS 信号是 GPS 卫星向广大用户发送的用于导航定位的已调波，GPS 卫星信号由三部分组成，包括：测距码信号、导航电文和载波信号。测距码包括 C/A 码和 P 码（Y 码），载波有 L1、L2 和 L5 三个频率，L1 载波频率为 1575.42MHz，它的波长 19.03cm。L2 载波频率为 1227.60MHz，它的波长 24.42cm。L5 载波频率为 1176.45MHz，它的波长为 25.5cm。GPS 卫星信号的产生、调制和解调都非常复杂，涉及现代数字通信理论和技术方面的若干高科技问题。作为 GPS 信号用户，虽然可以不深入钻研这些问题，但了解其基本知识和概念，将有助于理解 GPS 卫星导航和定位测量。测距码是方波、伪随机噪声码。C/A 码的码长很短，易于捕获。由于 C/A 码易于捕获，而且通过捕获的 C/A 码所提供的信息，又可以方便地捕获 P 码，所以通常 C/A 码也称为捕获码。C/A 码的码元宽度较大，假设两个序列的码元对齐误差为码元宽度的 1/10~1/100，则这时相应的测距误差可达 29.3~2.9m。由于其精度较低，所以 C/A 码也称为粗码。

P 码由两组各由两个 12 级反馈移位寄存器的电路发生，其基本原理与 C/A 码相似，但其线路设计细节远比 C/A 码复杂并且严格保密。P 码的码元宽度为 C/A 码的 1/10，这时若取码元的相关精度仍为码元宽度的 1/100，则由此引起的相应距离误差约为 0.29m，仅为 C/A 码的 1/10。所以 P 码可用于较精密的导航和定位，称为精码。目前，美国政府对 P 码保密，不提供民用，因此 GPS 信号一般用户实际只能接收到 C/A 码。

GPS 卫星的导航电文主要包括：卫星星历、时钟改正、电离层时延改正、卫星工作状态信息以及由 C/A 码转换到捕获 P 码的信息。导航电文同样以二进制码的形式播送给用户，因此又叫数据码，或称 D 码。导航电文为方波，码速是 50bps。

（二）GPS 卫星位置的表示

由开普勒定律可知，卫星运行的轨道平面是一个通过地心的椭圆，且椭圆的一个焦点与地心重合。要确定出任意时刻卫星在地心坐标系中的位置，需要知道以下 6 个参数（称为轨道参数或轨道根数）：

①用于描述卫星轨道平面在地心坐标系中的方向和位置的 3 个参数，即卫星轨道平面与地球赤道面的倾角 i，升交点角距 Ω（即在地球赤道平面上升交点与春分点之间的地心角距，所谓升交点即卫星由南向北运行时其轨道通过赤道面的交点）和近地点角距 ω（即在卫星轨道平面上升交点与近地点之间的地心角距）。

②用于描述卫星轨道椭圆形状和大小的 2 个参数，即椭圆的长半轴 a 及其偏心率 e。

③用于描述某一时刻卫星在卫星轨道上瞬时位置的 1 个参数，即真近点角f_S（即在卫星轨道平面上卫星与近地点之间的地心角距），它是时间的函数。

通过以上 6 个参数，就可以确定唯一卫星在地心坐标系中的位置。在 6 个轨道参数中，只有真近点角f_S是时间的函数，其余参数均为常数。它们均可根据卫星导航电文提供的有关参数计算获得。

根据以上 6 个参数，就可以计算出卫星在地心坐标系中的空间直角坐标或空间大地坐标。还可以根据地心坐标计算出卫星在站心坐标系（即原点位于测站，Z轴与椭球法线重合指向天顶方向，X轴与Z轴垂直并指向椭球短轴方向，Y轴与X、Z轴构成左手坐标系）中的瞬时位置，即卫星与测站的瞬时距离、方位角和高度角，以便了解卫星在天空的分布情况，从而选择最佳星座布局和最佳观测时刻。

（三）电磁波的传播

电磁波是由同相且互相垂直的电场与磁场在空间中衍生发射的震荡粒子波，是以波动的形式传播的电磁场，具有波粒二象性。本质上，电磁波是一种客观存在的物质和能量传输形式，是交互变化的电磁场在空间传播的过程。电磁波伴随的电场方向、磁场方向、传播方向三者互相垂直，因此电磁波是横波。电磁波不依靠介质传播，在真空中的传播速度等同于光速。各种电磁波的本质几乎完全相同，只是各自的频率和波长不同而已。电磁辐射由低频率到高频率，主要分为无线电波、微波、红外线、可见光、紫外线、X 射线和伽马射线。人眼可接收到的电磁波，波长为 380~780nm，称为可见光。

电磁波的传播主要有以下特性，这些特性与无线通信密切相关：

①自由空间损耗描述了电磁波在空气中传播时的能量损耗，电磁波在穿透任何介质的时候都会有损耗。自由空间的能量损耗是能量扩散损耗，与频率无关。

②除了自由空间损耗以外，射频信号在空间传播所遇到的任何东西都会使射频信号发生一定形式的变化。射频所遇到的很多物体都会使射频信号变得更小，这种现象称为吸收。射频信号穿过物体损失的能量变成了热量。

③不是所有的东西遇到电磁波后都要吸收射频能量。有的东西遇到射频后会改变射频信号的方向，这种方向的改变叫反射。反射与两个因素有关：射频频率和物体的材料。

电磁波测距是利用电磁波作为载波，经调制后由一端发射出去，再由另一端反射或传送回来，测定发射波与回波相隔的时间，以测量距离的方法进行测定。

电磁波测距的基本原理，是利用电磁波在空气中传播的速度为已知这一特性，通过测定电磁波在待测距离上往返传播的时间，来间接求得待测距离。电磁波测距有两种方法：脉冲测距法和相位测距法。

（四）卫星星历

卫星星历是指在 GPS 测量中，天体运行随时间而变的精确位置或轨迹，又称为两行轨道数据，是用于描述太空飞行体位置和速度的表达式，它是时间的函数。卫星星历以开普勒定律的 6 个轨道参数之间的数学关系确定飞行体的时间、坐标、方位、速度等各项参数，具有极高的精度。能将飞行体置于三维的空间；用时间立体描绘天体的过去、现在和将来。卫星星历的时间按世界标准时间计算。卫星星历定时更新。

精密星历又称为事后处理星历，是由若干卫星跟踪站的观测数据，经事后处理算得的供卫星精密定位等使用的卫星轨道信息。事后处理星历是不含外推误差的实测精密星历，它由地面跟踪站根据精密观测资料计算而得，可以向用户提供在用户观测时刻的卫星精密星历，该星历的精度可以达到分米级。精密星历一般不是通过卫星的无线电信号向用户传递，而是通过磁卡、网络、电传等通信媒体向用户传递。精密星历对导航和实时定位毫无价值，但对长基线、高精度的静态定位非常有意义。为改善和提高地面定位精度，许多国家和研究机构都在研制 GNSS 使用的精密星历。

预报星历是以电文方式由卫星直接播送给用户接收机，用户接收机在接收到卫星播发的导航电文后，通过解码即可直接获得预报星历，因此又称为广播星历。卫星的预报星历通常包括相对某一参考历元开普勒轨道参数，和必要的轨道摄动改正参数。某一参考历元瞬间的卫星星历，由 GPS 系统的地面监控站根据大约 1 周的观测资料计算而得，为参考历元瞬间卫星的轨道参数。这种星历是主控站利用跟踪站收集的观测资料计算并外推出未来两周的星历，然后注入 GPS 卫星，形成导航电文供用户使用。这种星历是预报性质的，可以实时使用，所以广播星历是指相对参考历元的外推星历。

（五）GPS 时间系统

1. 恒星时

恒星时是天文学和大地测量学中所使用的一种计时单位。恒星时是根据地球自转计算的，它的基础是恒星日：即从某一恒星升起开始到这一恒星再次升起。考虑地球自转不均匀影响的为真恒星时，否则为平恒星时。

以春分点为参考点，由春分点的周日视运动所确定的时间，称为恒星时。春分点连续两次经过本地子午圈的时间间隔为一个恒星日，含 24 个恒星时。所以恒星时在数值上等于春分点相对于本地子午圈的时角。因为恒星时是以春分点通过本地子午圈时为原点计算的，同一瞬间对不同测站的恒星时各异，所以恒星时具有地方性，有时也称为地方恒星时。

2. 协调世界时

在许多应用部门，如大地天文测量、天文导航和空间飞行器的跟踪定位等部门，需要以地球自转为基础的世界时。但是，由于地球自转速度长期变慢的趋势，世界时每年比原子时慢 1s，两者之差逐年累计。为了避免播发的原子时与世界时之间产生过大的偏差，所以，从 1972 年便采用一种以原子时秒长为基础，在时刻上尽量接近世界时的一种折中的时间系统，这种系统称为协调世界时，即 UTC，或简称为协调时，又称世界统一时间、世界标准时间、国际协调时间。协调时的秒长严格等于原子时的秒长，采用闰秒的办法使协调时与世界时，时时刻刻接近。

3. 历元

天体和卫星都是高速运行的运动体，时间系统是精确描述天体和卫星运行位置及其相互关系的重要基准，同时还是利用卫星进行导航定位的重要基准。测量时间需先定义时间基准，即定义时间的原点和单位尺度。

天文学上把观测资料所对应的时刻叫历元。

起始历元是指时间的原点。它可根据需要进行选择，不同时间系统可有不同的时间原点。原子时的初始历元规定为 1958 年 1 月 1 日世界时 0 时。

时间单位尺度是由时钟来确定的，不同时钟有不同的度量时间方式。从本质上讲，时间系统间的差异体现在时钟上。

4.GPS 时间系统

时间是 GPS 测量中的一个基本观测量，卫星的信号、卫星的运动和卫星的坐标都与时间密切相关，对时间的要求既要稳定又要连续。为此，GPS 专门建立了自己的时间系统，称为 GPS 时间系统。

GPS 时间系统采用原子时秒长作为时间基准，定义 1980 年 1 月 6 日协调世界时 0 时为时间起算的原点。启动后不跳秒，保持时间的连续。GPS 时间在主控站的原子钟控制下，并受美国海军天文台经常性监测。GPS 主控站时钟能以优于 ±5ns 的精度使 GPS 时间与协调世界时之差保持在 ±1μs 内（不考虑整秒数差异）。目前，用 GPS 时间推算出的 UTC 可以达到优于 100ns 的精度。

每颗 GPS 工作卫星都安设有四台原子钟，一般是两台铷原子钟和两台铯原子钟，甚至更高精度的氢原子钟。启用一台作为工作时钟，其余作为备用时钟。GPS 卫星向用户发播卫星钟差、钟速和钟漂等参数，因而可以作为高精度授时的信号源。

（六）GPS 坐标系统

GPS 定位中，通常采用两种坐标系统：

①惯性坐标系：在空间固定的坐标系，坐标原点和坐标轴指向在空间保持不动，用来描述卫星或其他天体的位置和运动状态，如协议天球坐标系。

②非惯性坐标系：指与地球体相固联的坐标系统，又叫地固坐标系或地球坐标系。主要用于描述地表、水下或低空测点的空间位置和处理 GPS 观测数据。地固坐标系可分为地心坐标系、参心坐标系和站心坐标系。天文坐标系、地心空间直角坐标系和地心大地坐标系皆属地心坐标系。

确定一个坐标系需要定义三要素：坐标原点位置、坐标轴指向、单位尺度。不同时期、不同国家和地区对坐标系统三要素的定义不同。

GPS 坐标系统采用的是 WGS–1984 坐标系。

（七）卫星定位精度因子

为了评价定位结果，一般采用有关精度因子的概念。在实践中，根据不同的要求，可采用不同的精度评价模型和相应的精度因子。卫星精度因子包括 HDOP、VDOP、TDOP、PDOP、GDOP。

HDOP：水平分量精度因子，为纬度和经度等误差平方和的开根号值。

VDOP：垂直分量精度因子。

TDOP：接收机钟差精度因子，为接收仪内时表偏移误差值。

PDOP：三维位置精度因子，观测成果的好坏与被测量的人造卫星和接收仪间的几何形状有关且影响甚大，天空中卫星分布程度越好，定位精度越高，数值越小精度越高。

GDOP：几何精度因子，描述空间位置误差和时间误差综合影响的精度因子，是衡量定位精度很重要的一个系数，它代表 GPS 测距误差造成的接收机与空间卫星间的距离矢量放大因子。实际上，GDOP 的数值越大，定位精度越差，GDOP 的数值越小，定位精度越好。好的几何精度因子实际上是指卫星在空间分布不集中于一个区域，同时能在不同方位区域均匀分布。

它们之间的简单关系为：

$$HDOP^2+VDOP^2=PDOP^2$$

$$PDOP^2+TDOP^2=GDOP^2$$

三 未来发展

2018 年 12 月，美国启动新一代 GPS Ⅲ系统部署，包括 10 颗 GPS Ⅲ卫星和 22 颗 GPS Ⅲ F 卫星。目前，已发射三颗 GPS Ⅲ卫星；计划 2023 年完成 10 颗 GPS Ⅲ卫星部署，2026 年发射首颗 GPS Ⅲ F 卫星，2034 年完成部署；同时启动了运行控制系统赛博安全能力的研发部署，加快升级改造现有地面运控系统，包括 OCX 的升级，通过星地能力全面升级，巩固和强化美国在全球卫星导航领域的主导地位和优势；美国在推动公开信号 SSV 的同时，也提出了 M 码 SSV 的空间现代化倡议。

美国 GPS 重启 NTS，在轨验证新概念和新技术，计划 2023 年发射 NTS-3 卫星（GEO），主要验证多层弹性 PNT 体系概念与技术，主要包括三方面：搭载先进的光铷钟和冷原子铯钟，性能较 GPS Ⅲ卫星原子钟分别提升 3 倍、5 倍；配置在轨可编程数字波形生成器、高增益天线、氮化镓高功率放大器等，进行信号灵活调整和功率增强技术验证；进行新型星间链路技术验证，旨在实现仅利用美国本土地面站实现系统运行控制和管理，从而增强系统的弹性和抗毁性。

第三节　北斗卫星导航系统

一　建设过程

（一）北斗一号

北斗一号 1994 年开始研制，2002 年 1 月试运行，2003 年正式开通运行。系统由 3 颗静止轨道卫星、地面系统和用户终端组成，可为我国及周边地区的中低动态及静态用户提供定位、报文通信和授时服务（RDSS）。

（二）北斗二号

北斗二号 2004 年开始研制，2011 年 12 月 27 日开始试运行，2012 年 12 月 28 日正式开通服务。系统星座由 14 颗卫星组成（5 颗地球同步静止轨道卫星，5 颗倾斜同步轨道卫星，4 颗中圆轨道卫星），在保留北斗一号系统有源定位体制的同时增加了无源定位体制（RNSS），服务区扩展到亚太地区。

北斗二号是全球第一个三轨混合导航星座。2012 年实现 B1、B2、B3 三个频率的导航信号全星座播发，成为全球第一个三频完整服务能力的导航系统（三频信号可以更好地消除高阶电离层延迟影响，提高定位精度，增强数据预处理能力，大大提高模糊度的固定效率）。实现了国际上首次设计星地双向时间同步技术，卫星钟差测定精度 2ns，处于世界领先水平，卫星钟的性能比 GPS 低一个量级的条件下，实现了与其相当的服务精度。

北斗的 RDSS 服务：用户至卫星的距离测量和位置计算无法由用户自身独立完成，必须由外部系统通过用户的应答来完成。其特点是通过用户应答，在完成定位的同时，完成了向外部系统的用户位置报告，还可实现定位与通信的集成，实现在同一系统中的 NAVCOMM 集成。

北斗的 RNSS 服务：RNSS 是一种服务于用户位置确定的卫星无线电导航业务。其由用户接收卫星无线电导航信号，自主完成至少到 4 颗卫星的距离测量，进行用户位置、速度及航行参数计算。

（三）北斗三号

北斗三号 2009 年列入国家专项，2020 年建成，发射 35 颗卫星，覆盖全球。北斗三号卫星导航系统空间段由 5 颗静止轨道卫星和 30 颗非静止轨道卫星组成，提供两种服务方式，即开放服务和授权服务。开放服务是在服务区中免费提供定位、测速和授时服务，定位精度为 10m，授时精度为 20ns，测速精度 0.2m/s 。授权服务是向授权用户提供更安全的定位、测速、授时和通信服务以及系统完好性信息。

北斗三号将按照国际标准提供星基增强服务（SBAS）及搜索救援服务（SAR）；将增设星间链路，便于北斗卫星境外弧段的精度保持，星间链路便于无地面支持情况下的卫星轨道的互相测定与维持，便于时间基准的维持，便于实现自主导航。

二 系统构成

北斗卫星导航系统由空间段、地面段和用户段三部分组成，可在全球范围内全天候、全天时为各类用户提供高精度、高可靠定位、导航、授时服务，并具短报文通信能力。

北斗卫星导航系统空间段由 5 颗静止轨道卫星（GEO 星）和 30 颗非静止轨道卫星组成，5 颗 GEO 定点位置为东经 58.75°、东经 80°、东经 110.5°、东经 140°、东经 160°，27 颗中圆地球轨道卫星（MEO 星）和 3 颗地球同步轨道卫星（IGSO 星）。运行在 3 个倾角为 55° 的轨道面上，轨道面之间为相隔 120° 均匀分布。

北斗卫星导航系统地面段主要包括主控站、数据处理中心、注入站及监测站。

北斗卫星导航系统用户段主要包括面向民航、海事及铁路等行业应用的星基增强用户设备。

北斗卫星定位系统的主要功能是：

①定位，快速确定目标或者用户所处地理位置，向用户及主管部门提供导航信息。

②授时，中心控制系统每天在一定时间内用无线电信号报告最精确的时间，同时为用户提供时延修正值。

③通信，用户与用户、用户与中心控制系统间均可实现双向简短数字报文通信。

北斗卫星导航定位系统，不受通信信号和空间距离的影响，一台主指挥机进行卫星定位后，可连接多部类似手机的北斗终端机，终端机每次可编写 40 多字的短信发送到指定手机上，非常有利于震区的救援信息传递。

三 在轨卫星

①地球静止轨道卫星：卫星轨道面与赤道面重合，运行周期为 24h，卫星在赤道上空静止，在地心惯性坐标系中轨道为圆轨道。GEO 卫星在区域导航服务方面具有明显优势，卫星利用率高，通信卫星大多采用 GEO 卫星，因此地球静止卫星也广泛应用于全球导航系统的区域增强系统。但是由于地球静止轨道卫星都处于赤道面内，受导航定位所需几何构形的限制。布设地球静止轨道卫星的数量取决于导航服务区域大小，单用地球静止轨道卫星是不够的，还必须有相对于地球移动的高纬度卫星参与构成导航星座。

②中高度圆轨道卫星：周期为 12h，是经过 GPS 和 GLONASS 系统成功运行证明性能优良的全球星座轨道。分析计算证明，24 颗倾角为 55° 的 MEO 卫星分布在 3 个轨道面内，可满足全球导航精度。这种单一由 MEO 卫星组成的星座必须布满全部 24 颗卫星才能有效地投入运行，如要满足民航可用性要求和精密要求，则必须增加地球静止轨道卫星进行区域

加强。

③倾斜地球同步轨道卫星：24h 地球同步轨道，即所谓的大“8”字形轨道，中心位于赤道某设定的经度上，高度与地球静止轨道卫星相同，卫星下点 24h 轨迹在本服务区内南北来回运动，同时还是一种利用效率较高的区域星座，介于 GEO 和 MEO 之间。

四 未来发展

2022 年 11 月 4 日，《新时代的中国北斗》白皮书发布，首次规划了 2035 年前北斗发展蓝图，面向未来，中国将建设技术更先进、功能更强大、服务更优质的北斗系统，建成更加泛在、更加融合、更加智能的综合时空体系，提供高弹性、高智能、高精度、高安全的定位导航授时服务，更好惠及民生福祉、服务人类发展进步。

建强北斗卫星导航系统，建成中国特色北斗系统智能运维管理体系，突出短报文、地基增强、星基增强、国际搜救等特色服务优势，不断提升服务性能、拓展服务功能，形成全球动态分米级高精度定位导航和完好性保障能力，向全球用户提供高质量服务。

推动北斗系统规模应用市场化、产业化、国际化发展，提供更加优质、更加多样的公共服务产品，进一步挖掘市场潜力、丰富应用场景、扩大应用规模，构建新机制，培育新生态，完善产业体系，加强国际产业合作，打造更加完整、更富韧性的产业链，让北斗系统发展成果更好惠及各国人民。

构建国家综合定位导航授时体系，发展多种导航手段，实现前沿技术交叉创新、多种手段聚能增效、多源信息融合共享，推动服务向水下、室内、深空延伸，提供基准统一、覆盖无缝、弹性智能、安全可信、便捷高效的综合时空信息服务，推动构建人类命运共同体，建设更加美好的世界。

第四节　GNSS 控制测量

一 基本原则

随着 GNSS 测量技术的发展和成熟，精度越来越高，传统控制测量方式逐渐被 GNSS 测量代替，原天文大地控制网被 GNSS 控制网取代。

根据中华人民共和国国家质量监督检验检疫总局和中国国家标准化管理委员会于 2009 年 6 月 1 日联合发布的中华人民共和国国家标准《全球定位系统（GPS）测量规范》（GB/T 18314—2009），GNSS 测量按精度和用途划分为 A、B、C、D、E 几个等级。A 级用于建立国家一等大地控制网，进行全球性的地球动力学研究、地壳形变测量和精密定轨等 GNSS

测量，应满足A级GNSS测量的精度要求；B级用于建立国家二等大地控制网，建立地方或城市坐标基准框架、区域性的地球动力学研究、地壳形变测量、局部形变监测和各种精密工程测量等GNSS测量，应满足B级GNSS测量的精度要求；C级用于建立三等大地控制网，以及建立区域、城市及工程测量的基本控制网等GNSS测量，应满足C级GNSS测量的精度要求；D级用于建立四等大地控制网的GNSS测量，应满足D级GNSS测量的精度要求；E级用于中小城市、城镇以及测图、地籍、土地信息、房产、物探、勘测、建筑施工等的控制测量等的GNSS测量，应满足D、E级GNSS测量的精度要求。

中国国家A级和B级GPS大地控制网分别于1996年和1997年建成并先后交付使用。作为我国国家空间大地控制网基础的国家A级和B级GPS大地控制网的建成，标志着我国已基本建立起三维空间大地控制坐标系统。它不仅具有分米级绝对精度（比以往的全国性大地控制网大体提高了两个量级），而且其三维坐标体系是建立在先进的、国际公认的、具有严格动态定义的ITRF框架之内。它不仅将作为我国空间科学研究和空间基础设施建设的一个可靠的参照系，而且必将成为我国当前和今后一段时期经济和社会持续发展的十分重要的基础性测绘保障。

国家A级和B级GNSS大地控制网的布设分别由30个点和800个点构成。它们均匀地分布在我国，平均边长相应为650km和150km。

国家A级和B级GNSS大地控制网的数据处理采用了后处理精密星历和ITRF坐标框架。经网平差后其精度情况，对A级GNSS网来说，水平方向的重复精度好于10^{-8}，垂直方向不低于10^{-8}，绝对精度（相对地心）不低于± 0.1m；对B级GNSS网来说，水平方向的重复精度好于4×10^{-7}，垂直方向不低于10^{-7}；绝对精度（相对地心）不低于± 1m。

国家A级和B级GNSS大地控制网中的大部分网点均用水准进行了联测，一部分网点与原有的经典大地点和沿海验潮站等进行了联测。所有这些将为全球海面上升监测、我国地壳形变监测、局部大地水准面求定、新老大地网拼接和转换等提供基础数据。

GNSS控制网分为A、B、C、D、E五级，其对应大地等级控制网和主要用途见表5-4-1。

GNSS控制网布设原则：GNSS网一般逐级布设，在保证精度、密度等技术要求时可跨级布设。应根据布设目的、精度要求、卫星状况、接收机类型和数量、已有资料、测区地形和交通状况、作业效率等因素综合考虑，按照优化设计原则进行。

表5-4-1　GNSS控制网等级及其用途

GNSS控制网等级	相应大地等级网等级	主要用途
A级	一等控制网	全国平面控制网的框架，位置动态控制网
B级	二等控制网	区域框架，用于似大地水准面精化
C级	三等控制网	在各省的加密控制网
D级	四等控制网	作为应用工程控制网的起算数据
E级	等外	直接用于工程

二 布网形式

GNSS 控制网以同步图形的形式连接扩展，构成具有一定数量独立环的布网形式，不同的同步图形间由若干公共点连接。同步图形扩展式布网形式具有扩展速度快、图形强度高等优点，是布设 GNSS 网最常用的一种形式，可以分为点连式、边连式、网连式和混连式。

（一）点连式

是指相邻的同步图形之间只通过 1 个公共点连接，其特点是图形扩展快，但图形强度较低，易有连环影响，一般不单独使用。

（二）边连式

是指相邻的同步图形之间通过 2 个公共点连接，至少需要 3 台接收机，也就是相邻两个同步图形只通过一条边连接，具有较多的重复基线和独立环，图形条件较强，作业效率较高，被广泛采用。

（三）网连式

是指相邻的同步图形之间通过 3 个或 3 个以上公共点相连接，需要 4 台或 4 台以上接收机。图形条件很强，成本较高，多用于高精度的控制网。

（四）混连式

是相邻两个同步图形可能通过点、边、网等形式连接，自检性和可靠性较好，能有效发现粗差，在 GNSS 工程控制网中广泛采用。

常见的有三角形和环形网等布网形式。GNSS 控制网的布网形式主要有单基准站式边连式、多基准站式网连式、同步图形扩展式等几种形式。GNSS 环形网的主要优点有观测工作量较小、自检性和可靠性较好等。单基准站式布网方式的优点是效率很高，但是由于各流动站一般只与基准站之间有同步观测基线，因而图形强度很弱。

三 前期准备

布设 GNSS 控制网应首先考虑控制网的技术设计，在外业采集前，要进行一些前期的准备工作。

（一）资料收集

收集并整理项目要求、测区范围内及周边高等级控制点资料。

（二）现场踏勘

对测区的自然地理条件、气象情况、交通情况等进行调查，同时查勘已知控制点的完好性和可用性。

（三）方案设计

根据限差情况和项目要求，编制技术设计书，确定设备、人员、观测方案、所需时间等。

（四）技术交底

根据技术要求及相关法律法规、规范要求，对项目人员进行生产技术、安全及其他注意事项进行培训。

（五）设备准备

根据项目要求，对施工中用到的设备进行准备并测试。

（六）选点埋石

根据布网方案并结合实地情况选定和埋设石油物探控制点标志，标志应易于保存、便于观测，并尽量远离强干扰源。

（七）制定观测计划

根据布网方案，选点埋石情况及投入设备数量等制定观测计划，观测计划应包括测站编号、测站名称、观测作业参数、观测起始时间、卫星定位设备编号等，应在保证 GNSS 控制网精度和可靠性的前提下，尽可能地提高效率，降低成本。

GNSS 观测时段是指 GNSS 测站从开始接收卫星信号到停止接收卫星信号连续观测的时间间隔，简称时段。GNSS 静态测量观测时段预测必须充分考虑观测地点，不同的观测地点接收到的卫星数量是不同的。卫星的运行状态是有规律的，所以观测时段的确定是可以推算的。GNSS 卫星的几何分布状况，对观测精度有直接的影响，所以为了选择最佳的观测时段，应拟定观测计划。GNSS 静态测量观测时段选择的主要因素是观测卫星数，GNSS 绝对定位的误差与 DOP 的大小成正比，所以观测时段应选择卫星数较多，DOP 值较小的时段进行卫星定位测量以保证测量精度。

四 控制网观测

按照仪器设备使用手册的要求安置和操作设备。天线整平和对中的精度应与石油物探控制网的等级和精度要求相匹配。

开始测量前按项目统一规定的命名方式，设置记录文件名称，设置截止卫星高度角、数据采样间隔及时段长等参数，录入天线高等信息。

在观测过程中，不要靠近接收机使用对讲机，雷雨天气要防止雷击，雷雨过境时应关机停测，并卸下天线以防雷击。

不同时段间，应进行关机，重新对中整平后，量取天线高，开机进行下一个时段的观测。

观测完毕后，对预定作业内容进行检查，全部符合要求，记录完整无误后方可迁站。

每日观测结束后，应及时将数据从接收机转存到计算机上，确保观测数据不丢失，并拷贝备份由专人保管。

五 数据处理

（一）处理软件

GNSS 数据处理是卫星定位生产的重要过程，经过 GNSS 接收机野外观测取得的数据，必须经过软件处理才能得到测量成果，选用不同的数据处理方法和软件对 GNSS 数据结果影响很大。A 级、B 级 GNSS 网数据处理采用专用软件和精密星历，C 级、D 级、E 级 GNSS 网数据处理采用随机配备的商用软件和广播星历。

国内外 GNSS 接收机和与之配套的处理软件产品很多，较为知名的有美国天宝导航公司的 Trimble Business Center、瑞士徕卡公司的 Leica Geo Office，国内有武汉大学 Cosa GPS、南方测绘公司的 South Total Control 数据后处理软件等。

（二）软件功能

GNSS 接收机产品种类繁多，但与之配套的处理软件功能大体相同，主要有以下几个功能模块：

①文件管理模块：主要功能是新建 GNSS 数据处理文件，也可以打开原有文件，并对文件进行编辑和保存等操作。

②项目属性模块：可以建立参考椭球，输入投影椭球参数、投影参数、观测精度、控制网精度等级等相关数据。

③数据转换及导入：从 GNSS 接收机下载观测数据，并将观测数据导入程序，准备进行下一步基线解算。一些处理软件自带数据转换模块，可将其他数据文件格式转换为该软件数据文件格式，再导入观测数据。

④基线解算模块：导入观测数据后，按照对应时段输入相应接收机的天线高及测点名称，进行基线解算参数设置，其中包括：选择解算基线、卫星高度截止角、采集历元间隔、参考卫星、方差比、观测时段长、合格解选择等内容。基线解算完成后可显示基线边、同步环、异步环相对精度，解算成果合格可进行下一步平差解算工作。若成果不合格可通过

调整基线解算参数、删减含粗差的观测数据、删减不合格基线等方法，重新解算。仍不合格，必须野外补测。

⑤平差解算模块：该模块功能主要是进行三维自由网平差、二维约束平差、高程拟合平差，且显示出平差成果及各项平差精度。

⑥成果报告模块：平差成果报告内容，输出文件格式均可在该模块中进行编辑、预览和打印。

（三）软件参数设置

GNSS 数据处理软件在进行计算时必须设置各种处理参数，如坐标系统参数、基线处理参数、网平差参数等。不同的处理软件参数设置的方法稍有不同，但过程和要求基本类似。

①新建坐标系，选择转换模型，如布尔沙模型等，编辑坐标基准转换参数；一般 GNSS 基线数据处理和网平差等首先要在 WGS-1984 坐标系统下进行。当需要建立地方坐标系时，需要对软件进行坐标系统参数设置。当项目坐标系统属性改变后，项目内点坐标数值也将改变；当输入高斯平面直角坐标时要预先设置投影参数；改变投影参数中的中央子午线将取得坐标换带的效果。

②新建椭球模型，输入椭球长半轴和扁率等参数。

③新建投影模型，选择投影方式，输入中央子午线、带宽、投影比例等参数。

④选择大地水准面模型。

（四）静态观测数据管理

静态观测数据是通过 GNSS 接收机安置在野外已知点或未知点标志上观测 GNSS 卫星信号，记录在存储介质上的数据。这些数据用来计算静态基线、GNSS 控制网平差等，是卫星定位测量的第一手资料，需要进行妥善和规范的管理。

管理静态观测数据需要做到以下几点：

①静态观测数据必须进行原始备份，在编辑修改之前，保留野外观测的原始信息。

②依据施工设计书和野外观测记录卡管理静态观测数据的测站信息。

③使用专用测量软件管理静态观测数据。

④管理后的静态观测数据可进行储存和备份。

（五）静态基线处理流程

GNSS 基线通常是以空间直角坐标系或大地坐标系表示的空间三维向量，一般分为单基线解算和多基线解算，多基线解算模式顾及了同步观测图形中独立基线之间的误差相关性，精度较好。

在进行基线解算时，最常用的格式是 RINEX 格式，对于按此种格式存储的数据，大部分的数据处理软件都能直接处理。不同的接收机生产厂家有不同的静态观测数据格式，按指定的数据类型录入 GNSS 观测数据后，软件会自动分析各点位采集到的数据内在的关系，并形成静态基线后，就可以进行基线处理了。

基线处理的过程可分为如下几个主要部分：

①设定基线解算的控制参数，用以确定数据处理软件采用何种处理方法来进行基线解算。设定基线解算的控制参数是基线解算时的一个非常重要的环节，通过控制参数的设定可以实现基线的优化处理。控制参数在“基线解算设置”中进行设置，主要包括数据采样间隔、截止角、参考卫星及其电离层和解算模型的设置等。

②外业输入数据的检查与修改，在录入外业观测数据后、基线解算之前，需要对观测数据进行必要的检查。检查的项目包括测站名点号、测站坐标、天线高等，对这些项目进行检查的目的是为了避免外业操作时的误操作。

③基线解算。基线解算的过程一般是自动进行的，无须人工干预。基线解算分为如下几步：基线解算自检、读入星历数据、读入观测数据、三差解算、周跳修复、进行双差浮点解算、整周模糊度分解、进行双差固定解算。

④基线质量的检验。基线解算完毕后，基线结果并不能马上用于后续的处理，还必须对基线的质量进行检验。只有质量合格的基线才能用于后续处理，如果不合格则需要对基线进行重新解算或重新测量。

（六）三维无约束平差

三维无约束平差是在基线解算的基础上对 GNSS 点的相对位置进行平差，由于 GNSS 网本身已经有定向基准和尺度基准，三维无约束平差只需要提供一个位置基准，即 1 个已知点的坐标即可，该坐标可选用伪距单点定位或已知控制点，平差过程中没有加以约束条件，故属于无约束平差。平差目的是获得 GNSS 网三维坐标，并判断控制网中是否含有粗差，给各基线向量定权。

GNSS 网的无约束平差方法，原则上可以采用间接平差法、条件平差法等。但实践中，常采用间接平差法。

根据数据的利用方式不同，GNSS 网的无约束平差一般又分为两种：一种方法是将观测时段所确定的独立基线向量作为具有先验精度信息的相关观测进行网的平差，这种方法称为基线法；另一种方法是直接利用各观测时段的原始同步观测量进行网的平差。这两种方法，理论上是等价的。但后一种方法所处理的数据量较大，计算也比较复杂，所以实用上常采用第一种方法。

GNSS 网的无约束平差，是目前广泛采用的平差方法，主要有经典自由网平差和非经典自由网平差。

①经典自由网平差，简称经典平差，是仅具有必要起算数据的平差方法。对于 GNSS 网来说，即仅具有一个起始点，其坐标值在平差中保持不变，只是作为平差的初始值，没有在平差过程中作为外部约束条件，这时网的位置基准，由该起点及其坐标值确定。

②非经典自由网平差，也称为自由网平差或秩亏自由网平差，是一种没有必要起算数据的平差方法。这时 GNSS 网的位置基准由网点坐标近似值的平均数所决定。在非经典自

由网平差中，有一种自由网拟稳平差法，该方法认为网中一部分点对于另一部分点来说是相对稳定的。这样，在秩亏自由网平差中，可以取一部分相对稳定点（称拟稳点），以其坐标改正数的最小范围为条件进行解算。这时网的位置基准，便由拟稳点坐标近似值的平均值所规定。

（七）三维约束平差

所谓三维约束平差，就是以国家大地坐标系或地方坐标系的某些固定点坐标、固定边长及固定方位为网的基准，并将其作为平差中的约束条件，在平差计算中考虑 GNSS 网与地面网之间的转换参数。三维约束平差的目的是实现 GNSS 测绘成果向地面目标参考系的转换。

通常，GNSS 网的三维约束平差是在空间直角坐标系或空间大地坐标系下进行的，平差时引入了使得 GNSS 网产生变形的外部起算数据，即所采用的起算条件多于 3 个。

①利用已知参心坐标，计算参心系到地心系的转换关系，将已知的参心坐标转换到地心坐标系下，然后在地心系下进行约束平差，最后，将平差结果转换到参心坐标系。

②建立包含地心系到参心系的转换参数和参心系下坐标参数在内的统一函数模型，指定参心系下已知点坐标作为约束条件，平差后可直接得出待定点在参心系下的坐标。

（八）影响数据处理质量的因素

1. 基线解算的质量指标

在基线解算时，如果观测值的改正数大于某一个阈值，则认为该观测值含有粗差，需要将其删除。被删除观测值的数量与观测值总数的比值，就是所谓的数据删除率。

数据删除率从某一方面反映了 GNSS 原始观测值的质量。数据删除率越高，说明观测值的质量越差。

RDOP 值指的是在基线解算时待定参数的协因数阵的迹 tr（Q）的平方根，即 RDOP 值的大小与基线位置和卫星在空间中的几何分布及运行轨迹（即观测条件）有关，当基线位置确定后，RDOP 值就只与观测条件有关了，而观测条件又是时间的函数，因此，实际上对于某条基线向量来讲，其 RDOP 值的大小与观测时间段有关。实际上，RDOP 值表明了 GNSS 卫星的状态对相对定位的影响值的大小与观测时间段有关，并取决于观测条件的好坏，但不受观测值质量好坏的影响。

在基线解算的质量指标中，观测值残差是指载波相位观测值与其平差值之差，而均方根误差表明了观测值质量的优劣，而与卫星星座无关。

基线解算的质量主要通过观测值残差、数据剔除率、均方根误差、基线弦长误差、重复基线较差、同步环闭合差、异步环闭合差等来进行检验。

2. 基线解算质量分析的方法

RATIO 值是基线解算时次最小残差与最小残差的比值，即 RATIO=$RMS_{次最小}/RMS_{最小}$。根据 RATIO 值的定义可知，RATIO 反映了所确定出的整周未知数参数的可靠性，这一指标取决于多种因素，RATIO 与观测值的质量、观测条件的好坏、观测时间的长短有关。

同步环闭合差是由同步观测基线所组成的闭合环的闭合差，由于同步观测基线间具有一定的内在联系，从而使得同步环闭合差在理论上应总为零。如果同步环闭合差超限，则说明组成同步环的基线中至少存在一条基线向量是错误的，但反过来，如果同步环闭合差没有超限，还不能说明组成同步环的所有基线在质量上均合格。

不是完全由同步观测基线所组成的闭合环称为异步环，异步环的闭合差称为异步环闭合差。当异步环闭合差满足限差要求时，则表明组成异步环的基线向量的质量是合格的；当异步环闭合差不满足限差要求时，则表明组成异步环的基线向量中至少有一条基线向量的质量不合格，要确定出哪些基线向量的质量不合格，可以通过多个相邻的异步环或重复基线来判别。

不同观测时段，对同一条基线的观测结果，称为重复基线。这些观测结果之间的差异，称为重复基线较差。

残差（RMS）表明了观测值的质量，观测值质量越好，RMS 越小，反之，观测值质量越差，则 RMS 越大，它不受观测条件（观测期间卫星分布图形）好坏的影响。依照数理统计的理论，观测值误差落在 1.96 倍 RMS 的范围内的概率是 95%。

3 影响基线解算的因素

影响基线解算结果的因素主要有以下几个方面：

①基线解算时所设定的起点坐标不准确。起点坐标不准确，会导致基线出现尺度和方向上的偏差。

②少数卫星的观测时间太短，导致这些卫星的整周未知数无法准确确定。而对于与基线解算来讲，参与计算的卫星，如果与其相关的整周未知数没有准确确定的话，就将影响整个基线的解算。

③在整个观测时段里，有个别时间段里周跳太多。

④在观测时段内，多路径效应比较严重。

⑤对流层或电离层折射影响过大。

基线解算存在起点坐标不准确、观测时间太短、多路径效应、对流层折射、电离层折射、周跳等问题时的应对措施主要有：

①解决基线起点坐标不准确的问题，可以在进行基线解算时，使用坐标准确度较高的点作为基线解算的起点。较为准确的起点坐标可以通过进行较长时间的单点定位或通过与 WGS-1984 坐标较准确的点联测得到；也可以采用在进行整网的基线解算时，所有基线起点的坐标均由一个点坐标衍生而来，使得基线结果均具有某一系统偏差；然后，再在 GNSS 网平差处理时，引入系统参数的方法加以解决。

②若某颗卫星的观测时间太短，则可以删除该卫星的观测数据，不让它们参加基线解算，这样可以保证基线解算结果的质量。

③对于多路径效应、对流层折射、电离层折射、周跳的影响或判别，通过观测值残差来进行。若只是个别卫星经常发生周跳，则可采用删除经常发生周跳的卫星的观测值的方

法，来尝试改善基线解算结果的质量。

④基线解算时，对流层或电离层折射影响过大的应对方法：提高截止高度角，剔除易受对流层或电离层影响的低高度角观测数据，但这种方法具有一定的盲目性，因为高度角低的信号，不一定受对流层或电离层的影响就大；分别采用模型对对流层和电离层延迟进行改正；如果观测值是双频观测值，则可以使用消除了电离层折射影响的观测值进行基线解算。

4. 控制网平差质量

根据测量规范的要求，检查 GNSS 卫星定位测量控制网的平差质量需要注意以下几个要点：

（1）坐标系统

GNSS 控制网平差应在 WGS-1984 坐标系下进行基线解算、无约束平差，在测量工程要求的地方坐标系下进行约束平差，得出地方坐标的平差成果。

（2）重复基线精度

基线向量是 GNSS 控制网平差的基本数据，基线复测是检验控制网观测数据的主要方法之一，所以基线复测精度必须满足技术指标的要求。

（3）平差类型

平差类型分为无约束平差和约束平差，无约束平差用来检验原始观测数据的质量，并取得控制网整体自由平差坐标；约束网平差是在地面点坐标高程的约束下，完成控制网在地方坐标系环境下的平差。平差报告中一般描写为：

①内部约束，控制网中没有固定点。

②最小约束，一个固定点平面位置和固定点高程（不需要对应于同一点），网平差将绕固定点转动网。

③完全约束，有两个和更多个固定点。

④权重约束，按照它们的标准差控制点被作为固定点。

（4）起算控制点坐标和高程

起算控制点是 GNSS 控制网的基础，控制坐标和高程在平差过程中被用于对控制网向量的控制和改正。控制网的起算控制点坐标和高程必须准确无误。

（5）坐标改正数

坐标改正数是评价控制网平差质量的重要指标之一。坐标改正数越大，表示控制网的观测质量越差，或者使用的起算控制点的坐标高程精度较低，在平差过程中需要对观测值进行选择，对起算控制点进行取舍。

（6）基线向量残差

GNSS 控制网平差实质上是对基线向量的平差。平差后基线向量残差应该控制在一定的指标范围内，残差越大表示控制网精度越不稳定。

六 坐标转换和高程拟合

（一）坐标转换概述

坐标转换指一个点在一个坐标系的（一组）坐标，到新坐标系的（另一组）坐标的改变，是测绘实践中经常遇到的重要问题之一。坐标转换通常包含两层含义：坐标系变换和基准变换，也即是同一基准下的坐标转换和不同基准下的坐标转换。

同一基准下的坐标转换，就是在同一地球椭球下，空间点的不同坐标表示形式之间进行的变换。包括大地坐标系与空间直角坐标系的相互转换、空间直角坐标系与站心坐标系的转换以及大地坐标系与高斯平面坐标系的转换（即高斯投影正反算）等。

不同基准下的坐标转换，是指在不同的地球椭球间的坐标变换，包含两个地球椭球之间的大地坐标、投影坐标之间的相互转换。本节主要介绍不同基准的坐标转换。

我们知道，由于 GNSS 卫星定位测量分别依据不同的坐标基准，如 WGS-1984 坐标系、2000 国家大地坐标系等。而石油勘探使用的是甲方规定的坐标系，如 1954 年北京坐标系、2000 国家大地坐标系等，所以在应用卫星定位技术时一般需要进行坐标转换。

研究两个坐标系统的转换问题，实质上，就是研究两个空间直角坐标系之间的坐标转换问题。坐标转换的过程实际上是转换参数求解的逆过程，常用的有三参数法、四参数法、七参数法以及多项式回归模型等。范围较小时可采用三参数法，局部区域的坐标转换采用七参数法较合适，范围较大时可采用多项式回归模型以提高坐标转换精度。

进行坐标系统转换，首先要知道两个坐标系统的参数，包括椭球参数、投影参数等。其次要了解两个坐标系的转换参数。七参数法转换一般包括三个原点平移参数、三个坐标轴旋转参数和一个尺度变化因子。转换参数一般通过计算得到，或由甲方提供。

坐标转换需要使用大量的计算公式，一般通过计算机编程来完成，也可使用 GNSS 卫星定位数据处理软件，如徕卡的 LGO、天宝的 TBC 等，都具有坐标系统转换的功能，操作方法大同小异。通常先在软件上建立两个坐标系统，设置转换参数，然后输入需要转换的点的坐标即可进行转换。

对甲方或主管部门提供的坐标转换参数，在进行坐标转换前，应在工区较高等级已知点上进行实地验证。

（二）转换参数的求取

求转换参数时应采用 3 个点（重合点）以上的两套坐标系成果，采用 Bursa-Wolf、Molodenky 等经典成熟的模型。GNSS 坐标系与地面坐标系的转换问题，目前普遍采用的是 Bursa-Wolf 模型。可以使用 GNSS 仪器生产厂家提供的软件进行求解，也可自行编制求解参数软件，经测试与认定后使用。

求取转换参数时，尽量求取七参数，已知点（重合点）最好均匀分布在测区的四周及中间，应避免分布于测区一侧。

收集和整理用于转换的重合点坐标资料，选取用于转换的重合点。根据已有重合点成果和转换要求，确定参数计算方法和转换模型。

转换参数计算流程如下：

①利用选取的重合点和转换模型计算转换参数。

②用得到的转换参数计算重合点坐标残差。

③剔除残差大于 3 倍点位中误差的重合点。

④重复上述步骤，直到满足精度要求为止。

⑤根据最终确定的重合点，按照转换区域范围，选取适用的转换模型，利用最小二乘法计算转换参数。

（三）高程异常

正高是地面点沿该点的重力线到大地水准面的距离。由于不同深度处的重力值无法实测，重力平均值也无法精确计算，因此无法精确获得地面点的正高。若想获得某点的正高，必须知道沿该点到大地水准面间铅垂线上不同深度处的重力平均值，同时还要从一已知高程点出发沿水准路线进行水准测量、重力测量。

理论上两点之间的高差，是两点沿铅垂线方向到大地水准面的距离之差，具有唯一性。由于水准面的不平行性，使得在实际的水准测量中，随着所经过水准路线的不同，测得的两点间高差也不同。

大地高等于正常高与高程异常之和，GNSS 测定的是大地高，解算正常高必须先知道高程异常。在局部 GNSS 网中已知一些点的高程异常，考虑地球重力场模型，利用多面函数拟合法求解其他点的高程异常和正常高。

假设地球是一个以一定角速度旋转并且内部质量以一定规律分布的地球椭球，在该假设条件下产生的重力称为正常重力，由一系列正常重力位相等的各相邻点形成的曲面称为正常位水准面。在大地测量学中，正常高的基准面，即由地面点沿铅垂线向下量取正常高所得各对应点形成的连续曲面，称为似大地水准面。根据现行的国家水准测量规范，国家水准测量的高程系统采用由 1985 国家高程基准起算的正常高系统。

似大地水准面不是等位面，没有明确的物理意义。1945 年，苏联的 M.C. 莫洛坚斯基提出了“正常高”的概念，即将正高系统中的分母 g_m 改用平均正常重力值 γ_m 来代替，γ_m 是可以精确计算的，因此正常高也可以精确地计算出来。似大地水准面很接近大地水准面，在海洋上两者是重合的，在平原地区为几厘米，在高山地区最大为 3m 左右。

似大地水准面与参考椭球面之间的距离，称为高程异常，高程异常 ξ 和大地高 H_d、正常高 H_γ 的关系为 $H_d = H_\gamma + \xi$。RTK 控制点高程的测量，是将流动站测得的大地高减去流动站的高程异常获得。要计算某点的高程异常值，需要知道该点的海拔高（正常高）和椭球高。

（四）高程拟合原理

所谓高程拟合，就是利用高程异常在局部范围内具有几何相关性的特点，采用一定的数学方法根据若干已知点的高程异常求解其他点的高程异常。在范围不深的区域内，高程异常具有一定的几何相关性，根据这一原理，再利用一定的数学手段，求解正高、正常高或高程异常。

在 GNSS 测量中所获得的高程是大地高，而在实际应用上一般为海拔高。获得大地水准面差距或高程异常数据的方法主要有等值线图法、地球模型法、高程拟合法。实质上，地球模型法就是一种数字化的等值线图法，目前国际上较常用的地球模型有 OSU91A、EGM2008 等。所谓地球模型法，就是采用一个适合工区的大地水准面模型，以每个物理点的大地坐标为自变量，从模型上拾取高程异常。

（五）高程拟合的方法

1. 等值线图示法

等值线图示法是从高程异常图或水准面差距图上分别查出各点的高程异常或大地水准面差距，并计算出正常高或正高。等值线图示法是最直接的求算高程异常的方法。这种方法的核心思想就是内插的思想，绘制高程异常的等值线图，然后采用内插法来确定未知点的高程异常值。

2. 狭长带状区域线性拟合法

解析内插法作为拟合高程最常用的方法，主要思想是把似大地水准面用数学曲面近似拟合，建立所在测区内最为接近似大地水准面的数学模型，以此来计算测区内任意点的高程异常值，从而计算出正常高。解析内插法在选择数学模型时，要考虑 GNSS 点的分布情况，GNSS 点的分布情况可分为带状、线状、面状等分布，这种方法计算出的高程异常值的精度是由所采用的数学模型和似大地水准面的拟合程度所决定的。

多项式曲线拟合使用起来非常方便，但是它有自身的局限性，即使用这种方法的时候，所测路线不能太长，要限制控制点到测点的距离不能太远，通常把距离控制在 300m 以内。这个要求是因为使用多项式曲线方法拟合似大地水准面，如果拟合的范围太大，点位的高程异常变化就越复杂，削高补低的方法不能满足所要求的精度。随着多项式阶数的增大，也会使拟合出的曲线振荡得更厉害，从而造成拟合的误差增大。这些造成了多项式曲线拟合的缺陷，但是在路线较短的情况下，这种方法有足够的精度来拟合 GNSS 点的正常高程。

3. 多项式曲面拟合法

多项式函数拟合法的基本思想是在小区域 GNSS 控制网内，将似大地水准面看成曲面（或平面），将高程异常表示为平面坐标 (x,y) 的函数，通过网中起算点（既进行了 GNSS 测量又进行了几何水准联测的点）已知的高程异常确定测区的似大地水准面形状，求出其余各点的高程异常，然后根据公式求出其他点的正常高。

4. 地球重力场模型拟合法

所谓地球重力场模型拟合法的关键是要收集相关的重力场信息，这些数据包括卫星跟踪数据、卫星测高数据以及地球重力数据等。收集到足够的数据后利用地球挠动位的球谐函数级数展开式，求算测区内点的高程异常值进而求得点位的正常高。

这种方法的缺点就是要收集比较多的数据，有时候在测区内会缺少某些数据，采用这种方法就会受到限制。而且这种方法的精度受收集到的数据的精度的限制，往往比不上前面所述方法的精度高。

5. 地球重力场结合 GNSS 水准拟合法

从前面可以看出，无论是 GNSS 水准拟合法或是利用地球重力场计算高程异常值，分别都会有优点或缺点，如果把两种方法结合起来，这是一个提高高程异常值精度的新思路，可以在以后的实践中应用。

该方法的基本思路是：首先在已知水准点用 GNSS 测出大地高，利用大地高和正常高的差值求出高程异常，然后再利用地球重力场模型法求出已知点的高程异常，两种方法的高程异常值求出后，由于所用方法的不同，会有差值，计算出两者的差值，在合理范围内取平均值作为高程异常值。

一般来说，高程拟合法仅适用于高程异常变化较为平缓的地区，通常认为拟合精度可达到 10cm 以内。在采用一次平面函数对高程异常进行平面拟合时，要确定 3 个参数，因此至少需要 3 个已知点。在采用二次曲面函数对高程异常进行曲面拟合时，要确定 6 个参数，为此至少需要 6 个已知点。

在进行高程拟合时，已知点的获取，在实际工作中，可以采用对 GNSS 点进行水准联测或在水准点上布设 GNSS 点的方法实现。

高程拟合法是一种纯几何的方法，要获得好的拟合结果，关键是高程异常的已知点能够将高程异常的特征表示出来。若拟合区域较大，可采用分区拟合的方法，即将整个 GNSS 控制网划分为若干个区域。

第五节　实时动态差分测量

一　实时动态差分测量概述

实时动态差分测量包括实时伪距差分测量（RTD）和实时相位差分测量（RTK）。实时相位差分测量是实时处理两个测站载波相位观测量的差分方法，将参考站采集的载波相位发给用户接收机，从而对流动站进行实时的求差解算坐标。野外施工是由参考站和流动站组成，动态差分参考站是进行全球定位实时动态测量时向其他仪器发布卫星观测数据、仪器所在已知点坐标等差分改正数据的参考站点，所以也称为参考站。相对应，安置在运动载体上接收差分数据，提供精确导航信息完成指定测量任务的仪器为流动站。参考站通过电台或电信网络向其他流动站播放差分改正数据，以提高流动站测量精度。实时动态差分测量的精度取决于是否完成初始化，即经过差分计算求出载波相位整周未知数。为了达到良好的数据沟通，动态差分的参考站与流动站必须使用相同的通信协议。

RTK 测量技术具有以下优点：

①作业效率高。在一般的地形条件下，高质量的 RTK 设站一次即可测完数十平方千米的测区，大大减少了传统测量所需的控制点数量和测量仪器的搬站次数，仅需一人操作，每个放样点只需要停留 1~2s，就可以完成作业，其精度和效率是常规测量所无法比拟的。

②点位精度高。没有误差积累，只要满足 RTK 测量的基本工作条件，在一定的作业半径范围内，RTK 测量的平面精度和高程精度都能达到厘米级，且不存在误差积累。

③全天候作业。RTK 技术不要求两点间满足光学通视，只需要满足电磁波通视和对空通视的要求，因此和传统测量相比，RTK 技术作业受限因素少，几乎可以全天候作业。

④自动化程度高。RTK 测量可胜任各种测绘外业，流动站配备高效手持操作手簿，内置专业软件可自动实现多种测绘功能，减少人为误差，保证作业精度。

二 RTK 参考站

（一）参考站的发展

一般可以通过静态测量、快速静态测量、实时相位差分测量、事后相位差分测量（PPK）等方法通过国家三角点、高等级卫星定位点等发展参考站，也可利用连续运行参考系统播发的差分定位数据测设参考站，其水平定位精度和垂直定位精度应优于 0.15m 和 0.25m。采用静态方法发展参考站时，基线长度不宜超过 50km；采用快速静态方法发展参考站时，基线长度应不超过 30km，使用实时相位差分方法或事后相位差分测量发展参考站应不超过 25km，并必须经过检核。参考站的发展次数应不超过 2 次。

（二）作业流程

在日常以 RTK 为作业方式的测量中，一般采用 1+1 或 1+N 的测量方式，即 1 个参考站和 1 个或多个流动站。流动站接收的是同一个参考站发射来的信息，因此在流动站和参考站参数必须是相同的。在日常工作中，已知点的成果多数为地方坐标，而 GNSS 定位所获得的是 WGS–1984 坐标。在此条件下，将多个已知点的 WGS–1984 坐标与相应的当地坐标输入手簿中，可以计算出坐标系统转换等作业参数。

参考站一般架设在已知点上，选择已有的点位坐标或手工输入该点位的已知坐标，设置参考站电台频道或电台发射频率，准确地量取并输入天线高。参考站天线高的量取方式因仪器不同而略有差别。

连续接收 GNSS 卫星信号，得到测站点的地心坐标，将测站点坐标、载波相位观测值、伪距观测值、卫星跟踪状态以及接收机工作状态等数据通过数据链发送出去，流动站接收机在跟踪 GNSS 卫星信号的同时接收来自参考站的数据，通过差分处理求解载波相位整周未知数，得到参考站和流动站之间的坐标差值，坐标差值加上参考站坐标，转换参数转换得出流动站每个站点的平面坐标和大地高（或海拔高）。

（三）作业要求

1. 点位要求

参考站的选择必须严格。因为参考站接收机每次卫星信号失锁将会影响网络内所有流动站的正常工作。周围应视野开阔，截止高度角应超过 15°；周围无信号反射物（大面积水域、大型建筑物等），以减少多路径干扰，并要尽量避开交通要道、过往行人的干扰。

参考站应尽量设置于相对制高点上，以方便播发差分改正信号。参考站要远离微波塔、通信塔等大型电磁发射源 200m 外，要远离高压输电线路、通信线路 50m 外。

按照规范的要求，放样用的参考站可以建立在已布设的控制点上，也可利用其他经检核的差分参考站。参考站架设前，应根据参考站位置草图的描述对点位进行确认。

由于参考站要播发数据信号给流动站，因而尽量选择控制范围广，离测线比较近的 GNSS 控制网点设站，参考站点位信息可以通过手工输入的方式，也可以从文件中已有的点清单直接调用。

2. 参考站设置

参考站上仪器架设时卫星信号天线要严格对中、整平。GNSS 天线、信号发射天线、主机、电源等应连接正确无误。正确量取参考站接收机天线高，量取二次以上，符合限差要求后，记录均值。

RTK 参考站的调试包括主机、天线、控制器、电台、电源、电缆等。参考站仪器调试需要做好以下几方面的工作：

①架设仪器，确认各部件是否齐全并且能正常连接。

②开机测试，确认仪器操作按钮灵敏、程序运行正常。

③观测作业，确认是否正常观测卫星和发射信号。

3. 运行期间作业要求

参考站在工作期间可关闭控制器，以便于节省控制器电量，或者将控制器用于流动站。尽管各 RTK 设备在设计时考虑了防水、防晒等因素，但作业时应尽量避免烈日暴晒或雨水淋湿。

参考站工作期间，工作人员不能远离，要定时检查设备工作状态，对不正常情况及时做出处理。

参考站除了 GNSS 设备耗电外，还要为 RTK 电台供电，可采用双电源电池供电，或采用大容量电瓶供电。条件许可时，可采用 12V 直流调变压器直接同市电网络连接供电。在数据通信电台天线没有连接好前，不得打开数据通信电台和启动 GNSS 接收机系统。电瓶的正负极和数据通信电台的正负极相对，否则将可能损坏发射电台。

三 参考站系统

（一）连续运行参考站系统

连续运行参考站系统简称 CORS，CORS 系统由参考站网、数据处理中心、数据传输系统、定位导航数据播发系统、用户应用系统五个部分组成，各参考站与监控分析中心间通过数据传输系统连接成一体，形成专用网络。

参考站网由范围内均匀分布的参考站组成，负责采集 GNSS 卫星观测数据并输送至数据处理中心，同时提供系统完好的监测服务。

数据处理中心是系统的控制中心，用于接收各参考站数据，进行数据处理，形成多参考站差分定位用户数据，组成一定格式的数据文件，分发给用户。数据处理中心是 CORS 的核心单元，同时还是高精度实时动态定位得以实现的关键所在。数据处理中心 24h 连续不断地根据各参考站所采集的实时观测数据在本区域内进行整体建模解算，自动生成一个对应于流动站点位的虚拟参考站，包括参考站坐标和 GNSS 观测值信息等，并通过现有的数据通信网络和无线数据播发网，向各类需要测量和导航的用户以国际通用格式提供码相位、载波相位差分修正信息，以便实时解算出流动站的精确点位。

数据传输系统包括数据传输硬件设备及软件控制模块，各参考站观测数据通过光纤专线传输至数据处理中心。

数据播发系统通过移动网络、UHF 电台、Internet 等形式向用户播发定位导航数据。用户应用系统包括用户信息接收系统、网络型 RTK 定位系统、事后和快速精密定位系统以及自主式导航系统和监控定位系统等。按照应用的精度不同，用户服务子系统可以分为毫米级用户系统、厘米级用户系统、分米级用户系统、米级用户系统等；而按照用户的应用不同，可以分为测绘与工程用户（厘米级、分米级）、车辆导航与定位用户（米级）、高精度用户（事后处理）、气象用户等几类。

CORS 系统丰富了传统 RTK 测量作业方式，其主要优势体现在扩大了有效工作的范围，用户随时随地可以观测，提高了工作效率；CORS 系统拥有完善的数据监控系统，可以有效地消除系统误差和周跳，增强差分作业的可靠性；不需架设参考站，真正实现单机作业，减少了作业费用；使用固定可靠的数据链通信方式，减少了噪声干扰；提供远程 Internet 服务，实现了数据的共享。

当连续运行参考站系统只有一个参考站时通常称为单基站系统，适合作业区域较小和固定情况。

（二）信标差分系统

信标差分全球导航定位系统是利用航海无线电指向标发播台，向用户发播 DGNSS 修正信息以提供高精度导航定位服务的沿海实时导航定位系统。

无线电指向标是通过在无线电信号上调制测距信号，引导海洋船舶航行的海岸无线电系统。利用无线电指向标强大的无线电传输功能，将 GNSS 卫星定位技术与之结合，形成无线电指向标 GNSS 差分定位系统，简称信标差分系统。其作业原理与一般的 RTK 原理基本相同，使用伪距作为主要观测值，作业精度相对于载波相位观测值较低，作业距离较长，主要用于海上石油勘探和轮船导航。为了保证导航精度，信标差分全球导航定位系统参考站与流动站的作业距离一般不宜超过 200km。

四 流动站测量

（一）作业模式

在 RTK 实时差分动态测量中，观测卫星信号，并且同时接收参考站差分改正数据，进行移动导航测量作业的仪器为流动站。接收差分信号的目的是提高测量精度，观测过程中同时接收参考站差分信号和卫星信号，参考站数据与流动站数据在一起经过差分计算，计算出载波相位整周未知数，使流动站仪器完成初始化。初始化所用的时间与卫星状况、流动站至参考站的距离等有关，距离参考站越近，初始化速度越快，同时距离参考站越近，测量精度越高。

RTK 实时动态测量流动站的仪器主要包括 GNSS 主机、GNSS 天线、手簿控制器、电台等基本部件或模块。GNSS 主机和 GNSS 天线用来接收卫星信号，电台用来接收参考站数据，手簿控制器用来控制卫星跟踪、电台参数等，同时向使用者提供导航目标点的距离、方位、高度等导航信息，控制测量仪器进行测量定位等。

（二）作业流程

RTK 流动站测量仪器一般用于移动状态中的测量作业，可以使用车辆设备承载，也可以通过人员把持或背负，所以流动站仪器需要规范地安装和保护才能进入作业状态。

1. 安装

RTK 施工作业前需要把 RTK 流动站各部件进行安装，安装时要确保测量仪器各部件连接稳固，避免行进过程中摔落损坏。通常分体式 RTK 流动站测量仪器主机和电台需安装在背包内，使用两芯同轴电缆与 GNSS 天线连接。为了保证对中精度，流动站 GNSS 天线安装在对中杆上，实际测量中根据对中杆上的水准器调整对中杆的对中和天线水平。主机与控制器的连接可以采用线缆或蓝牙无线连接。

2. 参数设置

在进行 RTK 测量作业之前要对 RTK 仪器进行必要的参数设置。通过控制器内置的测绘程序，根据程序指示分别输入卫星参数、基准参数、通信参数、测站参数等。当控制器和其他接收机进行配套的时候需要重新进行蓝牙配置。如果设置成功，尽量不要更改，以防止参数错误导致不能正常作业或加入系统误差。

3. 流动站作业

RTK 作业应尽量在天气良好的状况下进行，要尽量避免雷雨天气。在参考站启动成功，并且差分数据也从电台正常发射以后启动流动站。流动站作业时，应先打开接收机电源开关，检查是否接收到参考站发射的数据信号。在较开阔地带使其跟踪较多的卫星，加快初始化得到整周模糊度固定解，提高放样和测量的精度。流动站初始化时间的长短主要取决于卫星数目、卫星分布图形、数据通信链的强弱等因素。测量人员可以根据控制器提供的导航信息到达设计点位，在记录测站位置信息时要保持卫星天线稳定，确保测量精度。在树林、房屋遮挡，卫星或无线电信号受影响的点位，导致初始化丢失，可将仪器移至开阔处或升高天线，待初始化完成后再移回待定点，一般可以完成测点工作。

（三）仪器组成

流动站是实时施工作业的主要单元，流动站接收卫星信号和参考站发送的差分数据，得到实时的差分解算坐标，可以精确地根据设计点位进行导航、放样和测量点位。

① GNSS 接收机。GNSS 接收机的功能是接收、处理和存储卫星信号。

② GNSS 天线。GNSS 天线用来接收卫星信号，RTK 测量的相位中心一般位于天线的物理中心。

③控制器。控制器利用内置的测量程序，提供坐标变换、目标导航、测量记录等作业，完成 RTK 测量的各项功能。

④电台。流动站的电台一般使用零功率或低功率的小型电台，用于接收参考站发出的电台信号，为接收机提供差分数据。

⑤电源。流动站电能消耗较小，为了使设备轻便，一般配备较小型的内置锂电池作为供电电源。

⑥电缆。如果流动站是分体式接收机，各部件之间用电缆或蓝牙连接来传递信息。一般包括接收机至控制器电缆、接收机至 GNSS 天线电缆、电台至电台天线电缆等，根据测量仪器型号不同，电缆的设计也不同。

一体式接收机天线和主机、电台等部件集成在一起，接收机和控制器之间由蓝牙系统连接。

⑦数据卡。数据卡用于记录作业参数和记录测量观测记录，一般用 CF 卡或 SD 卡。

（四）仪器调试方法

RTK 流动站主要由主机、天线、控制器、接收机电台、电台天线、电池、对中杆、仪器背包等组成。RTK 仪器的调试主要是为了保证 RTK 流动站能够正常工作，并保证作业精度。

流动站仪器调试需要做好以下几方面的工作：

①安装仪器，确认各部件是否齐全并且能正常连接。接收机及天线的外观应良好，型号应正确；各种部件及其附件应匹配、齐全和完好；需紧固的部件不得松动和脱落。控制器与主机的连接方式分为线缆连接和蓝牙连接。采用线缆连接的仪器要保证线缆接口无缺损、接触良好、接头部分无虚接。电台天线接口要保证无缺口，接触良好，能与接收机电台正常连接。对中杆或仪器背包要保证各部件无缺损，连接正常，能保证 RTK 流动站正常工作。

②开机测试，确认仪器工作正常。通电后有关信号灯、按键和显示系统工作正常，采用蓝牙连接的仪器要保证控制器和主机蓝牙能够正常连接。控制器各项功能及内置测量软件可以正常使用。RTK 接收机电台频率要调到与参考站电台频率一致。

③测量作业，确认能够接收卫星信号和差分信号。打开接收机电源开关，检查是否接收到参考站发射的数据信号，保证流动站在正常范围内能够接收参考站电台信号和卫星信号并能够快速初始化。流动站在整周模糊度确定后，精度指标满足放样要求时，表明固定成功，检查电池的可供电时间和定位坐标。

（五）数据要求

1. 作业参数

RTK 作业的参数设置一般在作业前完成，其中基准参数包括椭球参数、投影参数、坐标转换参数等。采集参数包括采样率和截止高度角等，通信参数包括波特率、数据位、校检位、停止位等；数据记录参数包括记录历元、坐标类型、实时坐标质量等。其中基准参数直接影响 RTK 作业成果的质量。常用的 RTK 作业参数可以通过手工输入、利用数据线导入或通过数据卡等存储介质复制。

2. 设计数据

设计数据是 RTK 作业施工中为满足放样的需要设定的目标数据。一般包括点号（桩号）、纵坐标、横坐标，或者是点号（桩号）、横坐标、纵坐标，有时还需要概略高程。

将设计数据传输到控制器的过程称为 RTK 数据的上装。上装的数据有控制点坐标、待放样点理论坐标等。上装数据可以通过电脑和仪器厂商提供的商业软件转换成作业文件再上传到接收机的存储器中，或者直接以文本文件的格式拷贝到控制器内再利用控制器内置的软件转换成作业文件。装载上装数据的存储器可以是内存卡或者控制器内存，作业前上装到控制器或电子手簿中的数据必须进行检查。

3. 实测数据

RTK 实测数据是测量员使用 RTK 测量仪器，应用 RTK 方法对地面点的测量结果。采用 RTK 方法作业时，一般应取得固定解。

将控制器内实测数据传输到电脑的过程称为 RTK 数据的下装。根据所使用的仪器不同，野外数据以不同的文件格式存储在控制器内，如 Trimble 仪器的数据是 job 文件。通过数据线连接控制器（有内存卡并且数据存储在内存卡上的数据可以将内存卡取出插入电脑），将原始数据拷贝并存入电脑相应的文件夹，成为 RTK 原始数据。原始数据要及时做好备份以防电脑意外损坏导致数据丢失。原始数据下载完成后，内业人员要及时对数据进行处理，通过软件将原始数据转换成处理所需要的数据格式，然后利用质量控制软件对数据进行检查，并将不合格的数据及时反馈给外业操作人员。不合格的数据包括不符合规范各项精度指标的数据和不符合施工设计要求的数据，对于不合格的点或空点要及时进行重测或补测处理。

（六）数据链传输

RTK 采用超短波进行差分数据传输，这个波段主要是超高频 UHF 与甚高频 VHF，这两个波段广泛用于电视、调频广播、移动电话、微波通信和雷达等，信道极为拥挤。

RTK 的数据传输采用 UHF 波，传输的方式主要是空间波，即直射波、散射波、折射波以及它们的合成波，其穿透性强，直线传播性强，但易受到障碍物、地形和地球曲率的影响。采用 UHF 波的原因是，多数工业电磁干扰，如汽车点火装置、电台、吸尘器、辉光放电灯的干扰频谱大部分在 VHF 频段内，而且电视台、调频电台、信息台和移动通信台等反射功率大，频谱范围宽，对于 VHF 频段的干扰大于对 UHF 频段的干扰。另外，收发天线的类型、长度、匹配状态直接影响天线的增益和效率，高效收发天线采用 1/2 波长的半波振子天线，如果天线的长度与波长不相称，将直接影响传输距离。

RTK 数据传输距离是 RTK 应用的关键，距离的长短决定了其性能的优劣。RTK 的数据传输技术是 RTK 作业中的关键技术之一，高波特率数据传输的可靠性和抗干扰性是检验 GNSS RTK 设备的重要指标。RTK 作业时电台的实际覆盖范围，会受到电台天线架设的高度和区内地形的影响。在理论上，在自由空间无线电波的传播损耗大小与传播距离的平方及使用频率的平方成正比。UHF 的波长短，UHF 天线长度比 VHF 天线更短，发射机天线更便于隐装，小巧的天线也便于野外作业。

思考题

1. 在高精度测量中，为什么通常采用载波相位测量相对定位方式？

2. 北斗卫星导航系统和 GPS 有什么不同，各有什么优缺点？

3. 怎样可以在保证 GNSS 控制网精度和可靠性的前提下，尽可能地提高效率、降低成本？

4. GNSS 控制测量数据处理过程中，怎样提高平差成果的精度？

5. 怎样提高求取坐标转换参数的精度？

6. 在 RTK 测量中，如何保障测量成果的测量精度？

第六章

石油物探测量

PART 6

物探测量主要是为石油物探工程服务，基本任务是依据物探设计，由专业的测量技术人员，使用专业的测绘仪器，采用合理的测量方法将物探测线的物理点测设到实地，为物探野外施工、资料处理及解释提供符合要求的测量成果和图件。

根据物探采集的施工要求，物探测量必须及时准确地将物理点按照设计坐标放样到实地位置，设置清晰的测量标志，为钻井、放线、采集等工作提供目标，并通过专业仪器设备测量出标志所在位置的坐标和高程，及时根据野外实际情况编绘测线测量草图，为钻井、放线和采集等工序提供交通和安全管理参考。

由于目前非地震勘探测量方法的局限性，物探测量一般指地震勘探测量。根据物探分类方法将地震勘探测量分为二维地震勘探测量和三维地震勘探测量。各种物探测量的内容和技术方法大同小异，按物探测量本身作业性质和阶段的不同，物探测量的主要内容包括控制点的布设和物理点的放样、各类资料的整理及报告编写等，在放样物理点的同时测量物理点的坐标高程、绘制测线测量草图。

第一节 测量仪器和测量系统

一 简介

物探测量的目的是将设计的测线在地面上标定出来，并测量出地面物理点标志的坐标和高程。经过国家法定检定机构计量检定合格，能够满足物探精度要求的测量设备，均可作为物探测量仪器，如电子水准仪、全站仪、卫星定位仪等。还有一些针对特殊地形、特殊施工方法的测量仪器如声学定位仪、无人机航摄仪等。

（一）全站仪

全站仪又称全站式电子速测仪，是集光学、机械、电子部件于一体的多功能、数字化测量仪器。具有测角、测距并自动计算坐标、高差等功能，同时能够将测量和计算结果实时显示、记录或传输。

全站仪主要由微处理器、存储器、电子测角、电子测距等几个单元组成。全站仪按结构分为组合型全站仪（测距单元与电子经纬仪既可组合又可分离）和集成型全站仪（测角、测距和微处理器单元与仪器的光学、机械系统融为一体不可分割）。按功能分为普通全站仪（能够测角、测距和计算坐标、高差）、智能型全站仪（具有内置或可扩充的工具软件，可实现设计、计算、放样等高级功能)、自动跟踪式全站仪等。全站仪在地形测量、工程测量等领域应用广泛，在石油物探测量领域主要用于丛林、居民区等地形及地表复杂区域(图 6–1–1)。

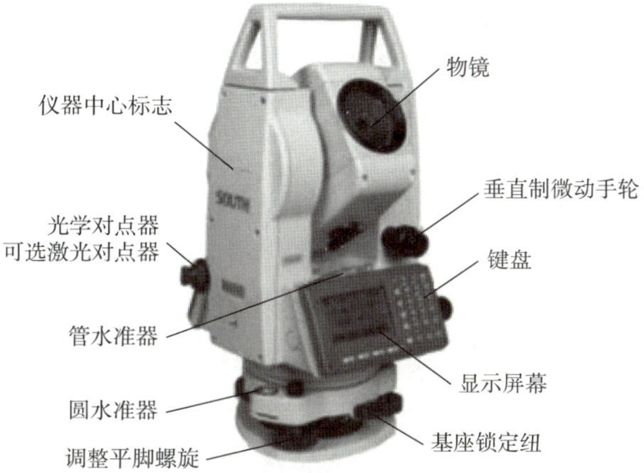

图 6–1–1　全站仪

(二)卫星定位仪

卫星定位仪是基于全球导航卫星定位系统(GNSS)的测量仪器，一般由接收机主机、卫星信号天线和控制器组成(图 6–1–2)。

来自卫星的定位信号首先进入定位仪天线，天线将接收到的信号经前置放大器放大后送入接收机主机。接收机主机负责跟踪和接收来自天线的卫星信号，对所跟踪的卫星信号进行处理、计算和存储，形成静态、动态观测数据。

卫星定位仪的测量是以天线的相位中心为准进行计算，卫星定位仪的仪器高度就是指天线相位中心的垂直高度。设计良好的 GNSS 天线具有抗干扰能力，能够减弱多路径影响。野外测站测量作业时，GNSS 天线安装必须进行对中整平，使天线相位中心与测量标志在一条铅垂线上，并且使天线尽量水平，减少光滑平面(如大面积水域)、反射卫星信号造成的多路径干扰。

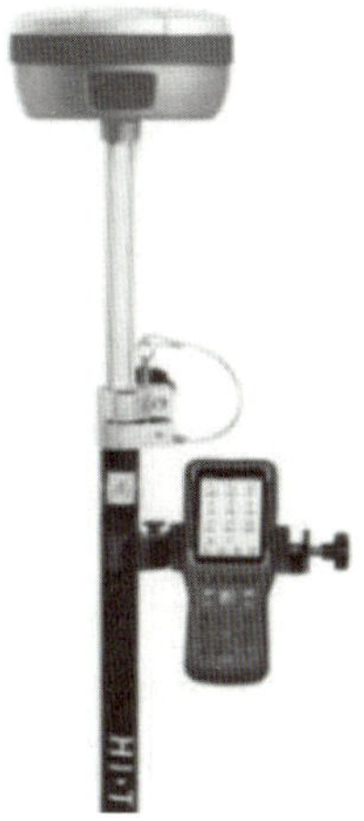

图 6–1–2　卫星定位仪

GNSS 控制器是卫星定位仪的主要控制单元，卫星定位测量的控制终端。控制器内置了卫星定位导航和放样软件，可以为用户提供测量服务。GNSS 卫星定位仪控制器与主机之间一般通过电缆或蓝牙连接，GNSS 的控制器通常借助软件控制主机进行静态或动态作业。由于在测量作业过程中，经常通过 GNSS 控制器的键盘或触摸屏进行人机交互操作，所以习惯称 GNSS 控制器为手簿控制器。

卫星定位仪分为导航型和测量型。导航型结构简单，轻便便携，只接收来自卫星的伪距观测值，快速并独立计算接收机所在的位置坐标，由于测量精度较低，在石油物探工作中只用于踏勘测量。测量型 GNSS 卫星定位仪可接收 GPS、格洛纳斯（GLONASS）、北斗、伽利略等多个全球卫星导航系统信号，同时能够应用差分 GNSS 技术对观测数据进行实时或事后处理，去除仪器时钟、卫星轨道、大气折射等误差，测量精度较高，可以用来进行物理点导航、放样、观测、记录等工作，精度一般为厘米级。物探测量施工中采用的常规 RTK 定位仪、星站差分定位仪、信标定位仪均使用差分 GNSS 技术。

（三）声学定位系统

声学定位系统的定位精度可达亚米级，可同时实施群目标定位，是浅海地震勘探施工中的海底检波器准确定位设备，目前已广泛应用于浅海地震勘探施工中。

声学定位系统一般包括定位主机、换能器、应答器、RFID 采集器、GNSS 定位仪及定位主控软件系统以及应答器编码器等组成，如图 6-1-3 所示。

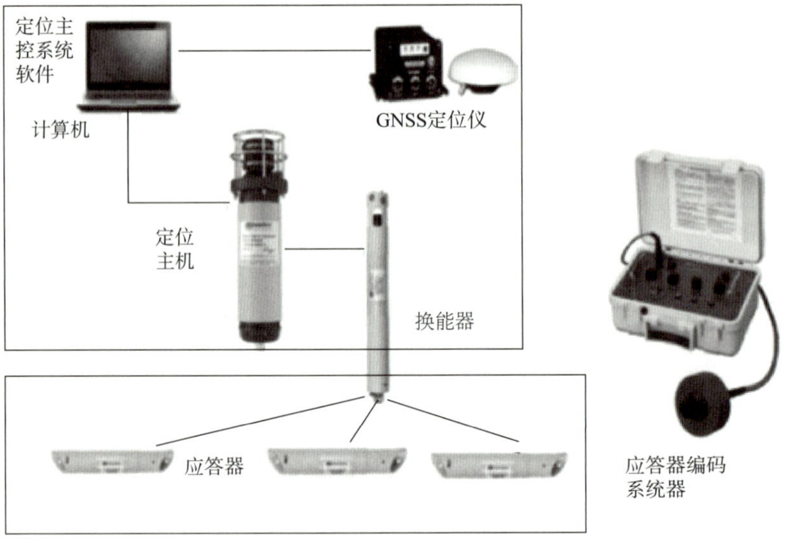

图 6-1-3　声学定位系统设备

主机是核心部分，主机产生一种声呐信号通过换能器发出并激发应答器，应答器接受到激发信号后迅速发出应答信号并通过应答器传给主机。主机接收到应答信号，记录下每一个信号的旅行时间，通过接口单元传给计算机。

主控系统接收并处理采集数据，实时显示应答器在海底的实际位置坐标，直观显示与设计理论坐标相对位置。

应答器编码器是声学定位系统中独立的便携式单元。它用来给应答器设定 ID 号、分配组号。它还可以检查或修改已存入应答器中的以上参数；也可检查应答器的电池电压，水中测距功能等。

RFID 设备，在海缆放置过程中，可以实时识别应答器 ID 号码，并组合 GNSS 定位位置记录生成文件。后期可利用该文件制作应答器 ID 与接收点信息的关系文件，用于水底接收点的测量作业。

（四）气枪导航系统

气枪导航系统是以气枪船为载体和动力源，搭载气枪激发系统、GNSS 定位仪、测深仪、姿态仪、电罗经、授时设备、导航计算机系统等，实现气枪阵列在设计点位，按照施工要求参数进行激发的综合导航系统。气枪船、气枪船导航系统的构成如图 6–1–4 所示。

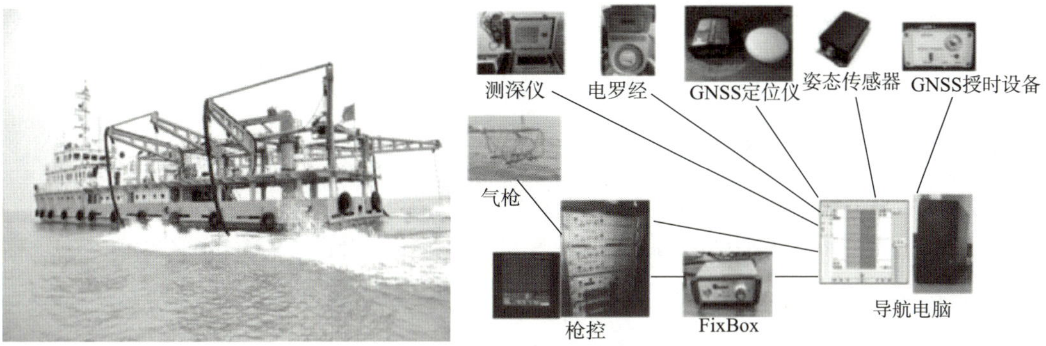

图 6–1–4　气枪船、气枪船导航系统的构成

1.GNSS 定位仪

GNSS 定位仪是气枪导航系统中的导航定位设备，通过它的定位信息引导船舶按设计测线行驶和按设计点位进行气枪激发。由于海洋施工的特殊性，GNSS 定位仪一般使用星站差分定位技术。在陆上河流、湖泊及近海岸等有网络覆盖或者适合架设参考站的地点，也可使用 RTK 或者网络 RTK 技术。

2. 回声测深仪

回声测深仪是利用声波测量水深的仪器，能够连续测量气枪船所在位置的水深数据，为气枪船的行驶以及枪阵的激发提供参考和保障。结合 GNSS 定位仪的高程数据，还可得到激发点位置的海底高程。

3. 姿态传感器（MRU）

姿态传感器（Motion Reference Unit，MRU）是气枪导航系统中的定姿设备。MRU 意为运动参考单元，也称之为运动传感器、姿态传感器。MRU 可以检测 Pitch（翻滚）、Roll（摇摆）、Heave（升降）三轴六个方向的运动变化，如图 6–1–5 所示。

姿态传感器（MRU）是为海洋应用中运动姿态测量的需求而专门设计的，它的作用是单波束或者多波束测量的运动补偿。以实现规避波浪对气枪船的干扰，进行精确测量。

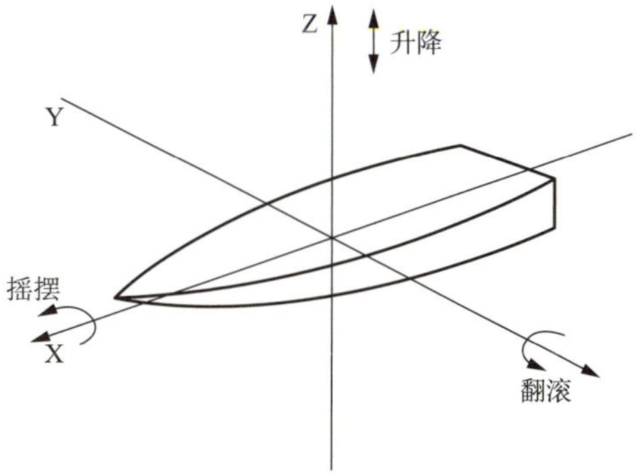

图 6–1–5　姿态仪翻滚、摇摆、升降示意图

4. 电罗经

电罗经是气枪导航系统中的定向设备。它是利用陀螺仪的定轴性和进动性，结合地球自转矢量和重力矢量，用控制设备和阻尼设备制

成以提供真北基准的仪器，是船舶航海中重要的一种导航设备，不受地磁和船体磁场的影响，定向准确。

5. 导航计算机系统

导航计算机系统是整个气枪导航系统的核心。由于海洋施工以及气枪激发施工的特殊性，决定导航计算机要具备防震、防盐雾、散热良好的性能。安装完好气枪导航软件的计算机就称为导航计算机系统，它具备多个串口接口，和枪控系统、GNSS 定位仪、测深仪、电罗经、姿态仪、授时设备、通信电台等设备相连接。

（五）无人机航摄系统

无人机（Unmanned Aerial Vehicle，UAV），是由控制站管理（包括远程操纵或自主飞行）的航空器，也称远程驾驶航空器（Remotely Piloted Aircraft）。无人机按结构可分为固定翼、旋翼、无人直升机和垂直起降无人机。

无人机测绘系统（Unmanned Aircraft/Aerial System，UAS）是一套综合的技术支撑系统。一套典型的无人机测绘系统至少应包括无人机平台、地面控制子系统（任务规划与控制站）、任务载荷子系统、数据链路子系统，以及影像数据处理与测绘成果制作子系统五部分组成，如图 6-1-6 所示。

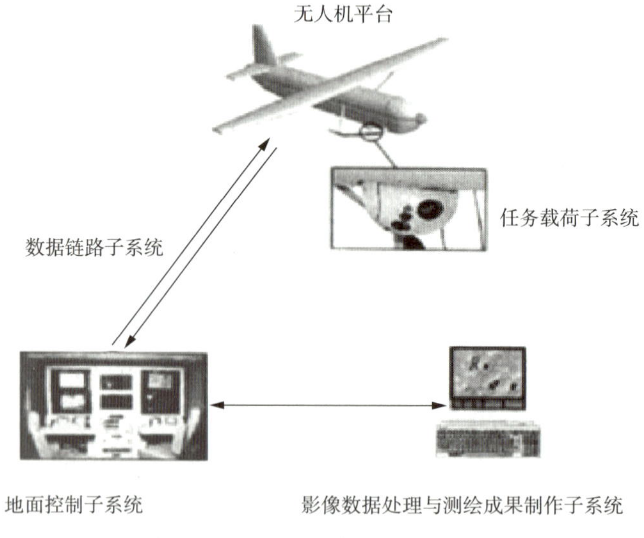

图 6-1-6　无人机测绘系统的组成部分

在无人机执行测绘任务时，地面控制员可利用监视器对其进行操控。当无人机飞临任务区，收集到遥感图像数据后，可由数据链路直接将数据传送到地面用户终端，也可不回传，记录在机上存储卡内。如果用户有了新的任务请求，可随时通知地面控制站，由地面控制员修改指令改变无人机的飞行航线以完成新的任务。

二 仪器维护

（一）转运中的维护

测量仪器经常需要转移工地、更换测站等，在其转运过程中需要注意以下几点：

①测量仪器严禁与炸药、汽油、柴油、电瓶等易燃易爆、腐蚀性危险品在一个车辆混装运输。

②测量仪器要远离检波器、发电机等尖锐、重型设备，避免扎伤、挤伤仪器设备。

③测量仪器应放入专用仪器箱，盖好锁紧，箱与箱之间使用纸板、泡沫、海绵等柔软物品分隔、挤牢，并有专人看护。

④近距离迁站时，测量仪器应分解拆卸，装箱后进行搬运（迁站前要检查现场防止遗失部件）。

⑤迁站遇有河流、湖泊等水域需要涉水时，必须将仪器用塑料布、雨衣等物品进行防水处理，避免意外落水导致仪器进水或受潮。

⑥三脚架、对中杆等附件应捆紧锁好，避免刺伤人员和其他物品。

（二）使用中的维护

测量仪器使用过程中的维护工作需要做到以下几个主要方面：

①从仪器箱中取用测量仪器时应握紧机身，尽量避免触碰小部件、易损零件。如水准仪、全站仪，从包装箱中取出时应松开制动螺旋，用双手握住仪器的基座和支架，尽量不触碰望远镜、瞄准镜、调整螺旋等，平稳取出。

②取出后的仪器直接安置于三脚架上或放置在干净卫生的台、布上，避免沾染灰尘、水渍。

③安置仪器时不要反向或过分用力旋转各种螺丝、旋钮。

④插拔各种仪器电缆时注意电缆接头型号是否与相应接口一致，多芯数据电缆按照电缆和接口上的红色指示标志对准，正向直接插拔，不可旋转；两芯同轴电缆按照螺丝左旋松、右旋紧的方向调整，不可直接插拔。

⑤操控测量仪器时应用手指按键，不可使用其他物品触碰。当使用触摸屏时，还可用塑料材质触摸笔触碰屏幕，不可使用铁、玻璃等坚硬物品触碰触摸屏。

⑥按照仪器应用程序正常操作，对不清楚的操作程序尽量不要在野外作业中尝试，特别是初始化、格式化、更换密码等操作，确实需要操作时，应事先确认数据已经备份、电池电量充足。

⑦不在仪器表面书写、刻画、附加或粘贴物品。

⑧经常用软布擦拭仪器表面，保持仪器卫生清洁。

⑨遇到大风雷雨天气及时停止观测，并用防雨设施对仪器加以防护。

⑩设备使用完毕或长时间不用时应收起装箱，避免污染或丢失。

（三）保管中的维护

仪器保管中需保障仪器处于正常状态，随时可以参加生产。需做到以下几点：

①测量仪器应有专用保管场所，能够达到干燥、清洁、温度适宜，具备防火、防盗、防水、防尘等基本条件，远离易燃易爆及腐蚀性危险物品。有条件的应配备空调设备、温度计和湿度计等。

②在测量仪器进入保管场所之前，应对测量仪器进行数量清点和完整性登记，清洁附着在仪器表面、接口及包装箱等杂物、泥垢，去除野外带入的灰尘杂草等。

③测量仪器应根据型号和物品分类摆放，无挤压，容易取用，方便查找。

④保管过程中的测量仪器和部件应定期进行充电和保养。

⑤保管测量仪器的地方应禁止烟火，并配置有状态正常的专用灭火器。

⑥长期存放时，测量仪器应取出电池，防止电池腐蚀仪器。

⑦长期保存的测量仪器要定期通电运行，检测仪器状态，发现故障及时维修。

⑧仪器保管过程中，应远离热源，避免导致外壳和结构变形。

（四）全站仪的维护注意事项

维护使用全站仪还需要做好以下几个方面的工作：

①可以使用软毛刷、软布或吹灰器去除全站仪上的灰尘，特别是望远镜的物镜和目镜，不可以使用粗糙的抹布或纸巾擦拭。

②插拔全站仪的电源电缆、数据电缆时，确保全站仪处于关机状态，手握电缆插头手柄进行操作，对正红色指示标志，不可以强行插拔。

③需要进行太阳观测时，提前在望远镜上加盖滤光镜，防止阳光损伤仪器和灼伤操作者的眼睛。

④当长途搬运或长时间不使用设备时，应将电池从仪器上取下并进行保养，取出电池时确认仪器处于关机状态。

⑤全站仪装箱时，应调整各部件到归位状态，按照仪器箱预置的形状放置，使仪器平衡稳定、位置正确。

（五）GNSS 接收机的维护注意事项

GNSS 接收机一般具有防水、防潮、防震性能，维护使用时还需做好以下几点：

① GNSS 天线入箱平稳安置，防止受到挤压。

② GNSS 接收机不可在雷雨天气条件下工作，避免雷电击伤仪器。

③在插拔数据电台天线电缆插头时，应确保电台处于关闭状态。

④可以使用湿毛巾擦拭 GNSS 接收机机壳、电缆及接口，不可以使用酒精、强碱等溶剂擦拭仪器。

第二节 测量施工方法与流程

一 坐标计算方法

（一）二维测线设计坐标计算

物探测线的设计坐标是根据物探的实际工作需要按照一定规则推算出来的坐标。设计坐标由北坐标和东坐标构成，北坐标也称为纵坐标，东坐标也称为横坐标。设计坐标都是通过工区的测线坐标原点起算的，每个物探工区测线网只有 1 个原点和起算方位角。原点具有线号和桩号信息，利用设计点与原点的线号差和桩号差计算设计点与原点的相对位置关系，计算出横纵坐标变化量，即坐标增量，横坐标变化量加上原点横坐标即为测线点设计横坐标，同样纵坐标变化量加上原点纵坐标即为测线设计点纵坐标。设计坐标的推导一般是通过三角函数实现的，纵坐标增量是两点间距离乘以两点间方位角的余弦，横坐标增量是两点间距离乘以两点间方位角的正弦。

二维地震勘探方法是在地面上布置地震资料采集测线，激发地震波信号的激发点和接收地震波信号的接收点分布在一条直线上（目前许多二维地震勘探将激发点和接收点分别布设在相互平行且相隔一定距离的测线上），采集地下地层反射回地面的地震波信息，然后经过处理得出地震资料二维剖面图。

平坦地区的二维地震测线一般采取相互垂直的测线设计，二维地震测线的主测线一般是垂直于地质构造走向的测线。二维测线的桩号是按照一定规律进行编排的，线号以千米为单位，桩号以米为单位，南小北大，西小东大。二维测线两个物理点间的距离就是桩号的变化量。

（二）三维测线设计坐标计算

三维地震测线一般采取测线束设计。道距是指沿接收线方向相邻接收道之间的距离，炮距是指沿接收线方向相邻炮点之间的距离。接收线距是相邻两条接收线之间的距离，激发线距是相邻两条激发线之间的距离。三维地震测线的道距和炮距不一定相等。测线的桩号可以按照施工的需要根据特定的规则使用自编号。

三维测线设计坐标计算方法与二维测线相似，物理点设计坐标是根据工区的坐标原点计算得出的，同时还是利用平面直角坐标正算的原理。不同的是二维测线线号和桩号是千米线号和米桩号，体现实地的距离，可以直接用来设计测线点间距离，而三维测线线号和桩号一般采用自编号，两个物理点间的实际距离等于两个物理点桩号的增量与桩号自编号间距的乘积，而测线之间的距离等于线号的增量乘以测线自编号间距。

（三）物探测量实测坐标

实测坐标顾名思义就是实际测量的坐标，物探测量实测坐标是测量员使用测量仪器，应用测绘方法对地面点实际测量的结果。实际工作中有些物理点不能实现实地测量，需要通过计算得出坐标，这些点称为内插点，内插的物理点不属于实测坐标。实测坐标必须根据测量施工设计为基准进行测量，实测坐标为物探施工和解释提供了空间位置。由于各种人为、仪器和自然引起的误差的存在，实测的坐标不可能是设计坐标的真值，一定存在差别，实测坐标与设计坐标的差值称为测量的放样误差，放样误差应控制在规定范围内。

（四）坐标反算桩号

1. 二维测线反算桩号方法

石油物探二维测线由主测线和联络测线组成。为了实现勘探目的，主测线一般垂直于石油勘探目的层构造走向部署，联络测线与之垂直，构成二维测线网。测线由检波点和炮点组成，统称为物探物理点。每个物理点用线号和桩号加以区分，每条测线物理点的线号相同，桩号从小到大排列。一个二维测线网有一个测线原点，原点包含原点线号 L_0、原点桩号 P_0、原点坐标 (x_0, y_0)、主测线方位角 α_0 及联络测线方位角 α_{90} 等信息。二维测线上的所有物理点的桩号从这个原点进行推算。

二维测线的线号以千米为单位，桩号以米为单位，与原点之间是实际距离的关系，即某条二维测线的线号与测线网原点的线号之差为两条测线的距离。某条测线上某一点的桩号与测线网原点的桩号之差为该点在该测线方向上到原点的垂直距离。由测线点线号和桩号推算测线点坐标为正算，由测线点坐标推算线号和桩号为反算。反算通常被用于核实一个坐标位置在二维测线网或测线上的位置。主要方法是通过计算坐标点与原点连线和主测线形成的夹角，利用勾股定理计算坐标点相对于原点的线号增量及桩号增量。

测线桩号反算有三个主要步骤：

①计算坐标点与原点连线的距离 S 和坐标方位角 α。因为坐标点的坐标 (x, y) 已知，则方位角 α 为：

$$\alpha = \tan^{-1}\frac{(y_0 - y)}{(x_0 - x)} \tag{6-2-1}$$

$$S = \sqrt{(x_0 - x)^2 + (y_0 - y)^2} \tag{6-2-2}$$

②计算坐标点与原点连线和主测线形成的夹角。已知主测线的方位角为 α_0，联络测线的方位角为 α_{90}，则夹角 β 为：

$$\beta = \alpha - \alpha_0 \tag{6-2-3}$$

③计算线号和桩号。坐标点与原点的桩号变化量为：

$$\Delta P = S \cdot \cos(\alpha - \alpha_0) \tag{6-2-4}$$

坐标点与原点的线号变化量为：

$$\Delta L = S \cdot \cos\left(\alpha - \alpha_{90}\right) \tag{6-2-5}$$

则线号和桩号分别为：

$$L = L_0 + \Delta L$$

$$P = P_0 + \Delta P \tag{6-2-6}$$

2. 三维测线反算桩号方法

在地震勘探设计中，每个物理点既有坐标又有桩号，这样既方便每个点的定位，又方便每个点的查找，而有一些点不是设计中的物理点，因此很多时候需要用点的桩号推算出点的坐标，或用点的坐标推算出点的桩号。反算三维测线桩号的方法与反算二维测线桩号的方法相似，该项工作可以通过科学计算器、电子表格或自行编写程序来完成。

条件如下：已知本工区三维测线的原点 A_0 坐标（x_0, y_0），工区测线原点的线号 L_0，原点桩号 P_0，测线的方位角 α_0，线号增大方向为 α_{90}，以及三维桩号间距为 V_P、线号间距为 V_l，假如待求点 A 的坐标为（x, y），通过下面的步骤可以计算出待求点 A 的线号 L 和桩号 P。

①计算方位角，即计算待定点 A 到原点 A_0 的方位角，先计算待定点 A 到原点 A_0 的坐标增量：

$$\Delta x = x - x_0$$

$$\Delta y = y - y_0 \tag{6-2-7}$$

通过坐标增量计算出待定点 A 到原点 A_0 的距离 S 和方位角 α：

$$S = \sqrt{\Delta x^2 + \Delta y^2} \tag{6-2-8}$$

$$\alpha = \tan^{-1}\frac{\Delta y}{\Delta x} \tag{6-2-9}$$

当 $\Delta x < 0$ 时，方位角处于第二、第三象限，计算结果加 180°；当 $\Delta x > 0$ 时，如果 α 为负数，方位角处于第四象限，计算结果加 360°。

②计算桩号。计算点桩号增量，即计算待定点 A 到原点 A_0 的桩号变化量：

$$\Delta P = S \cdot \cos\left(\alpha - \alpha_0\right) / V_P \tag{6-2-10}$$

计算点桩号：

$$P = P_0 + \Delta P \tag{6-2-11}$$

计算点线号增量，即计算待定点 A 到原点 A_0 的线号变化量：

$$\Delta L = S \cdot \cos\left(\alpha - \alpha_{90}\right) / V_L \tag{6-2-12}$$

计算点线号：

$$L = L_0 + \Delta L \tag{6-2-13}$$

计算得出的 P 和 L 就是待定点 A 在本工区的桩号和线号。

二 常规测量方法

物探测量的主要任务是放样物理点，按照放样所采用测量方法的不同，物探测量一般分为常规导线极坐标放样方法和卫星定位实时动态放样方法。常规测量是在卫星定位测量技术出现以后，为了区别，将使用全站仪、水准仪等仪器进行的导线测量、水准测量等测量方法称为常规测量。

在常规测量工作中，从范围方面考虑，应遵循由整体到局部的原则；从精度方面考虑，必须遵循从高级向低级的原则；从内容方面考虑，应遵循先控制后碎部的原则。首先根据施工工区的范围，确定测量控制点的部署、控制点的测量和平差，然后利用已经布设的控制点进行各个局部的碎部测量，使整个工区测量误差受到控制。而且在实际测量过程中，为了确保所产生的误差在可接受的范围内，必须步步有检核，确定精度指标，发现问题及时解决。

常规测量工作的实质是使用水准仪、全站仪等常规仪器测定地面点的平面坐标和高程。水平角、水平距离和高差是常规测量确定地面点间相对关系的三个基本要素。在常规测量中，角度可以用望远镜配合水平度盘、垂直度盘进行测量，距离测量通过全站仪的电磁波测距方法进行测量，两点之间的高差可以通过水平距离和垂直角来确定，或者使用水准仪进行测量。

当在一个特定的区域内进行常规测量工作时，其一般过程大致是起算数据的准备、控制测量和碎部测量。开展野外测量工作前，首先要获取必要的起算数据，这些起算数据通常为各个等级的控制点，包括国家各等级的三角点和水准点、高等级控制导线点等，根据技术要求进行选择。传统上，平面控制点采用附合导线方法施测，高程控制点主要采用水准测量、三角高程测量确定。

三 GNSS 测量方法

GNSS 一般包含静态、动态等测量模式，通过不同测量模式完成不同精度、不同生产生活要求的测量任务。相对于常规测量方法，GNSS 卫星定位测量范围更广，测站之间可以跨度很大，测量仪器之间相互独立观测，不需要通视，减少了对环境要求，不受风霜雨雪雾的限制，具有全天候、长距离、高效率、高精度、无需通视等特点。

（一）静态测量

1. 概述

静态测量是两台或两台以上 GNSS 接收机相对静止，共同观测同步卫星，通过计算机对观测数据进行后处理，取得相对位置矢量信息的一种测量模式。静态测量在 GNSS 技术的各种测量模式中精度最高，主要用于控制测量。

静态测量仪器的主要部件包括主机、天线、电缆和三脚架等，天线接收卫星信号，主机用于跟踪卫星和处理观测值，电缆用于连接天线、接收机、电源等（新型号仪器靠蓝牙链接），三脚架用于仪器天线对中和整平安置，使仪器天线与测量标志在一个铅垂线上。

为了获得较高的精度，GNSS 卫星定位静态测量必须取得足够多的观测值，为了取得足够多的观测值，每台测量仪器必须在一个测站观测较长的时间。同步观测的任意两台静态测量仪器构成一个静态测量基线，50km 左右的基线长度，一般需要同步观测 60min 以上的时间。

在实际应用中，为了提高作业效率，通过缩小采样间隔，在较短时间取得足够数量历元观测量，并且利用整周未知数快速解算技术解算出基线向量，人们把这种静态测量方法称为快速静态测量方法。决定快速静态质量的主要作业参数是采样间隔。由于缩小了采样间隔，测量仪器在相同时间内可以接收更多的卫星观测数据，但是，各相邻历元间卫星观测数据的关联性较大，不利于静态数据解算，所以快速静态测量方法适合较短的基线测量，一般不用于高等级控制测量，主要用于发展参考站测量。

精密单点定位简称 PPP，是静态测量的一个特例。普通的静态测量需要两台或两台以上的测量仪器同时观测并进行差分计算，而精密单点定位只需要一台卫星定位仪进行静态观测，接收的观测数据发送给 GNSS 服务组织进行数据处理并将结果反馈给用户。

静态测量在石油物探测量中主要用于布设工区控制网。GNSS 控制网的各项要求参照 GB/T 33683《陆上石油物探测量与定位技术规范》。依照现行 GB/T 33683—2017 规范，石油物探控制网根据相邻点间平均边长和相对精度分为一级、二级、三级。石油物探控制网的精度要求见表 6-2-1，观测基本技术指标见表 6-2-2。

表 6-2-1　石油物探控制网等级及要求

控制网等级	相邻点间平均边长 /km	最弱边边长相对中误差
一级	＞ 50	≤ 1/200000
二级	10~50	≤ 1/100000
三级	＜ 10	≤ 1/50000

注：最弱边边长相对中误差，是指作为最终成功的最弱直接观测边的边长相对中误差。

表 6-2-2　石油物探控制网的观测基本技术指标

等级	卫星高度角(°)	位置精度因子(PDOP)	数据采样间隔 /s	平均观测时段数	同步观测时段长 /min
一级	≥ 12	≤ 6	10~30	≥ 2.0	≥ 120
二级	≥ 12	≤ 6	5~15	≥ 1.6	≥ 60
三级	≥ 12	≤ 6	5~15	≥ 1.6	≥ 30

2. 观测参数

（1）观测历元

观测历元是指一项数据的观测时刻，如一组卫星数据观测值的观测时间是 2022 年 9 月 1 日 3 时 40 分 20 秒，则该数据的观测历元就是 2022 年 9 月 1 日 3 时 40 分 20 秒。对卫星数据观测一次为一个观测历元，取得更多的观测历元，可以提高静态差分测量精度。相邻观测历元之间的时间长度为历元间隔，历元间隔通常被称为采样间隔，它决定了在一定时间内测量仪器观测值的数量。采样间隔越大，单位时间获得的观测量越少，反之，采样间隔越小，单位时间获得的观测量越多。

（2）有效卫星数

有效卫星数是指在基线数据处理过程中能够参与计算的卫星数量。有效卫星数越多越有利于基线解算，所以在野外静态观测过程中尽可能观测更多的卫星，取得更多的观测值。提高有效卫星数的方法有：

①降低卫星截止高度角可以提高有效卫星数。

②合理选择测站点，避开树木和楼房等遮挡物的影响。

③利用卫星运行预测软件和数据，观察卫星运行状况，选择天顶卫星较多的观测时段进行野外观测。

④缩短基线长度。

（3）卫星图形精度因子

在一般情况下，测量仪器可同时观测 5 颗以上的卫星。不同观测时刻卫星所构成的图形是不同的，这些图形对测量仪器定位计算的影响也不相同。卫星高度适中，图形各边边长均匀，对提高测量精度更有利。用来统计卫星图形状况的参数是卫星图形精度因子，卫星 DOP 值。卫星 DOP 值是一个统计常数，没有单位，DOP 值越小，卫星图形状况越好，越有利于观测。DOP 值与观测人员熟练程度、观测仪器质量和能力没有关系。

（4）观测时段

GNSS 静态测量观测时段是指开始观测时刻至停止观测时刻所经历的时间位置和时间长度。静态测量观测时段的选择需要考虑以下几个重要因素：

①交通：选择的野外观测时段能否为仪器和人员运输提供充裕的时间。

②卫星：选择的观测时段可观测卫星数量、卫星图形是否有利于观测和计算。

③历元：在选择观测时段的长度内能否得到足够的观测历元。

④基线：较短的静态基线长度需要较短的观测时段，反之，较长的基线长度需要较长的观测时段。

3. 整周未知数解算

GNSS 卫星定位测量有两种主要观测值：伪距和载波相位。相对于伪距观测定位，载波相位观测定位能够提供更高的测量精度。载波相位观测具有一定的周期和波长，测量仪器观测到载波相位时，测量仪器能够准确地计算出不足一个周期的相位，但是无法检测出信号自卫星传递到测量仪器经过了多少个完整的周期或波长，对于观测数据而言，这些完整的波长数量就是整周未知数，也称整周模糊度。知道了卫星观测信号的整周未知数，并且通过仪器检测出不足一个波长的相位，即可测算出卫星到接收机的距离，所以说整周未知数是 GNSS 测量的重要精度指标。

静态测量时整周未知数是通过数据后处理差分计算出来的，RTK 实时动态定位测量中的整周未知数是通过流动站获得基准站的观测数据经过实时差分计算出来的。获得整周未知数的过程也称为初始化过程，完成初始化以后，整周未知数固定，测量精度保持稳定。在 RTK 作业过程中，当卫星信号受到遮挡导致观测信号中断时，整周未知数必须重新确定，所以仪器需要重新初始化。

整周未知数解算出来得到的计算结果为固定解，整周未知数未解算或求得的整周未知数的值是非整数的时候，得到的结果为浮动解或浮点解。固定解的精度高于浮点解。在 RTK 测量中，完成初始化的过程就是取得观测值固定解的过程。观测的卫星数越多，获得固定解的速度越快。

（二）参考站测量

1. 测量控制点

在测量施工开始前要进行控制测量，用较高的测量精度控制整个施工区域。控制测量一般是指通过建立控制网来确定地面点的精确位置所进行的测量工作，控制测量所使用和发展的点为测量控制点，如国家三角点、控制导线点、GNSS 卫星定位控制网点，以及经过检验的静态基线点、RTK 测量点都可以成为施工测量控制点。传统意义上，测量控制点分为平面控制点和高程控制点，平面控制点主要利用三角测量、导线测量等方法布设，高程控制点主要采用几何水准测量或三角高程测量的方法测定。在现代测量中大量使用卫星定位等空间测量技术，平面和高程同时得到精确测量。根据技术规范的要求，可以利用 GNSS 测量技术、全站仪测量技术等发展控制点，由于全站仪导线控制测量的效率和精度都比较低，目前一般可以通过静态测量、快速静态测量、RTK 测量等方法发展控制点。

物探测量控制点应选择在距离测线较近的地方，为了便于仪器观测和标志保存，控制点应选择在地形较高、基础坚硬、地势开阔的施方，特别是作为全站仪的控制点尽量选在高岗处，便于进行角度和距离的测量。

2. 参考站仪器安装

RTK 测量参考站的主要功能是静止观测 GNSS 卫星，同时利用数据电台将观测数据实时发送给流动站接收机，流动站接收机可以利用参考站的数据进行差分处理，得到精确的坐标。RTK 参考站设备的基本组成是 GNSS 主机、GNSS 天线、控制器、基站电台、电台天线及电缆等。主机负责跟踪卫星，天线接收卫星信号，控制器进行坐标系统、测站坐标等参数控制，发射电台将主机的数据按照控制器的指令发射出去。

一般 RTK 动态测量，参考站设置在已知点上，使用三脚架架设 GNSS 天线，进行精确对中和整平。主机用天线电缆连接 GNSS 天线，接收卫星信号，同时用电台通信电缆连接发射电台，发送卫星数据和参考站坐标等。基站电台通过天线发射数据，电台不需要对中整平。为了达到较好的通信效果，电台天线一般需要架高，安装时注意安全，远离高压线等危险设施。基站电台的电源线为直流电源电缆，红色标志指示正极，连接电池的正极，黑色标志指示负极，连接电池的负极。由于发射电台的功率较大，一般为 10~35W，在没有安装和连接好电台天线前不能为电台连接电源线或打开电台电源开关，否则电台在没有安装天线的情况下发射数据将造成反射功率增强，烧坏电台功放系统。参考站安装示意图如图 6–2–1 所示。

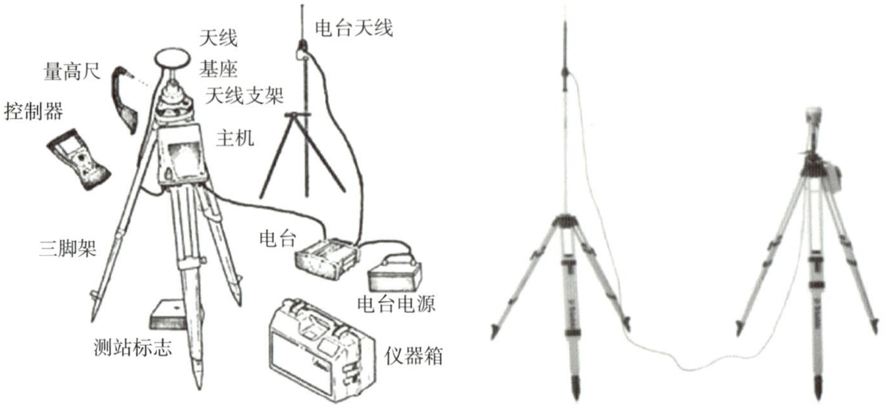

图 6–2–1　参考站安装示意图

（三）流动站测量

1. 动态差分流动站

在 RTK 实时差分动态测量中，观测卫星信号、同时接收参考站差分改正数据，进行移动导航测量作业的仪器为流动站。接收差分信号的目的是提高测量精度，观测过程中同时接收参考站差分信号和卫星信号，参考站数据与流动站数据在一起经过差分计算，计算出载波相位整周未知数，使流动站仪器完成初始化。初始化所用的时间与卫星状况、流动站至参考站的距离等有关，距离参考站越近，初始化速度越快，同时距离参考站越近，测量精度越高。

在物探测量作业中，动态差分流动站的主要作用是放样和测量物理点。

2. 物探放样设计数据

物探测量放样就是根据施工设计和物探测量规范的要求，将施工设计坐标在野外地面标定出来，为钻井提供激发井位，为放线提供检波器点位，为采集施工提供地面指引。目前物探测量放样最常用的仪器是 GNSS 卫星定位仪。

设计数据是 RTK 作业施工中为满足放样的需要设定的目标数据。物探物理点的设计坐标应采用物探施工技术设计要求的坐标系，目前一般为 2000 国家大地坐标系下的平面直角坐标格式。一般包括桩号、北坐标、东坐标，或者是桩号、东坐标、北坐标，有时还需要概略高程。

RTK 设计数据必须满足施工需要和相关的规范和设计要求，物理点的设计坐标来自物探技术设计书。由测量人员推算的设计坐标经相关物探技术人员审核，在确保正确无误的情况下才可以使用。测量 RTK 设计数据一般取一位小数即可满足物探放样的精度要求。

物探测量工作中将设计数据传输到控制器的过程称为 RTK 数据的上装。上装的数据有控制点坐标、待放样点理论坐标等。上装数据可以通过电脑和仪器厂商提供的商业软件转换成作业文件再上传到接收机的存储器中，或者直接以文本文件的格式拷贝到控制器内再利用控制器内置的软件转换成作业文件。装载上装数据的存储器可以是内存卡或者是控制器内存，作业前上装到控制器或电子手簿中的数据必须进行检查。

3. 物理点放样

在物理点放样过程中，物理点的坐标和高程均应实测。三维测线实测坐标与设计坐标之差要在允许范围以内，其差值按照石油物探相关规范执行。在限差范围内不能放样的物理点，需上报施工组批准。

物理点标识应根据不同地表类型灵活选择，可采用标志旗、木桩、土堆、浮漂等形式，标识设置应做到准确、明显、牢固、易于分辨。

在物理点布设过程中，应注意记录附近对物探施工有影响的重要地形地物信息，如居民房屋、工矿设施、道路桥涵、河流水渠、地下管线等，并绘制成测量草图。

4. 实测数据

RTK 实测数据是测量员使用 RTK 测量仪器，应用 RTK 方法对地面点的测量结果。采用 RTK 方法作业时，一般应取得固定解。在峡谷密林等困难地区不易获得固定解时，可取得浮点解，但应在最终成果中做出标注。实测数据应符合石油物探测量规范的要求。

物探测量工作中将控制器内实测数据传输到电脑的过程称为 RTK 数据的下载。根据所使用的仪器不同，野外数据以不同的文件格式存储在控制器内，如 Trimble 仪器的数据是 job 文件。通过数据线连接控制器，有内存卡并且数据存储在内存卡上的数据可以将内存卡取出插入电脑，将原始数据拷贝并存入电脑相应的文件夹，成为 RTK 原始数据。原始数据要及时做好备份以防电脑意外损坏导致数据丢失。原始数据下载完成后，内业人员要及时对数据进行处理，通过软件将原始数据转换成处理所需要的数据格式，然后利用质量控制软件对数据进行检查，并将不合格的数据及时反馈给外业操作人员。不合格的数据包括不符合规范各项精度指标的数据和不符合施工设计要求的数据，以及不合格的点或空点要及时进行重测或补测处理。

5. 复测

在 RTK 实时动态测量作业中，流动站的测量精度、放样精度都会因为卫星状况、数据通信状况、仪器技术参数和人员操作技能等诸多因素的影响导致放样点的坐标和高程误差过大。为了在野外及时发现问题，避免无谓返工，需要通过复测进行检核。复测是在已经测过的点上进行观测，现场计算上一次测量与本次测量的平面互差和高程互差，以判定是否符合石油物探测量要求。

为了保证测量精度和质量，通常在进行测线 RTK 测量施工之前、变更参考站之后、参考站或流动站变更仪器参数后应及时进行复测，具体复测要求参照相关规范执行。野外复测是检验 RTK 测量或全站仪放样测量精度的主要方法。若发现复测误差过大，必须及时查找原因。

6. 地形碎部测量

碎部测量是根据地图综合原理，利用图根控制点对地物、地貌等地形图要素的特征点，用测图仪器进行测定并对照实地用等高线、地物、地貌符号和高程注记、地理注记等绘制成地形图的测量工作。按照先控制后碎部的原则，碎部测量作业的基本依据通常是各级、各类控制点，主要是图根控制点。碎部点的选择应该充分体现地形的主要特征，即地形、地貌特征点，如河流转弯处、地形最高处、地形最低处、山脊线等。地形测图的作业方法主要有全站仪数字测绘法、全球卫星定位 RTK 测绘法等。在石油物探施工中，通常用碎部测量方法测量大型障碍物边界等，用于物理点的优化设计。

（四）导航仪测量

导航仪一般采用单点伪距定位，定位精度较低。单点定位是全球导航卫星定位系统最基本的作业模式，是由一台 GNSS 接收机独立观测卫星信号，通过接收机内预设软件计算其点位位置的一种测量模式。这种测量模式快捷、灵活，广泛应用于尽职调查、点位导航等物探施工过程。

单点定位通过观测各卫星发出的卫星信号，计算出导航仪至各卫星的距离，从而计算出导航仪的空间位置。由于卫星至导航仪的距离包含了卫星时钟误差、导航仪时钟误差、大气层延迟误差等大量因素的影响，与实际距离具有一定的差距，所以称观测的距离为伪距，导航仪使用的观测值为伪距观测值，伪距观测值的精度较低，所以单点定位一般不会得到高精度实时定位测量结果。

在导航仪使用前，需要正确设置各项参数，一般包括椭球参数、投影参数、坐标转换参数，并在已知点上检核，确保与物探施工的坐标系统一致。

四 无人机航测

（一）作业流程

1. 区域确定与资料准备

根据任务要求确定无人机测绘的作业区域，充分收集作业区域相关的地形图、影像等资料或数据，了解作业区域地形地貌、气象条件以及起降场、重要设施等情况，并进行分析研究，确定作业区域的空域条件、设备对任务的适应性，制订详细的测绘作业实施方案。

2. 实地勘察和场地选取

作业人员需对作业区域或作业区域周围进行实地勘察，采集地形地貌、植被、周边机场、重要设施、城镇布局、道路交通、人口密度等信息，为起降场地的选取、航线规划以及应急预案制定等工作提供资料。

飞行起降场地的选取应根据无人机的起降方式，考虑飞行场地宽度，起降场地风向，净空范围，通视情况等场地条件因素和起飞场地能见度、云高、风速、监测区能见度、监测区云高等气候条件因素以及电磁兼容环境。

3. 航线规划

航线规划是针对任务性质和任务范围（面积），综合考虑天气和地形等因素，规划如何实现任务要求的技术指标，实现基于安全飞行条件下的任务范围的最大覆盖及重点目标的密集覆盖。航线规划宜依据 1∶5 万或更大比例尺地形图、影像图进行。

4. 飞行检查与作业实施

起飞之前，必须仔细检查无人机系统设备的工作状态是否正常。作业实施过程主要包括起飞阶段操控、飞行模式切换、视距内飞行监控、视距外飞行监控、任务设备指令控制和降落阶段操控。

5. 数据获取

无人机数据获取分实时回传和回收后获取两种方式。如果无人机获取的图像数据是实时传回地面接收站的，那么通过无人机的机载数据无线传输设备发送的数据包有的是压缩格式，地面接收站在接收到该数据包后，需要对其中的图像数据进行解压缩处理。解压缩包括解码、反量化、逆离散余弦变换等几个步骤。

6. 数据质量检查与预处理

为了后续无人机影像数据处理的顺利完成，需要对获取的影像进行质量检验，剔除不符合作业规范的影像，并对影像数据进行格式转换、角度旋转、畸变差改正和图像增强等预处理。

7. 数据处理与产品制作

运用目标定位、运动目标检测与跟踪、数字摄影测量、序列图像快速拼接、影像三维重建等技术对无人机获取图像数据进行处理，并按照相应的规范制作二维或三维的无人机测绘产品。

（二）物探施工中的应用

1. 物理点预设计

随着无人机航拍影像的精度和效率不断提高，无人机航拍在地震勘探中的作用逐步显现，一方面是航拍获取的高分辨率、现势性强的正射影像可以辅助变观设计；另一方面是无人机航拍获取高精度高程数据，依靠高程和坡度数据进行激发点的点位预设计（也就是点位偏移）和震源行进路径规划。无人机航拍数据在地震勘探中的应用如图 6-2-2 所示。

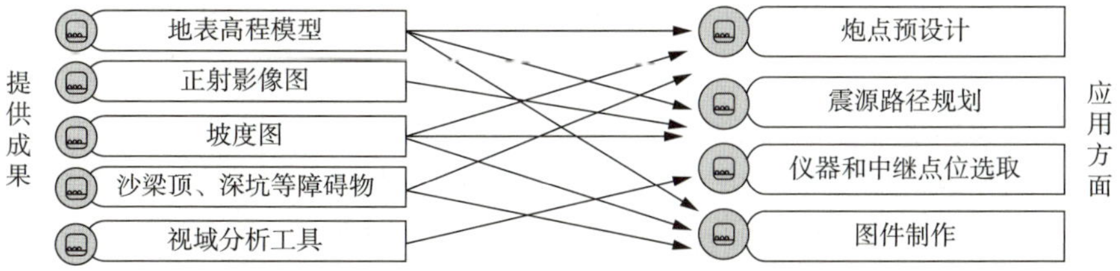

图 6-2-2　无人机航拍数据在地震勘探中的应用

基于无人机航拍数据，使用地理信息系统软件 ArcGIS 进行信息提取和分析，生产坡度图、提取沙梁线、“沙锅”等多种地理信息，结合地震勘探专业软件，实现震源激发点位的自动化预设计。

坡度数据是通过高程数据计算得来，也就是DEM或者DSM这样的栅格数据，以离散数据表示地表高程起伏，因此高程数据分辨率越高，反映的地形越准确越精细，同时数据量也会越大；由高分辨率高程模型提取的坡度数据也会更精细，但也显示得更离散，因为小的沟、坎都会反映出来。同时，高程模型分辨率越高，最大坡度值会越高，当高程模型的分辨率降低时，坡度数据随之降低，缓坡面积增大，陡坡面积减小，损失（过滤）的地形信息增多。

点位预设计应结合坡度数据、地表高程数据、正射影像（规避障碍物）等进行综合分析提取陡坡、沙梁顶、深坑等地形障碍，且分析激发点的避障偏移。因为坡度数据只能反映地表的陡和缓，不能反映地表是高还是低，也就是不能反映地形，因此仅依据坡度进行偏移，容易把点位设计到不易到达的高处或低处。沙梁顶提取实现原理：借助栅格计算器工具反转数字高程模型，利用流向工具（Flow Direction），计算水流汇集方向，通过水流量筛选山脊线（地形反转了，原先山脊变山谷，水流汇集到山谷）。

2. 节点巡检及质控

采用无人机作为载体进行节点设备日常巡检，实时回收节点地震仪工作状态监控数据，并通过软件、硬件的配合，实现对野外节点采集参数、工作状态、存储空间、卫星信息等数据的实时接收，达到“快速、安全、高效”的目的。该技术广泛应用于节点施工项目，实现了数据的快速回传反馈，节约人工，不受地形影响，保障了人员安全。

无人机节点质控系统主要由无人飞行器载机和远程巡线仪两部分组成。目前，无人机搭载节点巡检设备可进行单架次40min的飞行，能够进行单次7.5km的往返航程，可在5级横风（12m/s）下正常压线作业，针对物探施工时较为严酷的地理环境和气候环境有着很好的适应性。

基于Zigbee通信协议的远程巡线仪可实现中长距离的多点数据回收，最大可在300m的高度对地面节点数据进行有效的应答。无人机在挂载巡线仪的情况下进行测线上空的匀速航线飞行，即可实现节点质控数据的回收。

通过作业航点的规划导入可实现无人机的全自主飞行。在施工前将多条测线坐标导入载机，作业现场将载机与设备组装完毕后，无人机将执行控制指令实现自动起飞—自主巡航—自动返航—自动降落。飞行过程中巡线仪将自动搜索地面节点设备并将巡检数据记录到手簿中。

3. 实景三维建模

通过无人机搭载倾斜摄影模块，可以获取地表地物不同方位的影像，通过对影像预处理、区域网联合平差、多视影像匹配、DSM生成、真正射纠正、三维建模等关键技术对影像进行处理，最终获取实景三维模型。该模型真实、精准，可量测，可应用于物探物理点优化设计。将来，有望应用于智能化地震队建设。

在大面积区域调查、环境保护等诸多领域，无人机摄影测量具有灵活快速、高效便捷、成本较低、影像分辨率高等特点。倾斜摄影测量彻底改变了人工建模的弊端，通过自动化的数据处理手段大大加快了大场景精细三维模型的生成速度。倾斜摄影测量技术也颠覆了传统低空摄影测量只能从垂直角度获取数据的局限，在无人机上同时搭载多个传感器，从多个角度获取影像数据，能够更加真实全面立体反映地表物体的局部细节和整体层次。利用倾斜摄影测量技术获取丰富的纹理信息数据，生成密集三维点云和 TIN 格网模型，结合自动化实景建模模型，实现三维场景的快速、高效、低成本的真实还原。

利用无人机搭载五镜头倾斜云台，在工作状态下，中间相机光轴垂直于水平面，四个方向上分别分布一个光轴与水平面成 45° 角的相机，可以完成同一地物或特征点不同角度影像的覆盖。影像数据后续处理基于数字摄影测量、多视影像联合平差、计算机视觉等相关算法，数据处理过程中无需人工干预，具有高伸缩性和高效性。利用 Context Capture 等相关软件，在有无控制点的情况下，都可以实现多视图、多视角的三维重建，还原最真实的三维场景。同时利用相关数据处理软件实现对三维模型的高度、面积、长度、体积等实现精准量测。倾斜摄影测量技术获取多视角的高分辨率影像数据，并实现大场景精细三维场景的最真实还原。

五 物探测量施工流程

物探测量作业的主要流程包括工区踏勘和尽职调查、测量施工技术设计、控制测量、测量仪器精度内外符合检验、物理点放样、数据处理和成果资料整理上交等环节。

工区踏勘是在接收任务后，使用地形图到勘探任务指定区域实地详细调查工区地形、地貌、植被、人文、交通、自然、气候、环境、障碍物、控制点、驻地等情况。编制必要的踏勘尽职调查报告，为后续施工方案编制提供参考。

测量施工技术设计是按照采集工程设计的要求，设计测量施工方法、技术要求、人员设备数量、QHSE 管理等方案。物探测量工作必须先设计后施工。

控制测量是在物探测量作业前，利用现有的已知点等国家控制点或其他高等级控制点，采用静态测量方法建立卫星定位测量基线或控制网，进行平差计算，发展参考站和求算工区坐标系统转换参数的过程。

物理点放样是指利用测量仪器将其设计位置在地面放样并实测坐标和高程，并在对应位置设置标志的过程。在物理点放样过程中，测量员在放样位置安置小旗、桩号等标志，为钻井、放线等工作提供目标，同时记录员记录物理点及其周围的环境状况，绘制测线测量草图，为其他工序提供参考。

数据处理是指对野外观测数据、野外记录图表进行整理、计算和统计的过程。通过数据处理，发现野外作业质量问题，及时提出整改意见、核实整改结果。

成果资料整理是指每条（束）测线结束后，编写测线合格通知书、整理束线成果、绘制测线测量草图等，并提供施工组使用。所有的测量数据、测量图件必须经过数据检查，确认没有质量问题，满足测量规范和测量施工设计的技术要求。

成果上交是指项目结束后，根据要求将控制网报告、仪器检测报告、技术设计书、物理点坐标成果、施工总结等整理上交存档。

第三节　野外质量监控

一　监控目的

石油勘探测量质量监控的目的，就是通过对物探测量施工的全程质量监测和对物探测量资料的全面质量检查，确保物探测量施工能顺利进行，确保物探测量最终成果能全面满足物探的要求。石油物探测量的质量控制，一般以现行的石油物探测量规范为基本依据。当一个物探项目对测量的要求与规范不一致时，应以物探采集技术设计书和项目合同约定的标准要求为准。

石油勘探测量主要包括以下质量监控内容：

①开工前的基础资料检查。

②用于施工测量的全站仪、GNSS 接收机的型号和数量是否与招标的承诺相符，是否持有有效的检定合格证书。

③仪器参数检查。

④所用仪器经长途运输到工地后是否经过各项指标的检验和校正。

⑤测量施工过程的检查，包括控制网的检查、加密控制点的检查、导线测量的检查、实时差分测量的检查、激发点和接收点偏移值质量的检查。

⑥工区收工资料的检查。

二　质量评定标准

测量每个施工项目完毕或施工阶段结束后，应在对原始资料、过程资料和成果资料做全面检查的基础上进行资料整理。

物探测量成果资料的验收，通常在物探施工结束后作为物探成果资料验收的一个环节一并进行。一般以现行的石油物探测量规范为依据，若某项目对测量的要求与规范有差异，应以供需双方合同约定的技术标准为依据。对于仪器检定资料，应检查检定合格证是否有效。物理点放样的方法、精度、道距、点位偏移等要符合规范的要求。

石油物探测量规范规定，如果控制网主要技术指标不符合要求，那么整个项目为不合格品。如果参考站主要技术指标不符合要求，那么与其相关的物理点为不合格品。

三　野外施工质量监控

（一）GNSS 作业选点与埋石

1. 观测条件

GNSS 控制网选点应视野开阔，接收机天线架设处视场不宜有高度角在 15° 以上的障碍物，15° 以上不宜有金属导体，便于安置仪器及观测作业，远离可能的干扰源。

2. 位置及设施

地质条件良好、点位稳定、易于保存。尽可能顾及交通等条件。充分利用符合要求的现有观测设备，尽量选择测站小环境与周围大环境一致的地点。

3. 标石

各种类型的标石均应设置中心标志，且标志应有清晰、精细的十字丝或嵌有半径不超过 2mm 的金属钉。

（二）外业观测成果的检核

1. 观测记录完整性及合理性检查

GNSS 实时差分法施工测量的观测记录应包括：参考站、流动站名（号）、参考站发送给流动站的坐标、参考站、流动站的天线高、各点的观测时间、WGS–1984 坐标、平面和高程成果、精度及属性信息等。

记录手簿中的内容是否完整，是否按要求量测天线高，天线类型及量测方式是否正确，天线高的数值是否合理，通过点位略图和测量近似坐标判定设站是否正确。

2. 外业观测数据质量的检核

按照现行的石油物探测量规范要求，利用 GNSS RTK 法进行施工测量时，每个物理点的采样历元个数应不少于 2 个。对于静态测量，通过对外业 GNSS 观测数据进行处理，对处理结果进行检核来进行，反映 GNSS 外业观测数据质量的数据处理结果是基线解算的结果和 GNSS 网无约束平差的结果。

（三）常规测量

对于常规测量的野外质量监控应包括两倍照准差及互差、指标差及互差、水平角测回间较差等。利用全站仪极坐标法测量时，当各测站之间无直接关联时，应在已知点上检核或在已测过的点上复测，并进行半测回归零检核。

四　导线成果质量监控

（一）水平角观测

全站仪照准部旋转轴的正确性指标：管水准器气泡或电子水准器长气泡在各位置的读数较差，1" 级仪器不应超过 2 格，2" 级仪器不应超过 1 格，6" 级仪器不应超过 1.5 格。

全站仪水平轴不垂直于垂直轴之差指标：1" 级仪器不应超过 10"，2" 级仪器不应超过 15"，6" 级仪器不应超过 20”。

水平角观测过程中，气泡中心位置偏离整置中心不宜超过 1 格。

三等、四等导线的水平角观测，当测站只有两个方向时，应在观测总测回中以奇数测回的度盘位置观测导线前进方向的左角，以偶数测回的度盘位置观测导线前进方向的右角，左右角的测回数为总测回数的一半。但在观测右角时，应以左角起始方向为准变换度盘位置，也可用起始方向的度盘位置加上左角的概值在前进方向配置度盘。

首级控制网所联测的已知方向的水平角观测，应按首级网相应等级的规定执行。每日观测结束，应对外业记录手簿进行检查，当使用电子记录时，应保存原始观测数据，打印输出相关数据和预先设置的各项限差。

（二）观测边长的改正

根据高斯投影的特性，在投影带边缘附近，投影前后的长度变形是很大的，当测区位于投影带边缘附近时，必须施加高斯投影距离改正。

当测区的高程较大时，地面上的导线边观测边长与其归算至投影基准面上的边长将存在明显的差异，需将地面上的观测边长统一归算为投影基准面上的距离。

导线测量外业观测阶段的质量控制主要从仪器的安置、棱镜的竖立、参数的设置、角度测量的测回数、观测程序和技术要求、边长测量的测回数等方面考虑。

五 GNSS 控制测量质量监控

按照石油物探测量规范要求，卫星定位控制测量的仪器宜采用测量型双频 GNSS 接收机，对于长度不超过 50km 的边也可采用测量型单频 GNSS 接收机。卫星控制测量的观测方法宜采用静态相对定位方法，对于长度不超过 30km 的边也可采用快速静态相对定位方法。

首级控制网应布设成连续网，相邻同步图形间重合点数应不少于 2 个，每点的连接点数不少于 3 个，加密控制网可布设成多边形或附合路线，但多边形或附合路线边数应不多于 6 个。

首级控制网布设时，应优先考虑纳入工区附近已有的 2000 国家大地控制网点或按照测量规范所布设的 GNSS 控制点，当需要通过约束平差实现向物探设计所要求的坐标系统转换时，或需要求取坐标转换参数和高程拟合参数时，应纳入或联测相应坐标系统和高程基准下的已知控制点，纳入或联测的点应满足约束平差、坐标转换参数求取或高程拟合参数求取的要求。

GNSS 控制测量外业观测阶段的质量控制主要从观测计划、天线的安置、参数的设置、观测时段的长度、记录手簿的填写等方面考虑。GNSS 基线解算的质量控制指标主要有观测值残差、基线向量精度、同步环闭合差、异步环闭合差等。基线解算的星历可采用广播星历或精密星历，对于一级控制网或远距离联测基线宜采用精密星历。

GNSS 控制测量网平差的质量控制指标主要有基线向量改正数、相邻点间的弦长中误差、相对中误差等。基线解算的质量控制对于单条基线，主要有整周模糊度、观测值残差、均方根误差、数据剔除率等指标。基线解算按同步观测时段为单元进行，可采用多基线解算模式或采用单基线解算模式。

为了保证对卫星的连续跟踪观测，要求在测站上空 10°~15° 高度角以上不应有成片的障碍物。为避免或减少多路径效应的发生，GNSS 点应远离对电磁波信号反射强烈的地形、地物，如大面积水域、高耸建筑物等对电磁波强反射物体、对电磁波强吸收物体。远离电台、发射塔等大功率无线电发射源，距离应大于 200m，离高压线、变电所等的距离应大于 50m；在实际作业中较低的高压输电线有时影响不深，其远离的距离可因地制宜。另外，GNSS 点要交通、通信方便，有利于使用，地面基础条件稳定，便于点的保存，有利于安全作业。

GNSS 控制网的图形结构比较灵活，观测站之间不一定要求通视。GNSS 的点位选定后，均应按规定绘制点之记，其主要内容应包括点位及点位略图、点位的交通情况、选点情况等。

在利用原有测量标志进行 GNSS 静态作业时，应对所选用测量标志的稳定性做检查，符合要求才可利用。作业时，所选点位附近不应有大面积水域或强烈干扰卫星信号接收的物体。GNSS 静态作业时所选用的点，应埋设具有中心标志的标石，以精确标志点位置，点的标石和标志必须稳定坚固以利于长久地保存和使用。

目前 GNSS 接收机的自动化程度较高，操作人员只需做好以下工作即可：各测站的观测员应按计划规定的时间作业，确保同步观测；确保接收机存储器有足够存储空间；开始观测后，正确输入高度角、天线高及天线高量取方式；观测过程中应注意查看测站信息、接收到的卫星数量、卫星号、各通道信噪比、相位测量残差、实时定位的结果及其变化和数据记录等情况。

一般来讲，主要注意电池电量和数据记录指示灯的情况，出现异常，应及时与其他测站观测员取得联系，适当延长观测时间。同一观测时段，接收机不得关闭或重启，也不允许进行接收机的自测试、改变卫星高度角、删除文件；将每测段信息如实记录在 GNSS 测量手簿上。进行长距离高等级 GNSS 测量时，要将气象元素、空气湿度等如实记录，每隔一小时或两小时记录一次。GNSS 接收机在静态作业过程中不要靠近接收机使用对讲机。

按照石油物探测量规范要求，在进行 GNSS 点控制测量的静态观测时，应该在观测前、观测后分别量取天线高。在 GNSS 静态作业过程中要多次查看仪器电源指示灯和其他指示灯情况。每日观测结束后，应及时将数据转存在计算机和移动硬盘上，确保观测数据不会丢失。

六 RTK 测量质量监控

RTK 作业应尽量在天气良好的状况下作业，要尽量避免雷雨天气，夜间作业精度一般优于白天。RTK 测量必须在完成初始化后才能进行。初始化时间长短与距参考站的距离有关，两者距离越近，初始化越快。开机后经检验有关指示灯与仪表显示正常后，方可进行自测试并输入测站号（测点号）、仪器高等信息。

接收机启动后，观测员可使用控制器，查看测站信息：接收卫星数、卫星号、卫星健康状况、各卫星信噪比、相位测量残差实时定位的结果及收敛值、电源情况等。如发现异常情况或未预料情况，及时做出相应处理。流动站作业时，应先打开接收机电源开关，检查是否接收到参考站发射的数据信号。

不得在天线附近 50m 内使用电台、10m 内使用对讲机。天气太冷时，接收机应适当保暖；天气太热时，接收机应避免阳光直接照晒，确保接收机正常工作。

无论是 GNSS 动态定位还是静态定位，整周模糊度正确求解都是为了获得高精度定位成果。流动站初始化时间的长短主要取决于卫星数目、卫星分布图形、数据通信链的强弱等因素。流动站无法求测固定解的情况可能是因为电台信号太弱、可接收的卫星数太少、卫星分布不均匀。流动站接收机可以在静止状态下，也可以在运动状态下完成初始化。要使流动站能够随时给出厘米级的定位结果，至少保持 5 颗的卫星相位观测值的跟踪和必要的几何图形。流动站接收机在整周模糊度确定后，当精度指标满足放样要求时，表明初始化成功。

RTK 测量宜采用协调世界时 UTC，当采用北京标准时间时，应考虑时区差加以换算。这在 RTK 用作定时器时尤为重要。RTK 作业时，物理点放样的主要指标包括与理论点的偏移量、点的解算类型、CQ 值或 RMS 值、历元数。

由于 RTK 数据链的传播限制和定位精度要求，RTK 测量一般不超过 20km。网络 RTK 测量一般不超过 10cm，但要注意下列要求：

① GNSS 接收机的性能要高，且机内有先进的数学模型，能确保长基线进行正确整周未知数的求解。

②数据链的性能要好，传送距离要远，能正确无误地将参考站的数据发送到流动站。

③根据无线电传播的规律，参考站和流动站离地面要有一定的高度。

④参考站和流动站之间必须没有山体、楼群之类的遮挡，另外作业区域内还不能存在强烈的电磁波等干扰。

RTK 作业时，在信号受影响的点位，可将仪器移到开阔处或升高天线，待数据链锁定后，再小心无倾斜地移回待定点、放低天线、机身稳定，一般可以初始化成功。

RTK 作业期间，参考站不允许进行以下操作：关机又重新启动、进行自测试、改变卫星截止高度角或仪器高度值、测站名等以及改变天线位置、关闭文件或删除文件等。

七 资料最终检查与验收

物探测量资料的最终检查、验收内容包括：

①仪器检定情况。包括仪器检定合格证书的有效期、超期使用仪器的检验资料及超期范围。

②起算数据情况。包括所使用控制点的可靠性、级别、数量、分布等。

③野外施工情况。包括控制点的点位、标志设置及埋设、物理点的点位、标志设置及埋设。

④电子资料的验收。包括各种电子资料的内容与格式，各种原始资料的完整性和修改

情况，各种过程资料的完整性、方法的正确性和技术指标，各种成果资料的完整性以及控制点和物理点精度，各种技术报告和说明文件的内容。

⑤纸质资料的验收。包括控制点点之记、测量记录手簿、测量施工设计、控制测量报告、测量施工总结、物探技术设计或物探施工设计要求提交的其他测量成果资料。

按照现行的石油物探测量规范，物探测量成果资料的质量评定分为合格和不合格。通常，物探测量成果资料的质量评定由生产单位负责实施，由验收单位负责核定。

如果所提交资料的项目齐全、格式正确，野外原始记录齐全、清晰、真实，控制测量主要技术指标符合要求，测线位置和物理点标记满足物探设计和施工要求，物理点的点位、点距与设计值之差在允许范围之内，物理点的点位中误差和高程中误差在允许范围之内，那么该质量评定为合格品。如果放样误差超过规定范围的物理点数大于物理点总数的2%，认为物理点放样的精度不合格。

在测量成果的质量评定中，存在下列情况之一为不合格品：①控制网主要技术指标不符合要求时，整个项目为不合格品；②参考站主要技术指标不符合要求时，与其相关的物理点为不合格品；③施工导线主要技术指标不符合要求时，与其相关的物理点为不合格品；④测线（束）位置不满足物探设计和施工要求时，该测线（束）为不合格品；⑤物理点的点位、点距不满足物探设计和施工要求时，该点（或两点）为不合格品；⑥物理点的点位中误差或高程中误差超过限差允许值，该测线（束）为不合格品。

在物探测量资料质量评定中，如果发现导线测量的各项技术指标有一项不符合要求，那么评定导线测量为不合格产品。如果发现测线的位置、长度不满足物探设计和施工的要求，那么认定物探测线布设不合格。

第四节　可控震源导航测量

一　可控震源系统概述

可控震源（Vibrator）是一种机械震源，它是靠安装在特种汽车上的振动器连续冲击地面而产生地震波动的，称为连续振动震源。因为振动的连续时间和频率的变化范围可以人为控制，又称为可控震源。

可控震源是通过一个与大地紧密耦合的振动平板，以反作用方式向地下传送一组连续振动的弹性波信号（又称扫描信号），再经过对地面接收到的反射波信号的处理和辨识，用于解释地下地质目标的构造形态与产状。

在中国西部地区，在大面积的戈壁滩、山前带，常规地震钻井作业特别困难，而使用可控震源却可以应用自如，尤其是采用大吨位级可控震源在地震勘探激发中所表现的技术优势更加明显。对于目的层埋藏较深、表层激发条件不好的地区，采用大吨位震源可以有效地提高激发能量，得到可用的地震资料。采用大吨位级可控震源激发是提高地震采集数据信噪比的重要途径之一。可控震源属于低密度震源，还可以用于炸药震源禁止工作的区域，如江湖堤坝、文物古迹以及城镇等。未来可控震源还可能成为研究多波、多分量技术最有效的激发工具。

可控震源之所以能够在油气勘探与开发领域得到广泛应用，主要与其所具有的技术优势有关，主要表现为：

①运载工具具有高机动性和复杂地区的通过能力。

②激发频率在较大的范围内可控。

③激发能量可控、可任意分配，并且可通过增加激发时间实现能量积累。

④精确的相位控制可以实现多台激发，保证激发能量的同步叠加。

⑤具有较灵活的震源组合性能，有利于压制背景干扰。

⑥较高的施工效率，很少受地下岩性或表层变化的影响。

⑦是安全、干净的激发源，对周围环境及植被破坏影响较小。

二 导航系统及工作原理

在使用可控震源作为激发方式的地震勘探项目中，可控震源导航是必不可少的。因为在地震勘探中，可控震源在设计激发点的准确位置激发是获取地震勘探资料的最基本要求，而如何快速准确地到达设计激发点位置，就需要可控震源导航系统来实现。可控震源导航系统除具备导航定位功能外，还具备精准授时、数据记录功能，且与电控箱体、GNSS 接收机等其他设备具备良好的兼容性。可控震源导航功能主要依靠特定的可控震源导航软件来实现。

（一）系统组成

可控震源导航系统主要由 GNSS 定位设备、电控箱体、数传通信设备、导航电脑、可控震源导航软件组成，如图 6-4-1 所示。

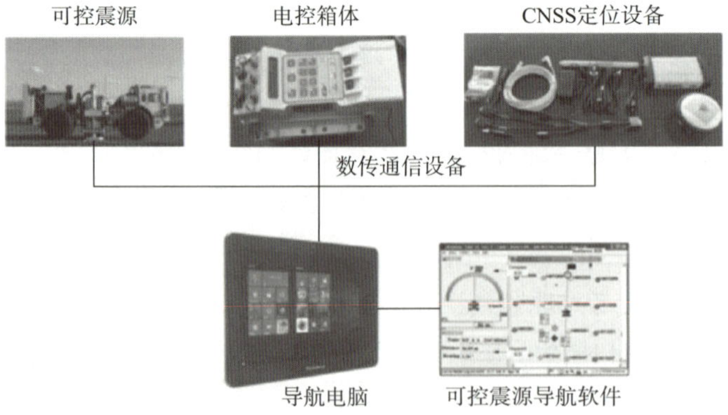

图 6-4-1　可控震源导航系统组成

石油勘探测量工

1.GNSS 定位设备

为可控震源导航定位提供准确位置、速度、航向等信息，通常由 GNSS 接收机组成，采用常规 RTK 或者 RTG 星站差分定位方式，为可控震源提供实时准确的导航定位信息。

2. 电控箱体

主控电脑是可控震源的“大脑”，通过它可以设置各类激发参数、控制可控震源完成激发功能、获取激发的状态和各种质控数据。因此可控震源导航系统需要与电控箱体具备良好的兼容性，能获取激发的信息数据，进而更好地实现导航定位功能。

3. 数传通信设备

用于可控震源导航系统中各硬件设备间的数据传输，可以是有缆方式，也可以是无线传输方式，但应具备良好的稳定性以保证数据传输不间断。

4. 导航电脑

导航电脑是导航定位功能实现的载体，可通过导航电脑实现施工人员与设备的人机交互，例如显示距离目标点位的方向和距离、显示当前点位激发状态等信息。

5. 可控震源导航软件

可控震源导航软件是可控震源导航定位功能实现的核心，它需要读取设计激发点位置、道路、障碍物等施工数据并显示，实时显示当前位置和目标位置关系，指引施工人员驾驶可控震源完成激发。并具备数据存储和记录功能，以及施工质量监控功能。

（二）工作原理

可控震源导航系统以 GNSS 导航定位技术为基础，通过数传设备与电控箱体、GNSS 定位设备实现实时通信，通过功能完备、系统稳定的导航软件来实现导航、定位、数据记录、实时质量监控等功能。

GNSS 导航定位技术是实现导航的基础，目前主要通过 GNSS 接收机，利用实时差分定位技术或者星站差分技术来获取当前位置、航向、速度等信息。同时，GNSS 接收机还为可控震源系统提供精准授时，用于记录震源激发的准确时刻。

数传设备负责连接 GNSS 定位设备、电控箱体和导航软件。GNSS 设备与电控箱体直接连接，用于精准授时。导航软件可以与 GNSS 设备直接连接，也可以通过电控箱体间接获取位置、速度、航向等信息。此外，导航软件从电控箱体中获取激发状态信息，便于导航软件判断当前激发点是否激发完成以及激发状态是否合格。

导航软件是导航系统的核心。首先导航软件加载激发点设计数据、规划路径、地表障碍物、影像底图等数据，作为导航施工的主要依据。其次连接 GNSS 定位设备，获取准确的位置、速度、航向等信息，通过坐标系统转换，将当前定位信息转换到与施工采用的坐标系一致后，判断当前位置与目标激发点位置的关系，对如何到达目标激发点做出指引。最基本的指引方式是显示方向和距离，但随着地震勘探项目施工难度逐渐加大，需要导航软件具备更高级的导航功能，例如如何安全规避障碍物，如何实现路径导航等。到达目标激发点准确位置后，导航软件通过与震源主控系统连接，获取当前激发状态，将激发状态显示在导航软件中，与施工人员进行交互，进行下一步操作。导航软件除具备完善的导航定位功能外，还具备实时数据记录、实时质量监控等功能。

（三）导航施工

可控震源施工中，震源导航功能是不可或缺的。震源导航软件具备设计激发点信息（一般为 SPS 数据）导入、连接 GNSS 接收机获取当前位置航向等信息、目标点导航、与震源车交互通信等基本功能。将设计激发点信息导入导航软件后，导航软件可以通过直接连接 GNSS 接收机来获取当前位置、速度、航向等信息，也可以通过震源箱体来间接获取（Guidance 导航软件采用此种方式，导航软件连接箱体，箱体连接 GNSS 接收机，导航软件通过箱体读取当前位置等信息）。然后根据当前位置与目标位置关系，实时显示前往目标位置的方向和距离，指引震源车驾驶员前往目标点位。

在可控震源施工中利用导航软件，可使震源组中的每个可控震源都导航至预计要震动的下一个位置，以帮助可控震源操作人员进行图形归位显示。无需在字段中使用任何桩号对震动位置进行标记，图形界面帮助操作人员将可控震源车导航至下一个震动位置。

三 导航数据处理

（一）平板电脑数据分析与处理

平板电脑的记录数据包括单炮数据，以及记录每一个单炮表头的 DSD 数据，其中单炮数据按炮划分文件，DSD 数据按天划分文件。由于震源车 DSD 数据记录的测量信息综合而且文件小，因此在测量数据处理上采用的是 DSD 数据。DSD 数据记录格式为文本格式，每天会产生多个 DSD 文件，DSD 文件是按固定格式生成的数据，它有一定的规则可循，在对它的语句结构进行足够理解的基础上，再对所需要的信息进行提取。平板电脑的数据处理过程是从最原始的数据记录中将数据整理分析，从而取得最终结果的方法。通过这种方法，所取得的数据全面、真实而且各项精度指标非常详尽。

（二）仪器记录数据分析与处理

地震仪器是数据采集和记录的中心，震源车会将采集的位置信息、扫描状态信息等传递给仪器。仪器将这些数据按照一定的格式分文件进行记录。与多台震源车记录的震源数据分散相比，仪器记录的震源数据集中，便于处理。

（三）平板电脑数据与仪器数据的联合处理

在高效采集中，由于数据量大，一些震源点数据并不能完整地传递到仪器，因此在数据处理上就涉及到综合分析每台震源记录的平板电脑数据以及仪器车记录的数据两个方面。具体处理方式上可以分为两种方式：第 1 种方式是将仪器的两个文件 VAPS 文件和 OB 文件进行处理后再与DSD文件综合处理，第2种方式是仪器的两个文件联合震源DSD文件进行综合处理。通过所需要的这些信息，将一炮震源数据对应的各项信息整合在一起，可以更加方便快捷地剔除非有效生产记录，对测量精度进行分析和评价，从而保留最终生产数据结果。

第五节　浅海地震勘探测量

一　概述

浅海地震勘探测量是为浅海地震勘探服务的，作业范围一般是水深50m以内的浅海海域。浅海地震勘探测量的内容主要分为三部分。

一是为调查工区海底地形进行的水深测量工作，同时也为后续接收点高程测量计算提供水深资料，通常采用GNSS定位仪配合回声测深仪进行。

二是接收点的测量，包括海缆（检波器或节点）放置时的导航放样工作和海缆放置到水底后的检波器二次定位，海缆放置时一般采用精度较低的信标差分定位仪或广域差分定位仪进行导航放样，引导放缆船将海缆放置到水底，再使用声学定位系统来精确测定其在水底停留位置的坐标。

三是配合气枪震源激发进行的导航和激发位置的测量，即激发点测量，它由一套软件控制系统集成GNSS定位、回声测深、电罗经定向、姿态仪定姿，准确引导震源船到达激发点位，并且发送指令控制枪控系统、地震仪器，待气枪激发时获取气枪激发时刻的激发点精确位置信息。

海洋测绘是一门对海洋表面及海底地形的形状和性质参数进行准确测定和描述的科学。海洋表面及海底的形状和性质是与大陆以及海水的特性和动力学有关的，这些参数包括：水深、地质、地球物理、潮汐、海流、波浪和其他一些海水的物理特性。一般情况下，海洋测量的工作空间是在汪洋大海之中（海面、海底或海水中），工作场所一般是设置在船舶上，而工作场所与海底之间又隔着一层特殊性质的介质——海水，况且海水还在不断地运动着，因此造成海洋测量与陆地测量之间虽有联系及可借鉴之处，但却使海洋测量具有明显的特殊性。表现在以下几个方面：

①在陆地上所测定点的三维坐标是用不同的方法、不同的仪器设备分别测定的，但在海洋测量中垂直坐标（即船体之下的深度）是和船体的平面位置同步测定的。

②在海洋中设置控制点相当困难，即使利用海岛或设置海底控制点，其相隔的距离同时还是相当远的。因此，在海洋测量中测量的作用距离远比陆地上测量的作用距离长得多，一般在陆地上测量的作用距离为5~30km，最大的也不超过50km。但在海上测量的作用距

离一般为 50~500km，最长的达 1000km 以上。

③陆上的测站点与在海上的测站点相比，可以说是固定不动的。但海上的测站点是在不断地运动过程中测定的，因此测量工作往往采取连续观测的工作方式，并随时要将这些观测结果换算成点位，而在陆地测量中，则无此必要。由于海上测站点处在动态中，所以其观测精度也不如陆上的观测精度高。

④由于作用距离的差别，陆上和海洋测量时所使用的传播信号同时还是不同的。在陆地测量中一般必须使用低频电磁波信号，且其传播速度不能简单地作匀速处理，而在海水中，则一般采用声波作信号源，这时声速受到海水温度、盐度和深度的影响。

⑤陆地上测定的是高程，即某点高出大地水准面多少，而在海上测定的是海底某点低于大地水准面多少。但由于海水面经常受到潮汐、海流和温度的影响，因此所测定的水深也受到这些因素的影响。为了提高测深精度，有必要对这些因素进行研究，并对水深的观测结果进行改正。

⑥关于重复观测，陆地上的观测点往往通过多次重复测量，得到一组观测值，经平差后可得该组观测值的最或是值。但在海上，测量工作必须在不断运动着的海面上进行，因此就某点而言，无法进行重复观测。为了提高海洋测量的精度，往往在一条船上，采用不同的仪器系统，或同一仪器系统的多台仪器进行测量，从而产生多余观测，进行平差后提高精度。另外，整个海洋测量工作是在动态的情况下进行的，所以必须把观测的时间当作另一维坐标来考虑，或者用同步观测的办法把它消去。

二 水深测量

（一）回声测深原理

回声测深是利用声波在水中的传播特性测量水体深度的技术。声波在均匀介质中作匀速直线传播，在不同介面上产生反射，利用这一原理，选择对水的穿透能力最佳、频率在 1500Hz 附近的超声波，在海面垂直向海底发射声信号，并记录从声波发射到信号由水底返回的时间间隔，通过模拟或直接计算，测定水体的深度。

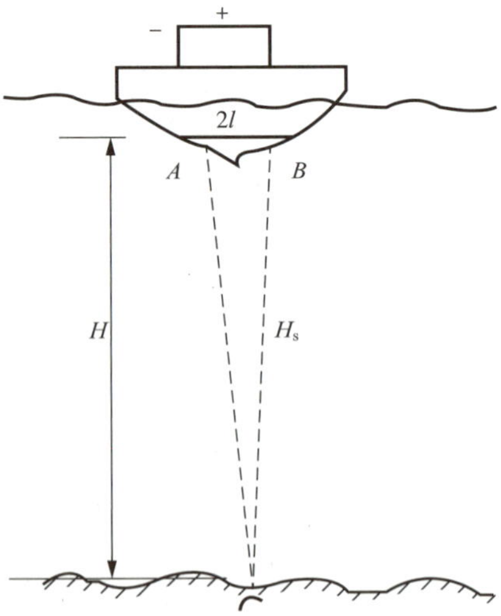

图 6-5-1　回声水深测量原理

如图 6-5-1 所示，安装在测量船下的发射机换能器，垂直向水下发射一定频率的声波脉冲，以声速 C 在水中传播到水底，经反射或散射返回，被接收机换能器所接收。设自发射脉冲声波的瞬时起，至接收换能器收到水底的回波时间为 t，换能器的吃水深度为 D，则水深 H 为：

$$H=\frac{1}{2}Ct+D \tag{6-5-1}$$

同其他测量设备一样，回声测深仪测量的结果也存在误差，要获得实际正确的水深，需对实测的深度数据进行校正。回声测深仪的校正通常有水文资料校正法和实测校对法。如果水深较浅，比如小于 20m，一般采用实测校对法，水深较深，大于 20m 时，则宜采用水文资料校正法。

实测校对法是用检查板、水听器等，置于换能器下方一定深度 H 处，与测深仪在当时当地的实测深度 H_s 作比较，其差值 ΔH 即为测深仪水深改正数。实测校对法是浅海地震勘探常用的校正方法。

水文资料校正法改正包括吃水改正 ΔH_b、转速改正 ΔH_n 及声速改正 ΔH_c。

吃水改正 ΔH_b 是水面至换能器底面的垂直距离。测深仪换能器有两种安装方式，一种是固定式安装，即将体积较大的换能器固定安装在船底；另一种是便携式安装，即将体积较小的换能器进行舷挂式安装。无论哪种换能器，都安装在水面下一定的距离。若 H 为水面至水底的深度，H_s 为换能器底面至水底的深度，则 ΔH_b 为：

$$\Delta H_b=H-H_s \tag{6-5-2}$$

转速改正 ΔH_n 是由于测深仪的实际转速 n_s 不等于设计转速 n_0 所造成的。记录器记录的水深是由记录针移动的速度与回波时间所决定的。当转速变化时，则记录的水深也将改变，从而产生转速误差。转速改正数 ΔH_n 为：

$$\Delta H_n=H_s\left(\frac{n_0}{n_s}-1\right) \tag{6-5-3}$$

声速改正 ΔH_c 是因为输入到测深仪中的声速 C_s 不等于实际声速 C_0 造成的测深误差。ΔH_c 为：

$$\Delta H_c=H_s\left(\frac{C_0}{C_s}-1\right) \tag{6-5-4}$$

则总改正数ΔH为：

$$\Delta H=\Delta H_b+\Delta H_n+\Delta H_c \tag{6-5-5}$$

若要将海底点的瞬时水深转换为相对某一垂直基准的绝对高程或水深，则还需要进行水位（潮汐）改正。随着卫星定位技术的不断发展，GNSS 测高已经可以获得分米级甚至厘米级的精度，此项改正也可利用 GNSS 测高来进行。

回声测深仪按照频率分为单频测深仪和双频测深仪。单频测深仪仅发射一个频率的超声波，以测量海面到海底表面之间的垂直距离，即水深。双频测深仪换能器垂直向水下发射高、低频声脉冲，由于低频声脉冲具有较强的穿透性，因而可以打到海底硬质层，获得深度 H_{lf}；高频声脉冲仅能打到海底沉积物表层，获得水深 H_{hf}，两个脉冲所得深度之差便是淤泥厚度 h。

$$h = H_{\mathrm{lf}} - H_{\mathrm{hf}} \tag{6-5-6}$$

（二）测深系统的组成

浅海地震勘探施工中的水深测量工作，一般由回声测深仪辅以 GNSS 导航定位设备，借助专业的导航软件控制系统来完成。

系统的工作原理是：测量船在行进过程中，测深仪以一定的时间间隔连续测量当前位置的水深值，GNSS 定位仪实时提供当前位置准确的三维坐标，导航控制软件系统通过连线连接测深仪和 GNSS 定位仪，实时获取 GNSS 定位仪的定位信息和测深仪的水深信息并加工处理，生成导航信息，指导测量船进行作业，并根据指令要求记录相关信息数据。

用于测深导航的 GNSS 接收机一般采用星站差分模式，可以获得较高精度的平面坐标和高程。

导航控制软件系统的主要功能是规划并管理测深点位；获取 GNSS 定位信息并将其转换到工程使用的坐标系，根据导航点位计算并显示如航速、航向、偏航、到达点位距离、方向、时间等导航信息；根据作业要求，记录点位坐标、水深、测量时间等信息。

（三）水深测量作业实施

接收点在整个勘探工区中的分布比较均匀，且遍布整个工区，接收点的边缘也就是工区的边界，因此水深测量是围绕着接收点展开的，采集记录的往往是设计接收点位置附近的水面坐标高程和水深。

水深测量具体施测流程为：

1. 测前准备

包括硬件安装、软件调试、参数设置、检验校对等。

硬件安装包括 GNSS 天线固定、测深仪探头的固定，以及各部件的连线连接等。GNSS 天线与测深仪探头应安装在同一垂直线上，天线上部应开阔无遮挡。

参数设置主要包括坐标转换参数设置、投影参数设置以及各项通信参数的设置等。

测深仪测前应该进行系统校对，浅海地震勘探施工中一般采用实测校对法。

2. 测线规划

包括测线坐标的准备、施测计划、测线坐标的导入等。

3. 测线施测

按照计划顺序，选择设计测线，启动导航引导测量船上线，依次测量，测量完成后导出数据并处理，如果测量工作量太大，可以分段进行测量，最后将测量数据汇总整理。

如图 6-5-2 所示，测量船沿测线行进，实时进行导航测量及水深测量，在每个设计接收点附近记录每个接收点的坐标位置、高程以及水深数据。

4. 检查线测量

垂直测线方向选择测量点，启动导航引导测量船依次测量检查点，完成后导出数据并进行处理。

为了评定水深测量成果质量，检查测深与定位是否存在系统误差，通常要沿垂直主测线方向测量一定数量的检查线（联系线），如图 6–5–3 所示。

通过对比测线测量与检查线测量中的重复点水深数据（处理后），可以判定区域水深测量的质量状况。

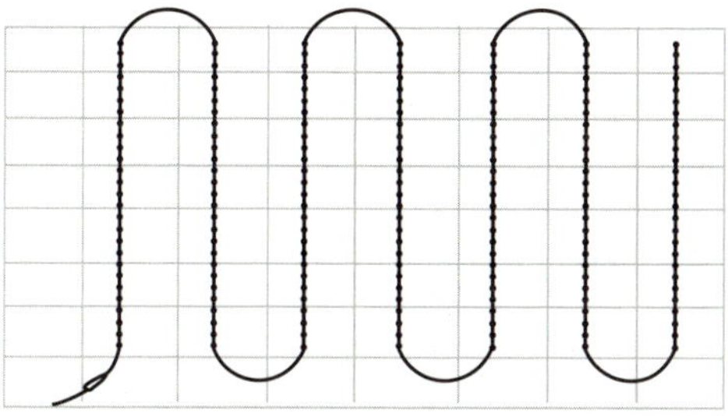

图 6–5–2　测线布设示意图

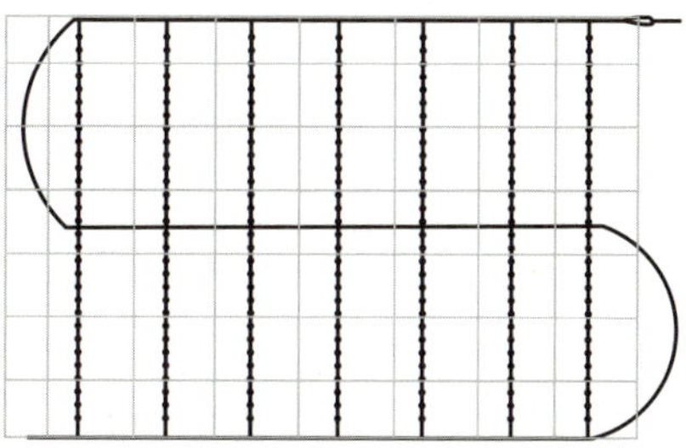

图 6–5–3　检查线测量示意图

5. 成果检查

查找测线数据重合测量点进行对比检查，计算测量值互差及复测中误差。

三　水底接收点测量

（一）声学定位原理

声学定位仍然是以声学测距为基础，采用距离交会原理确定待定点的坐标。如图 6–5–4 所示，在 P 点放置一个应答器，测量船沿图中曲线行驶，分别在 A、B、C 点发射测距信号，利用 $D=\frac{1}{2}vt$，可以计算出距离 D_1、D_2、D_3，于是得到距离公式：

$$\begin{aligned}\sqrt{(x_1-x)^2+(y_1-y)^2+(z_1-z)^2}&=D_1\\ \sqrt{(x_2-x)^2+(y_2-y)^2+(z_2-z)^2}&=D_2\\ \sqrt{(x_3-x)^2+(y_3-y)^2+(z_3-z)^2}&=D_3\end{aligned} \quad (6\text{–}5\text{–}7)$$

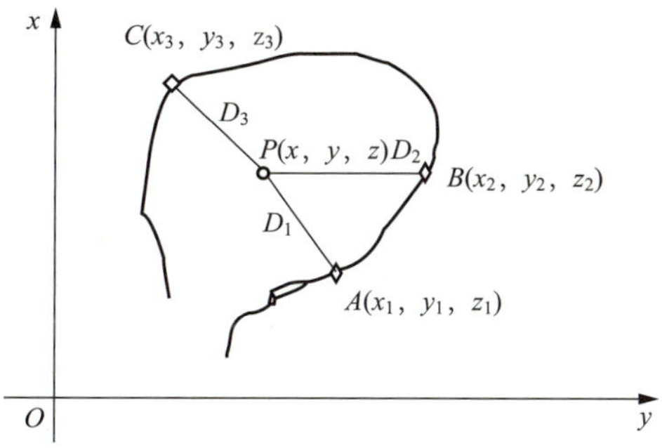

图 6–5–4　距离交会定位原理示意图

测量船上安装的高精度 GNSS 定位仪可以提供 A、B、C 等点的准确坐标，即 (x_1,y_1,z_1)、(x_2,y_2,z_2)、(x_3,y_3,z_3) 皆为已知，由式（6–5–7）便可解算出 P 点的坐标 (x,y,z)。如果将水深和声速看作是未知数，则需要再增加两个观测值。

$$
\begin{aligned}
\sqrt{(x_1-x)^2+(y_1-y)^2+(z_1-z)^2}&=\frac{1}{2}vt_1\\
\sqrt{(x_2-x)^2+(y_2-y)^2+(z_2-z)^2}&=\frac{1}{2}vt_2\\
\sqrt{(x_3-x)^2+(y_3-y)^2+(z_3-z)^2}&=\frac{1}{2}vt_3\\
\sqrt{(x_4-x)^2+(y_4-y)^2+(z_4-z)^2}&=\frac{1}{2}vt_4
\end{aligned}
\tag{6–5–8}
$$

由于水中测量会受到各种干扰，导致测距产生误差，这时可增加距离测量数量，利用最小二乘法求定 P 点的坐标，这样可以消除部分测距误差。有些测距信号被干扰严重会导致距离测量错误，这些错误的观测值则需要剔除。在实际实施过程中，距离的测量是依次递增的，实际解算同时还是重复进行的，随着测距数量的不断增加，解算的精度也逐步提高，直至到达一个平衡值。

为了消除各项误差的影响，提高定位精度，测距观测值应均匀分布在待测点的周围。衡量这一因素的指标为 HDOP（水平位置精度因子），HDOP 越小，定位值越可靠。

在浅海地震勘探中，待定点的数量众多（图 6–5–5），测量时需要对其批量测定，则需要在多个待定点放置多个应答器，这时要对应答器进行编码识别，通过编码分组区分不同的应答器，水面主机则根据编码分组情况发射不同的测距码，由此实现水下多目标的测量，提高定位作业效率。

同时，由于定位系统发射与接收信号的距离有限，距离太远发射的定位信号不可能获得反馈，这就需要定位船只行驶到目标应答器附近时开始发射定位信号。通常使用接收点桩号及其设计坐标来判断，在放置应答器时，要明确该应答器所放置的接收点桩号和设计坐标，并将这些信息制作成关系文件输入到软件控制系统中去，由软件系统按照当前位置搜索附近的应答器进行测量定位。

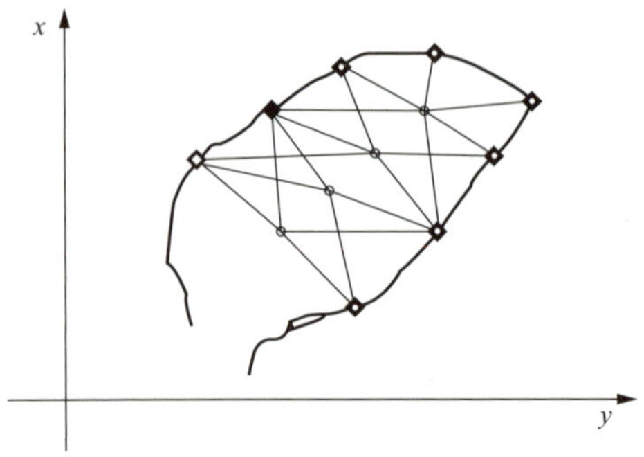

图 6–5–5　多点距离交会测量

为了保证水下目标定位的精度，水面导航定位的设备一般采用星站差分定位技术的 GNSS 定位仪，可以获得厘米级的平面和高程定位精度。

（二）水底接收点测量实施

1. 准备工作

包括应答器固定、水声定位系统硬件安装、软件调试参数设置、检验校准等。

为了达到接收点定位的目的，地震勘探接收设备应与定位应答器固定在一起放置到水下。在使用海缆施工的时候，一般将应答器固定在海缆上的检波器附近，如果接收道距较小，可以间隔一道或多道检波器进行捆绑，在保证定位精度的前提下获得更高的施工效率，降低设备使用成本，这时对于间隔的检波点位置，需要进行插值处理。

在安装水声定位系统硬件时，GNSS 定位仪天线一般与水声定位换能器安装在同一垂直线上，这样可以保证水面定位与水底定位最大程度吻合，获取的精度也较高。当这两种部件无法安置在同一垂线时，应使用合理方式进行归算改正。

软件参数的设置一般包括设备通信参数的设置和坐标转换参数与投影参数的设置，具体设置方法会因主控软件的不同而略有差异，可参照相关软件的操作说明书。

声学定位系统的检验校准包括 GNSS 定位仪的检验和声学定位应答器与定位主机间的接收和测距检验，具体方法可参见相关规范标准，在此不再赘述。

2. 引导放缆

放缆是指将敷设有定位应答器的地震勘探海缆放置到海底的过程。海缆放置过程中，受到船的运动、水流以及浪涌等因素的影响，到达水底后会产生一定的漂移，放置到水底的位置与水面放置时的位置也存在一定偏差，这一偏差会因放缆船行驶的速度、海流的流速流向以及海洋波动的大小而异，因此需要凭借一定的手段或经验进行偏移放置。

海缆在水面的放置位置一般使用 GNSS 导航定位设备来确定，通常使用信标差分定位仪或广域差分定位仪。因为这一环节对测量精度的要求不是很高，特殊情况下也用单点定位的导航仪进行导航，采用 GNSS 定位导航时使用的各种参数应与后期水底声学定位使用的 GNSS 设备保持一致。

放缆过程中需要记录接收点桩号和放置应答器的相应关系，制作测线桩号、设计坐标及应答器编码的关系文件，以备后用。

3. 水底位置测量

按照地震对施工作业计划，合理分配各定位船只的工作量，各定位船只之间应间隔一定的距离，以免声信号的相互干扰。

针对每一条测线，测量船需要沿测线的两侧分别进行测量，使得每个待测点的测距观测值均匀分布，如图 6-5-6 所示。

针对某一作业区段，需要在主控系统软件中设定目标任务以及关系文件，如图 6-5-7 所示，定位船沿测线附近路线绕行，并不间断地发射定位信号，实施水底接收点的定位工作，定位主控系统软件在测距数据满足后会实时解算出应答器所在位置的坐标。若发现某段海缆偏离设计位置超过限差规定，则需要提缆整改，并重新测量。

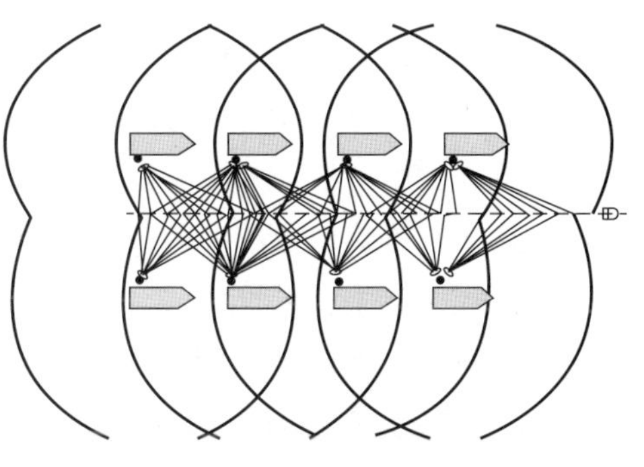
图 6-5-6　定位船单测线定位

为了保证定位的精度，定位船需要绕测线

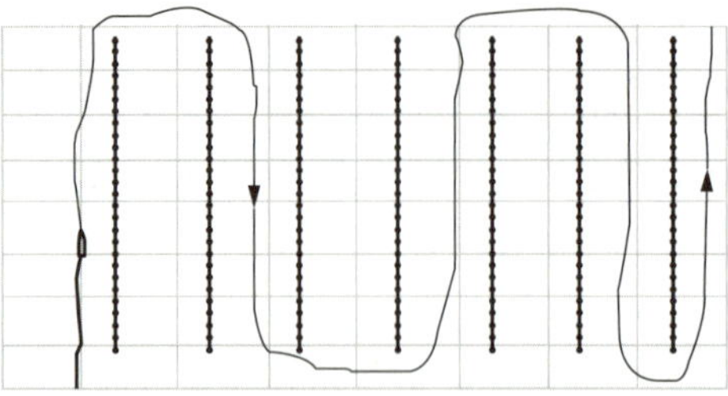

图 6-5-7　定位船定位区段施工示意图

的两边进行测量，如果测距信号质量因距离较远而变差，则需要对测线进行逐条测量。

因为水下情况比较复杂，很难保证每个应答器都能正常返回测距信号，有的应答器也会因发生故障无法被激活。在浅海地震勘探施工中，经常用采收率来评价批次、束线或整个工区的测量质量。计算束线和工区采收率公式是：

$$\rho = n / N \times 100\% \tag{6-5-9}$$

式中　N——放置应答器的数量；

n——测量获得的合格点数。

4. 数据后处理

定位船施工时，接收点的坐标是实时解算的，以便及时发现海缆的偏离异常。但这时不可能及时发现并剔除所有存在粗差的测距观测值，有些存在粗差的观测值可能参与了位置的解算，导致定位结果存在一定误差，需要事后进一步处理，以期获得更高精度的测量结果。

处理时可以根据预处理时各观测值的残差情况进行判别，剔除存在粗差的观测值，选用质量较好的观测值进行处理。

四　气枪震源导航测量

在滩海、河、湖、水库等水域施工中，在水深能够满足气枪激发条件时，激发点激发一般采用气枪激发的方式，在应用气枪进行激发的过程中就涉及到如何进行气枪导航测量的问题。

（一）气枪激发的作业模式

由于气枪船在海上施工行驶过程中很难停下来，因此就决定了气枪阵列的激发是在行进中进行的。因此要在气枪船行进的过程中观察点位的偏移情况，以及气枪的压力、容积、枪阵的同步时间等状态信息。只有在这些方面都满足施工要求时进行激发，才能达到很好的激发效果。无论是点位偏移过大，还是气枪的压力、容积、枪阵的同步时间等参数信息不能满足要求，都会给激发效果带来不好的影响，进而影响到地震记录采集的质量。

气枪施工中，根据工区的特点和地震采集的要求，有时是单气枪船作业，有时是双气枪船或者多气枪船作业。一艘气枪船可能设置一个气枪阵列，也可能是两个或多个气枪阵列。在地震采集中，采集模式又分为一般采集和混叠采集。一般采集就是指上一炮采集记录完成后再下一炮；混叠采集是多船或多枪阵随机放炮，对两炮之间的间隔时间并无特别的限制。针对不同气枪的作业模式，气枪导航存在着不同的特点。

在单气枪船（单气枪阵列）导航中，定位精度、气枪压力、容积等各项参数，以及两炮之间的时间间隔都是导航中的重点，而在双船或多船（多气枪阵列）的导航中，除关注以上情况外，还要关注本船的速度、本船到目标点的距离和时间，以及其他船的速度、其他船到目标点的距离和时间，这样方便两船或多船（多气枪阵列）之间的协同作业，避免发生不同船（不同气枪阵列）放炮时间过近产生重炮、废炮情况。

（二）准备工作

气枪导航作业前应做好各种硬件设备安装连接、软件调试参数设置、检验校准等工作。

以导航计算机系统为控制中心，将枪控系统、GNSS 定位仪、测深仪、电罗经、姿态仪、授时设备、同步装置等各种设备连接好后，开启导航软件系统，建立项目，配置好坐标系统和投影信息，加载激发线、激发点信息，在需要底图时，加载底图信息，例如海图信息，障碍物信息等。在软件中还需要对枪控系统、GNSS 定位仪、测深仪、电罗经、姿态仪、授时设备、同步装置等设备的各项参数信息进行相应的设置。

（三）上线操作

在导航作业中，设置目标测线和目标点，在上线操作上主要依据测线位置、船位置、船速度、偏移距离，导航方向、艏向、速度方向等信息进行上线导航操作。

其中舵手图是在导航中一个重要的工具，船驾主要依据舵手图进行船的驾驶。舵手图是用一个刻度标尺以及横纵偏的数值表示船（枪阵）与目标点的相对位置。上方的数字为标尺的刻度值，表示船（枪阵）相对于目标点在测线方向上横向偏移，下方的数字表示船（枪阵）相对于目标点在测线方向上纵向偏移。舵手图如图 6-5-8 所示。

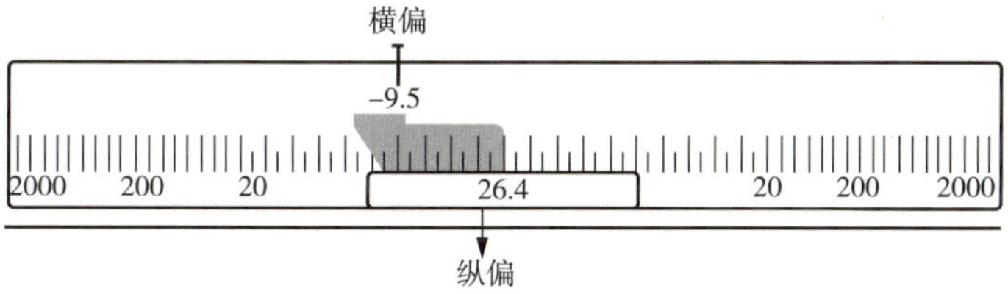

图 6-5-8　舵手图

在船使用拖枪的情况下，船的位置和枪阵的位置有一定的距离，导航时船型和船位置，以及枪阵的位置都是导航上线操作中的重要参考因素。

（四）质量监控

船（枪阵）在导航上线激发的过程中，实时的质量监控是非常重要的。气枪船在朝着下一个目标点行驶过程中，枪控系统实时显示气枪压力的变化，当到达目标点而出现气枪压力不足时进行激发，会导致这一炮能量不足，影响地震采集效果。因此在气枪船向目标点的行进过程中，应时刻关注气枪的压力变化和船速的情况，可以通过调整船速让空气压缩机有足够的时间使气枪达到理想的压力后，才进行激发。

此外，气枪的入水深度同时还是影响气枪激发效果的一个重要因素，由于气枪一般是通过铁链垂直沉入水下一定深度的（例如 3m），当船以一定速度行驶时，垂直的铁链会产生倾斜，枪的入水深度就会产生变化，不同的船速以及潮流情况就会使铁链产生不同程度的倾斜，枪的入水深度也会产生不同的变化，因此在船速变化时，应注重对枪深的监控，使枪深因素满足施工要求。

气枪激发时，枪阵中各杆枪激发时间的同步性同时还是影响地震采集质量的关键因素。此外授时设备精度、气枪激发时刻的时间记录精度、枪阵激发信号和地震采集仪器之间的同步精度都是影响地震采集质量的重要因素。

各种设备的运行状态监控同时还是导航中的重要监控部分，例如设备连接情况、断线情况、异常值情况等。

在各种设备中，GNSS 定位精度是影响定位精度的关键因素，它包含 GNSS 解类型、卫星数、HDOP 值等信息。

（五）数据记录和处理

P190、P294、SPS 格式都是石油勘探上国际通用的格式，P190、SPS 格式侧重对气枪导航激发结果的记录，例如定位坐标信息，时间信息、船号信息、水深信息等，P294 侧重对气枪导航激发过程的记录，例如测深仪、GNSS 定位仪等各种设备运行过程中经串口输出的数据信息。

气枪导航系统一般会提供自定义格式的数据记录功能，自定义数据的字段有的是过程字段，有的是结果字段，施工中根据需要进行选择。一般情况下，自定义的数据格式应包含反映数据成果的最基本的字段。

在气枪导航测量施工中，应做好数据的备份工作。在将气枪导航测量记录的数据拷贝后，应进行及时的数据分析和处理。数据处理中，结合施工的日志等内容，整理出每炮相应的记录信息，包含正确的炮点号、定位信息、精度信息、时间信息等必要的字段内容。

思考题

1. 卫星定位仪由哪几部分组成？它们的作用是什么？
2. 物探测量控制点的选址要求是什么？
3. 物探测量的作业流程是什么？
4. RTK 作业期间，参考站不允许进行哪些操作？
5. 可控震源施工中，导航定位软件有哪些功能？
6. 水深测量作业是如何实施的？

扫一扫
获取更多资源

第七章

工区踏勘与方案设计

PART

工区踏勘与方案设计包含前期工区踏勘、编写技术设计与作业方案、测线偏移设计以及理论坐标计算等主要内容，主要涉及影像图分析利用、电子地图使用、导航仪使用等操作，是石油物探测量作业的基石，为后续工作的有序开展提供基础保障。

第一节 工区踏勘

一 利用影像图分析工区地形地貌

（一）操作流程

1. 检查工区概况

①根据作业提供的三维物探工区边框坐标或二维物探工区的测线起止点坐标统计物探施工面积或测线长度。

②根据作业提供的三维物探工区边框坐标或二维物探工区的测线起止点坐标统计物探工区概略坐标。

2. 检查工区行政区域概况

①打开计算机网络地图资源，如奥维地图、百度地图等。

②使用点、线或面绘制工区测线位置图。

③检查工区的行政区划概况，说明工区涉及的区域省、市、县归属情况。

3. 检查工区地形

①根据网络地图资源，判断工区地形的主要特点，如丘陵、沙漠、山地等。

②说明工区内各地形所占的大致比例。

4. 检查地物地貌

①检查统计工区内的村镇数量及面积。

②检查工区交通，叙述铁路、公路等交通情况。

③检查工区内水系，叙述河流、湖泊等水系的概略位置和面积。

④检查工区内植被，统计树林、耕地等植被的分布。

（二）注意事项

①按照作业规定的工区数据进行操作。

②操作结果以书面报告为准。

③报告必须包含检查项目：工区面积、测线长度、工区地理位置、行政管辖、主要地形及所占比例、次要地形及所占比例、村镇数量及面积、交通状况、水系、植被状况等。

④面积统计误差不大于总面积的 5%，测线长度统计误差不大于总长度的 5%。

二　利用电子地图导航物理点

（一）操作流程

1. 导入物理点坐标文件

①在手机上打开奥维导航软件，点击“更多”→“数据管理”→“导入导出对象”，选择需要导入的物理点坐标数据文件（物理点 KML、KMZ、CSV、DWG、SHP 等格式）。

②点击“导入”→“确定”，提示“导入成功”，然后点击“关闭”，返回到主界面。完成后，物理点已经显示在地图上。

2. 使用奥维软件进行物理点导航

①选择“收藏”，选择导入的物理点坐标数据后，点击打开物理点列表。

②选择需要导航的物理点，点击点名称后会在导航界面上闪烁显示此点。在屏幕上点击此点，点击弹出对话框，选择“以此为路线终点”，此时导航路线已经自动选择好并用红色轨迹标识。

③在物理点列表选择需要导航的物理点，点击展开箭头，选择“以此为路线终点”，此时导航路线已经自动选择好并用红色轨迹标识。

④在导航界面可以选择汽车、步行、自行车等交通工具，软件会根据不同的交通工具选择不同的导航路线，同时在屏幕上方会显示导航到此物理点的方向、距离和预计花费时间。

⑤在屏幕右上角点击“导航”，提示“GPS 信号正常，开始导航”，根据导航箭头和导航提示音前行。可以在屏幕上双指操作或者点击“+”“-”进行底图缩放操作。

⑥导航到达物理点附近时，会提示“到达目的地”，然后根据箭头指向尽可能靠近物理点，导航结束。

⑦点击“退出”→“返回”，进行下一点导航。

（二）注意事项

①识别提供的物理点坐标类型及文件格式，以及所属的坐标系统。

②快速找到手机中的物理点坐标文件，并正确导入奥维地图。

③能够按照导航箭头进行方位、方向判别，并确定行进路线和方向。

三 导航仪使用

（一）操作流程

以下以常见的GARMINMAP76型手持导航仪为例进行说明，其他型号导航仪操作步骤与之基本相同，操作方法稍有区别。

1. 安装电池

①旋转导航仪背面电池仓旋钮，打开电池仓。

②按照导航仪电池仓标示提示的方向插入电池。

③关闭电池仓。

④锁紧电池仓旋钮。

2. 启动仪器

①按住导航仪红色开机键直到开机显示。

②根据屏幕提示，按【翻页】键进入导航界面。

3. 设置位置格式

①选择“坐标”选项卡。

②在“位置格式”窗口选择自定义未知格式：User UTM Grid。

③按照作业指定的参数输入中央经线、投影比例、东西偏移、南北偏移等参数。

④储存。

4. 设置地图基准

①选择“坐标”选项卡。

②在“坐标系统”窗口选择自定义坐标系统：User。

③按照作业指定的参数输入DX、DY、DZ、DA、DF等参数。

④储存。

5. 输入航点

①按住【输入】键，直到显示“标记航点”菜单。

②按光标键移动光标至点名，按输入键编辑点名。

③按光标键移动光标至坐标区，按【输入】键开始编辑东坐标和北坐标：当光标停止在需要编辑的数字上时，按光标向下键数字减小1，按光标向上键数字增大1，所有坐标数字编辑完成后按【输入】键确认。

④按光标键移动光标至“确定”按钮。

⑤按【输入】键保存输入的航点。

6. 航点导航

①按【导航】键，进入导航操作。

②选择“航点导航”，按【输入】键。

③选择“航点”，按【输入】键，从航点列表中查找目标点。

④按【翻页】键使光标进入航点列表。

⑤按【输入】键选择导航目标点。

⑥当光标在“导航”位置时按【输入】键开始导航。

⑦按【翻页】键选择导航信息显示。

⑧按照导航信息指示移动导航仪，直到“到达”目标点。

7. 记录位置

①当需记录导航位置时，按住【输入】键即进入“标记航点”窗口。

②根据需要编辑点号。

③将光标移至“确定”时按【输入】键存储点位置信息至导航仪。

（二）注意事项

①必须按照导航仪上的指示安装电池。

②了解和掌握导航仪各功能键的作用。

③输入目标点坐标快速、准确。

④保存目标点时不能覆盖原有的目标点。

⑤观测卫星数多于 4 颗时才可进行导航，否则误差会很大。

第二节　测量技术设计与作业方案

一　编写测量技术设计书

（一）操作流程

①概述：说明任务的来源、测区概况、测线分布情况、测量工作量等。

②技术依据：阐述施工依据的测量标准、采用的坐标系统、高程系统、投影方式、坐标转换参数的来源及勘探成图比例尺。

③施工方案：确定施工方法、控制测量方案以及物探测线施工计划等。

④技术要求：论述物探对测量技术要求以及测量本身的技术要求。

⑤人员与装备：计划投入的人员及数量、仪器类型、型号及数量。

⑥质量保证措施：影响测量施工及成果质量的主要因素及质量保证措施、测量标志埋置及保护措施。

⑦数据处理方法及各类图形绘制方法、要求等。

⑧资料整理与上交。

⑨ HSE 管理措施。

⑩附图附表，包括二维地震测线的起、止点号，设计坐标、方位、测线长度等，三维地震测线网起算坐标原点、测线设计方位、施工边界、一次覆盖边界、满覆盖边界及线束关系、接收线和激发线起止桩号等。

（二）注意事项

①用文档编辑软件进行编写。

②设计书内容全面，包含野外生产全部内容。

③段落清晰，均衡。

④字体设置合理。

⑤语言精练，思路清晰。

二 编写野外作业方案

（一）操作流程

1. 编写准备工作流程

①编写 GNSS RTK 参考站、流动站或静态测量作业需要准备的设备，包括设备型号、数量等。

②编写 GNSS RTK 参考站、流动站或静态测量作业需要准备的工具，包括记录本、测站标志、卷尺、锤子、铁锹、油漆等。

③编写 GNSS RTK 参考站、流动站或静态测量作业需要准备的技术参数，包括观测起止时间、采样间隔、卫星高度角、卫星类型等。

2. 编写选点工作流程

①编写点号编排规则，包括已知点的点号命名规则和未知点的命名规则，如已知点以点名拼音开头字母组成观测点名，未知点则可以项目名称拼音开头字母加数字组成观测点名。

②编写选点技术要求，包括交通便利、地势较高、基础稳固、无卫星信号遮拦、无信号干扰等基本条件。

③编写使用已知点标志和埋置未知点标志要求，包括正确使用和及时恢复已知点标志、稳固安置和埋置未知点测量标志方法等。

3. 编写安置仪器流程

①编写对中整平流程。

②编写仪器安装、量测天线高流程。

4. 编写野外观测作业流程

①编写开机设置流程，包括开机、设置点名、设置天线高、设置采样率、设置卫星高度角、设置卫星类型等。

②编写 GNSS RTK 基准站、流动站或静态测量作业状态监控流程，包括监控卫星状况、观测历元、观测时间、仪器稳定状态等。

③编写野外记录方法，包括观测点点之记、概略坐标、天线高等。

5. 编写终止作业流程

①编写关机前的检查工作，包括检查仪器记录状态、观测时间等。

②编写拆卸仪器流程，包括仪器装箱、脚架收好等。

（二）注意事项

①在计算机上操作，作业结果及时保存。

②准备工作必须包含静态观测作业设备型号、数量、观测起止时间、采样间隔等基本内容。

③选点工作必须包括交通便利、地势较高、基础稳固、无卫星信号遮拦、无信号干扰等基本内容。

④安置仪器必须包括对中整平、安装、量测天线高等基本内容。

⑤观测作业必须包括相关作业的基本内容。

⑥终止作业必须包括检查仪器记录状态、装箱等内容。

三 编写全站仪和 GNSS RTK 联合作业方案

（一）操作流程

1. 编写作业设备计划

①根据作业提供的工区概况，编写 GNSS 卫星定位仪和全站仪的设备数量、技术指标等。

②根据作业提供的工区概况，说明 GNSS 卫星定位仪和全站仪的作业方法和应用区域。

2. 编写控制点施测方案

①编写工区控制点的布设数量、测量方法等。

②说明控制点的精度要求。

3. 编写 GNSS RTK 作业方案

①叙述 RTK 参考站的作业要求，如参考站的选点位置、参考站仪器安装、参考站的发展方法等。

②叙述 RTK 流动站的作业要求，如距离参考站的距离、天线高的控制、浮点解与固定解的选择、放样误差等。

4. 编写导线测量方案

①叙述利用 RTK 测量的灵活性和高精度为导线测量提供控制，如导线测量主要应用于山地、林区等复杂区域，要求控制点尽可能靠近测线，使出线、闭合及检核相对容易，可通过 RTK 导航方法将仪器导航至测线上，并精确测定控制点。

②说明导线测量的主要技术要求，如放样精度、闭合或检核误差等。

（二）注意事项

1. 文本编辑

作业方案必须用计算机文本编辑。

2. 报告必须包含的项目

① GNSS 卫星定位仪数量。

②全站仪数量。

③ RTK 方法和全站仪导线方法适应的作业区域。

④控制点施测方案。

⑤控制点精度要求。

⑥ RTK 参考站和流动站的作业要求。

⑦ RTK 的精度指标。

⑧如何利用 RTK 方法为导线测量提供控制。

⑨导线测量的质量精度要求等。

第三节　测线偏移设计

一　二维测线偏移设计

（一）操作流程

1. 设计拐点

①根据障碍区与测线相对位置和安全距离，设计物理点最大偏移距离。

②用直尺沿障碍区突出部位向测线做垂线，再以距离垂足最近的设计物理点 A 向障碍区突出部方向作垂线，量取安全距离 S，确定拐点位置。

2. 设计偏移起止点

①用量角器依次量测拐点到测线小号方向物理点与测线形成的偏移角度。

②找到恰好小于 8° 偏移角的设计物理点，以该点为偏移起点 B。

③同理，量测拐点到测线大号方向各物理点与测线形成的偏移角度，选择物理点，使偏移角度恰好小于 8°，该点为偏移截止点 C。

3. 计算拐点坐标

①计算测线方位角α。

②计算拐点坐标，当拐点在设计测线左边时：

$$x_{拐点} = S \times \cos(\alpha - 90) + x_{设计}$$

$$y_{拐点} = S \times \sin(\alpha - 90) + y_{设计}$$

当拐点在设计测线右边时：

$$x_{拐点} = S \times \cos(\alpha + 90) + x_{设计}$$

$$y_{拐点} = S \times \sin(\alpha + 90) + y_{设计}$$

4. 检查偏移角度

①利用桩号或坐标计算设计物理点 A 至偏移起点 B 的距离S_{AB}。

②利用桩号或坐标计算设计物理点 A 至偏移终点 C 的距离S_{AC}。

③计算起始偏移角：

$$\beta_1 = \tan^{-1} \frac{S}{S_{AB}}$$

④计算终止偏移角：

$$\beta_2 = \tan^{-1} \frac{S}{S'_{AC}}$$

⑤如果偏移角大于 8°，将违反技术规定，需要将起始点或终止点向远方向重新选择。

⑥如果偏移角小于 8° 过多，将使偏移点过多，需要将起始点或终止点向近方向重新选择。

5. 计算偏移点坐标

①依据设计物理点点号和数量，以及偏移起点、拐点的坐标，内插计算偏移起点到拐点之间各物理点的坐标。

②依据设计物理点点号和数量，以及拐点、偏移终点的坐标，内插计算拐点到偏移终点之间各物理点的坐标。

（二）注意事项

①设计偏移角度不大于 8°。

②设计偏移距离不少于规定安全距离，不大于作业要求的最大偏移量。

③设计偏移坐标保留 3 位小数，计算误差不大于 0.5m。

二 三维测线偏移设计

（一）操作流程

1. 规划障碍区红线

根据障碍区形状大小，根据施工作业对安全的要求，绘制障碍区安全红线。

2. 设计物理点偏移方向

①炮点沿设计测线方向偏移。

②在设计测线方向没有合适位置可横向偏移。

3. 设计物理点偏移距离

①沿测线方向整道距偏移。

②垂直测线整道距偏移。

4. 计算偏移点坐标

①计算测线方位角α。

②垂直于设计测线偏移，当拐点在设计测线左边时：

$$x_{偏移}=S\times\cos(\alpha-90)+x_{设计}$$

$$y_{偏移}=S\times\sin(\alpha-90)+y_{设计}$$

当拐点在设计测线右边时：

$$x_{偏移}=S\times\cos(\alpha+90)+x_{设计}$$

$$y_{偏移}=S\times\sin(\alpha+90)+y_{设计}$$

式中　S——偏移距离。

④沿设计测线方向偏移：

$$x_{偏移}=S\times\cos\alpha+x_{设计}$$

$$y_{偏移}=S\times\sin\alpha+y_{设计}$$

5. 设计偏移点号

偏移点号使用原设计点号后缀偏移距离，如 1234.5+E80+N40。

（二）注意事项

①设计偏移距离不少于规定安全距离，不大于作业要求的最大偏移量。

②所有偏移点必须整道距偏移。

③设计偏移坐标保留 3 位小数，计算误差不大于 0.5m。

三　绘制物理点偏移设计草图

（一）操作流程

1. 检查障碍物

①观察图纸上测线与测线经过的地形地物，找出影响物探施工安全的障碍物，如村镇、

高压线、堤坝、湖泊等。

②用铅笔描画障碍物轮廓，面型障碍物如村镇用闭合轮廓线描画，线型障碍物用单线描画，点型障碍物用圆形描画。

③根据安全技术指标，用直尺沿测线量测安全距离，用铅笔绘制安全红线。

2. 偏移物理点

①观察图纸，圈定需要偏移的物理点，在需要偏移的物理点标示上画“×”。

②计算需要偏移的物理点数量。

③根据偏移点数量制定偏移方案，两个以上偏移点沿障碍物两侧均分，当需分配奇数点时向测线大号方向多偏移 1 个点。

④在安全红线外布设偏移点：在障碍物两侧按整道距安置被偏移的物理点，当偏移后的位置挤占原有物理点时，将原有物理点按点号顺序依次偏移，偏移后的点标示用◎表示。

3. 标注点号

①根据物理点原来的位置和偏移后的位置计算偏移量。

②在偏移后的点标示一侧标注点号及偏移量：点号使用原来设计的点号，向测线大号方向偏移，偏移量为正值，用“+”前缀，向测线小号方向偏移，偏移量为负值，用“–”前缀。如 1234.5m+80m。

（二）注意事项

①仔细阅读偏移安全技术要求，确定障碍物的种类及各隐患地物的安全距离。技术要求未提供的地物不计入障碍物范围。

②根据安全距离绘制安全红线，红线绘制误差不大于道距的 1/2。

③红线内的物理点需要偏移，需要偏移的物理点用“×”符号勾画，红线外被挤占的物理点需要偏移，但不在勾画范围内。

④物理点对称障碍物偏移，当偏移点数为奇数时，向测线大号方向多偏移 1 个点。

⑤偏移后的物理点必须在测线上，且按整道距偏移。

⑥在可能的条件下，物理点偏移量，即偏移距越小越好。

⑦偏移后的物理点标注原设计点号，点号后注释偏移量，向测线大号方向偏移，偏移量为正值，用“+”前缀，向测线小号方向偏移，偏移量为负值，用“–”前缀。

⑧制图文字工整，点线清晰。

第四节　坐标计算

一　平面直角坐标正反算

（一）操作流程

1. 坐标正算

①通过已知方位角 α_{ab} 和距离 S_{ab} 计算纵坐标增量和横坐标增量：

$$\Delta x_{ab} = D_x = S_{ab} \times \cos\alpha_{ab}$$

$$\Delta y_{ab} = D_y = S_{ab} \times \sin\alpha_{ab}$$

②计算纵坐标和横坐标：

$$x_b = x_a + \Delta x_{ab}$$

$$y_b = y_a + \Delta y_{ab}$$

2. 坐标反算

①通过已知两点坐标 (x_c, y_c)、(x_d, y_d)，计算纵坐标增量和横坐标增量：

$$\Delta x_{cd} = D_x = x_d - x_c$$

$$\Delta y_{cd} = D_y = y_d - y_c$$

②计算两点间方位角：

$$\alpha_{cd} = \tan^{-1}(D_y / D_x)$$

当 $D_x < 0$ 时，方位角处于第二、第三象限，计算结果加 180°，即：

$$\alpha_{cd} = \alpha_{cd} + 180°$$

当 $D_x > 0$ 时，如果 α_{cd} 为负数，方位角处于第四象限，计算结果加 360°，即：

$$\alpha_{cd} = \alpha_{cd} + 360°$$

③计算两点间距离：

$$S_{cd} = \sqrt{D_x^{\ 2} + D_y^{\ 2}}$$

（二）注意事项

①计算结果保留 3 位小数。

②计算数据书写端正、清晰。

二 计算二维测线设计坐标

（一）操作流程

设：原点线号为 XH_0、原点桩号为 ZH_0、原点坐标为 (x_0, y_0)、主测线方位角为 A_0、联络测线方位角为 A_1、设计点线号为 XH_1（单位为 km）、设计点桩号为 ZH_1（单位为 m）。

1. 计算主测线

①计算设计点与测线原点之间的线号增量和桩号增量：

$$d_{XH} = (XH_1 - XH_0) \times 1000$$

$$d_{ZH} = (ZH_1 - ZH_0) \times 1000$$

②计算设计点纵坐标增量和横坐标增量：

$$\Delta x = d_{XH} \times \cos A_1 + d_{ZH} \times \cos A_0$$

$$\Delta y = d_{XH} \times \sin A_1 + d_{ZH} \times \sin A_0$$

③计算设计点坐标：

$$x = x_0 + \Delta x$$

$$y = y_0 + \Delta y$$

2. 计算联络测线

①变换线号和桩号：为了方便计算，可将联络测线的线号转变为主测线桩号，将联络测线桩号转变为主测线线号。

②计算设计点与测线原点之间的线号增量和桩号增量：

$$d_{XH} = (ZH_1 \div 1000 - XH_0) \times 1000$$

$$d_{ZH} = XH_1 \times 1000 - ZH_0$$

因二维测线线号以 km 为单位，桩号以 m 为单位，所以当互相转换时需变换单位。

③计算设计点纵坐标增量和横坐标增量：

$$\Delta x = d_{XH} \times \cos A_1 + d_{ZH} \times \cos A_0$$

$$\Delta y = d_{XH} \times \sin A_1 + d_{ZH} \times \sin A_0$$

④计算设计点坐标：

$$x = x_0 + \Delta x$$

$$y = y_0 + \Delta y$$

（二）注意事项

①计算结果保留 3 位小数。

②计算数据书写端正、清晰。

③计算结果单位为 m。

三 计算三维测线设计坐标

（一）操作流程

设：原点线号为 XH_0、原点桩号为 ZH_0、原点坐标为 (x_0, y_0)、主测线方位角为 A_0、线号增加方向为 A_1、线号间距为 V_{XH}、桩号间距为 V_{ZH}、设计点线号为 XH_1（无单位）、设计点桩号为 ZH_1（无单位）。

1. 计算检波线

①计算设计点与测线原点之间的线号增量和桩号增量：

$$d_{XH} = XH_1 - XH_0$$

$$d_{ZH} = ZH_1 - ZH_0$$

②计算设计点纵坐标增量和横坐标增量：

$$\Delta x = d_{XH} \times V_{XH} \times \cos A_1 + d_{ZH} \times V_{ZH} \times \cos A_0$$

$$\Delta y = d_{XH} \times V_{XH} \times \sin A_1 + d_{ZH} \times V_{ZH} \times \sin A_0$$

③计算设计点坐标：

$$x = x_0 + \Delta x$$

$$y = y_0 + \Delta y$$

2. 计算炮线

①计算设计点与测线原点之间的线号增量和桩号增量：

$$d_{XH} = XH_1 - XH_0$$

$$d_{ZH} = ZH_1 - ZH_0$$

②计算设计点纵坐标增量和横坐标增量：

$$\Delta x = d_{XH} \times V_{XH} \times \cos A_1 + d_{ZH} \times V_{ZH} \times \cos A_0$$

$$\Delta y = d_{XH} \times V_{XH} \times \sin A_1 + d_{ZH} \times V_{ZH} \times \sin A_0$$

③计算设计点坐标：

$$x = x_0 + \Delta x$$

$$y = y_0 + \Delta y$$

（二）注意事项

①计算结果保留 3 位小数。

②计算数据书写端正、清晰。

③计算结果单位为 m。

思考题

1. 地形图的发展对于地震勘探的意义（纸质、电子、高清）是什么？
2. 物探测量技术设计书包含哪些内容？
3. 编写测量野外作业方案的意义是什么？
4. 二维偏移设计的主要原则是什么？
5. 平面直角坐标正反算需要的元素有哪些？
6. 计算三维测线设计坐标所需参数有哪些？

扫一扫
获取更多资源

第八章

物探控制测量实施

控制测量是在一定区域内，按测量任务所要求的精度，测定一系列控制点的平面位置和高程，建立起测量控制网，作为放样测量或其他测量的基础。包含选点埋石、静态测量仪器调试与检查、静态观测与数据管理、控制网数据处理与质量检查等内容。

第一节　选点埋石

一　选点埋石

（一）操作流程

1. 准备材料

水泥、沙子、石子、钢筋、铁锹、瓦刀、水泥桶、不锈钢十字测钉。

2. 选点

在交通方便、通信方便、无大型干扰、地质稳定和视野开阔的区域选定点位。用木桩、油漆、布条等做好点位标志。

3. 埋石

在点位坑内用水泥、沙子、石子制作混凝土，钢筋嵌入其中，把不锈钢十字测钉置于上层中心位置。

（二）注意事项

1. 选点要求

①点位的选择应满足技术设计要求，并有利于其他测量手段扩展与联测。

②点位交通方便，地面基础稳定，易于点的保存，便于仪器设备的安置与操作。

③视野开阔，点位周围 15° 以上不宜有障碍物。

④远离大功率无线电发射源，一般不低于 200m；远离高压线，距离一般不低于 50m。

⑤附近不应有强烈干扰卫星信号接收的物体，远离大面积水域。

⑥尽量利用符合上述要求的已有控制点及测量标志，中心标志半径小于 2mm。

2. 埋石要求

①标石一般现场灌制，有条件的地区，可用整块花岗石、青石等凿制。普通标石可提前制作，再运往点位。

②埋设标石的各层标志中心应在同一铅垂线上，其偏差不大于 2mm。

二 绘制控制点点之记

（一）操作流程

1. 准备材料

准备点之记表（表 8-1-1），将 2B 铅笔削尖、准备填表绘图。

表 8-1-1　点之记表

选点员：　　　　记录员：　　　　日期：　　年　　月　　日

点名		概略位置	B=　°　′　L=　°　′　E
点号		所在图幅	
土质		标石说明	
点位描述			
（略图）			

2. 填写点之记

按照要求填写点名、点号、概略位置、所在图幅、土质、标石说明等。

3. 确定绘图方向

①使用地质罗盘，磁针指向为磁北方向。

②观察太阳方向，根据时间和所在地区确定北方向。如东经 120° 地区中午 12 点，太阳方向为正南方向。其他地区，与东经 120° 经差每隔 15°，正午时间加减 1h，向东减 1h，向西加 1h。

③根据房屋朝向、树木长势等信息确定北方向。

④在图纸上绘图区域右上角绘制北方向，可用箭头标示，标注文字“北”。

4. 检查并绘制点位信息

①检查点位属性并绘制点位标示：三角点一般有国家固定标志或文字标识，图上用△符号标示；参考站或其他静态作业点一般用木桩或铁钉等临时标志，图上用□符号标示；测线物理点一般用小旗、土堆等标示，图上用○符号标示。

②检查点位点号，标注在点位标示旁。

5. 绘制地形地物

①绘制图形

绘制以点位为中心 100m 周围的地形地物，包括房屋、道路、电线、通信塔、河流、桥梁等。

一般房屋或村镇用细实线勾画轮廓，内部用细实线间隔 1 ~ 2mm 绘制斜线填充；道路用双实线绘制，铁路用 10mm 间隔宽实线填充；高压线、电话线等用细实线绘制。

②标注地物属性

用文字在绘制的图形内或图形旁标注属性，如房屋、学校、公路、草地等。

（二）注意事项

①点位图必须标注北方向，北方向标示误差不超过 30° 。

②根据实地点位标识标注点位点号。

③概略位置由手持 GNSS 接收机测定，经纬度按手持 GNSS 接收机的显示填写。

④所在图幅填写 1∶50000 地形图图幅号。

⑤按如下类别填写埋石坑底的土质：黄土、沙土、砂砾土、盐碱土、黏土、基岩。

⑥标石说明描述标石的材质和点标识的表示方式。

⑦点位描述填写自大(中)城市至本点的汽车运行路线，并注明交通工具到点情况。

⑧点位略图须在现场绘制，注明点位至主要特征地貌(地物)的方向和距离。本图为示意图，主要为寻点提供指导，地形地物比例尺可不做严格要求。

⑨线条清晰简洁，文字工整清晰，字高 3 ~ 5mm，根据图内空间确定。

第二节 静态测量仪器调试

一 调试 GNSS 静态测量仪器

（一）操作流程

操作人员独立操作，按照静态测量模式检查 GNSS 卫星定位仪部件型号及基本运行状态，填写仪器测试报告。下面以徕卡 VIVA 系列 GNSS 仪器为例叙述操作过程，其他型号仪器操作基本相同。

1. 调试天线

①拆卸天线。

②天线底部向上，检查天线标签。

③确认天线型号。

④确认天线序列号，即 S/N 编号。

⑤安装天线。

2. 调试控制器

①按住电源键，控制器开机。

②通过键盘功能键 Fn 组合对比度调整键调整屏幕对比度和亮度。

③点击屏幕测量软件的图标，启动控制器内预设的测量软件。

④观察控制器屏幕顶端状态条主机连接图标，检查控制器是否与主机连接：当控制器与主机未连接时，图标显示警告标识（黄色三角形惊叹号），连接后警告标识消失。

3. 调试主机

①检查主机背面标签，确认主机型号和序列号。

②查看控制器屏幕顶端状态条，点击卫星图标、观察主机接收卫星状态图标旁的数字，或进入仪器状态菜单，了解正在观测的卫星数量。

③点击控制器屏幕顶端的状态条定位图标，或通过控制器，打开测量状态菜单，记录定位坐标。

4. 检查电源

通过点击控制器顶端状态条“电池”图标，或通过点击控制器“仪器”图标，运行“仪器状态”菜单，通过“电池 & 内存”检查仪器主机和控制器电池剩余容量。

5. 检查内存

通过点击控制器“仪器”图标，运行“仪器状态”菜单，通过“电池 & 内存”检查仪器主机和控制器内存总容量及剩余容量。

（二）注意事项

①调试的静态测量仪器安装在三脚架上，为了便于阅读仪器标签，可将仪器拆卸，阅读后必须恢复安装。

②控制器亮度调试到自然光线环境下显示清晰即可。

③观察和记录的部分数据为仪器瞬间状态，如卫星数量、电池容量、内存容量及定位坐标等，可能存在一定误差。卫星数量误差不大于 2 颗，电池容量误差不大于 10%，定位坐标误差不大于 50m。

二 检查 GNSS 静态仪器运行状态

（一）操作流程

1. 检查仪器安置状况

①检查天线安装是否牢固。

②检查三脚架安装是否平稳。

③检查电缆连接是否牢固。

2. 检查测站设置

①检查测站点名。

②检查观测设置的天线类型。

③检查输入的天线高度数值。

3. 检查仪器运行状态

①通过控制器状态信息检查电池电量。

②检查数据卡剩余容量。

③检查正在观测的卫星数量。

④检查观测卫星的 PDOP 值。

⑤检查测站概略坐标。

⑥检查观测数据采样间隔。

⑦检查已记录的观测历元数量。

（二）注意事项

①天线必须旋紧，对中固定螺栓不可以松动。

②三脚架伸缩腿固定螺栓必须旋紧，三脚架角锥踩实。

③电缆连接无松动、无错位。

④观察和记录的部分数据为仪器瞬间状态，如卫星数量、电池容量、内存容量、定位坐标、观测历元等，可能存在一定误差。卫星数量误差不大于 2 颗，电池容量误差不大于 10%，定位坐标误差不大于 10m。

第三节 GNSS 静态观测

一 GNSS 静态观测

（一）操作流程

操作人员独立操作，按照静态测量模式操作 GNSS 卫星定位仪器。下面以徕卡 VIVA 系列 GNSS 仪器为例叙述操作过程，其他型号仪器操作基本相同。

1. 开机启动

①按控制器开机键开机。

②点击屏幕测量程序图标启动测量主程序。

③按主机电源键主机开机。

2. 新建项目

①点击屏幕“项目 & 数据”图标，新建项目。

②根据作业要求输入新建项目“名称”。

③保存。

3. 设置参数

①用量高尺量取天线高度，并核实天线型号。

②在程序主菜单选择“仪器”设置。

③选择“天线高度”，选择天线型号和设置天线高度。

④选择“卫星跟踪”，对卫星进行基本选择的设置：主要选择跟踪卫星型号、卫星截止角等选项。

⑤选择“原始数据记录”，设置“记录数据用于后处理”：主要设置数据记录位置、数据采样率等项。

4. 开始观测

①在程序主菜单选择点击“开始测量”图标。

②选择“测量”进入测量作业。

③根据作业要求输入“点号”。

④根据显示的数据验证天线高度，如果数据错误，重新输入。

⑤点击“观测”按钮开始观测。

5. 停止观测

①通过“仪器”选项中的“仪器状态”，检查“原始数据记录”记录情况，主要是卫星观测历元数量。

②当观测时间或观测历元满足作业要求时，选择“停止”观测。

③“保存”点及观测数据。

6. 关机

①退出观测程序。

②根据提示通过控制器关闭 GNSS 主机，或按压主机操作面板上的电源键关闭主机。

③按控制器电源键关闭控制器电源。

（二）注意事项

①控制器屏幕亮起，系统软件运行，为控制器开机状态。

②电源灯亮起，为接收机开机启动。

③按照题目给定的作业名称、点号、卫星类型、高度角、采样率等参数作业，其他参数无效。

④仪器天线高以现场量测的天线高度为准，量测和仪器设置误差小于 3mm。

⑤启动观测至少记录 5 个历元。

⑥必须通过按钮或控制器程序关闭主机、控制器。

二 管理静态观测数据

（一）操作流程

1. 备份数据

①将数据卡安插在读卡器上。

②读卡器连接到计算机 USB 接口。

③在计算机桌面建立新文件夹。

④利用资源管理器将数据卡中的观测数据分别拷贝到新建文件夹中。

2. 新建项目

①通过桌面快捷方式或开始程序菜单，启动测量软件。

②选择“项目”选项，按鼠标右键“新建”项目。

③输入项目名称。

3. 输入数据

①双击新建的项目，打开项目。

②通过程序菜单或快捷按钮启动输入原始数据。

③找到备份文件夹和观测数据文件，输入原始观测数据到项目。

④选择项目名称，并通过 GNSS 选项卡选择需要输入的观测点。

⑤通过“分配”按钮，将选择的观测点“分配”到新建项目。

4. 编辑数据

①点选需要编辑的观测点。

②鼠标右键选择观测点“重命名”。

③输入正确点名。

④鼠标右键选择“编辑时段”。

⑤输入正确天线高。

5. 关闭项目

通过程序“关闭”快捷按钮直接关闭数据项目。

（二）注意事项

①必须将所有观测数据都进行备份。

②对不同数据卡中的观测数据，必须建立不同的文件夹备份。

③根据作业要求分配观测点。

第四节　控制网数据处理

一　检查静态数据观测质量

（一）操作流程

1. 备份数据

①建立新文件夹。

②拷贝观测数据到新文件夹。

2. 新建项目

①通过桌面快捷方式或开始程序菜单，启动测量软件。

②选择“项目”选项，按鼠标右键“新建”项目。

③输入项目名称。

3. 输入数据

①双击新建的项目，打开项目。

②通过程序菜单或快捷按钮启动输入原始数据。

③找到备份文件夹和观测数据文件，输入原始观测数据到项目。

④选择项目名称，并通过 GNSS 选项卡选择需要输入的观测点。

⑤通过“分配”按钮，将选择的观测点“分配”到新建项目。

4. 检查静态数据

①在“编辑”窗口点选要检查的点标识。

②右键选择“编辑时段”。

③查看和记录测站点名、天线型号、天线高度、观测时段数、观测起止时间、时段长度等。

④进入“GNSS 处理”程序。

⑤点选需要检查的观测数据，定义为“SPP”即单点定位。

⑥右键“处理”单点定位数据。

⑦“存储”处理结果，右键“分析”观测数据，检查观测数据最大 GDOP 值等。

⑧打开单点定位报告，检查记录点坐标、采样间隔等信息。

（二）注意事项

①按照作业给定的观测数据操作。

②在计算机上操作，作业结果以填写检查记录为准。

二 GNSS 控制网基线处理

（一）操作流程

1. 建立项目

①打开测量数据处理软件。

②新建项目，使用规定的项目名称、坐标系统参数。

2. 导入观测数据

①打开项目，通过菜单“导入”导入文件夹。

②通过浏览器选择原始数据文件夹。

③选择原始数据导入到项目中，或者直接将原始数据拖到处理软件窗口完成导入。

3. 基线处理

①通过菜单“测量”“基线处理”开始处理基线。

②基线处理完毕，查看处理结果，点击“保存”。

③基线精度如有不达标的，选择该基线，右键打开“时段编辑器”，通过禁用卫星周跳严重的时间段的方法，来改善基线解算结果的质量。

④完成基线卫星时段编辑后，重复以上步骤，直至基线达标为止。

4. 计算环闭合差

①进入“测量”窗口。

②选择“GNSS 闭合环”。

③保存“闭合环”资料。

④查看“闭合环”资料是否合格，如果合格则基线处理完成。如果不合格继续进行步骤③，直至“闭合环”合格为止。

⑤通过菜单“报告”“基线处理报告”，生成报告并存储。

（二）注意事项

①按照作业规定的观测数据文件、坐标系统进行操作。

②点名、天线高与观测记录一致。

三 检查 GNSS 控制网基线解算精度

（一）操作流程

1. 打开项目

①打开测量数据处理软件。

②打开指定已经进行基线处理后的数据项目。

2. 基线解算状况统计

①通过菜单“报告”“基线处理报告”打开报告并另存。

②汇总统计各基线同步观测时段长度、平面高程精度、斜距、斜距标准差等。

3. 基线复测检验

①筛选复测基线。

②统计复测基线斜距互差。

③计算复测基线长度较差限差。

4. 统计分析

①统计平面高程精度是否符合技术要求。

②根据复测误差和限差，分析复测质量是否合格。

（二）注意事项

①按照作业规定的观测数据文件进行操作。

②统计数据保留不少于 3 位小数，计算误差不大于 5mm。

四 GNSS 控制网无约束平差

（一）操作流程

1. 建立工程

运行“TBC”软件，开始新工程，选择“空模板”或“Metric”模板，并另存为规定的工程项目名。

2. 输入原始数据

输入静态观测“原始数据”。通过“接收机原始数据检查”对话框核对观测点信息，对有误的信息根据野外静态观测信息记录一一对应更正。

3. 基线处理

①进入“基线处理”，处理完后点击“保存”按钮保存。

②对不合格的基线，编辑时段并重新处理，直至合格，查看基线处理报告并存储。

③进入“GNSS 闭合环”，生成并检查 GNSS 环闭合差报告，对不合格闭合环所构成的基线编辑时段再重新处理或删除掉冗余基线，至 GNSS 闭合环合格，查看 GNSS 闭合环报告并存储。

4. 网平差

进入“网平差”进行平差。第一次平差因没有权重会不通过，点击“权重”重新赋新权重后再平差，平差成功；查看网平差报告并存储。

（二）注意事项

①按照作业给定的观测数据操作。

②使用控制点坐标进行网平差。

五 GNSS 控制网平差处理

（一）操作流程

1. 打开项目

①打开测量数据处理软件。

②打开已经进行基线处理后的数据项目。

2. 自由网平差计算

①通过菜单“测量”“网平差”进入“平差”。

②平差不合格时进行“加权”，再进行平差。

③通过“报告”，查看“网平差报告”并存储。

3. 控制点

①点选需要控制的点标识。

②再点“右键”窗口“添加坐标”。

③坐标类型选择“全球”，“质量”改为“控制质量”。

④输入控制点经度、纬度和高程。

⑤输入所有控制点的坐标高程。

4. 约束网平差计算

①通过菜单“测量”“网平差”进入“平差”。

②勾选平差“2D”“大地高”，在 WGS–1984 坐标系下平差。

③平差不合格时进行“加权”，再进行平差。

④通过“报告”，查看“网平差报告”并存储。

5. 基准转换

①选择“坐标系统管理器”新建“坐标系统”。

②选择“工程设置”菜单中的“坐标系”。

③选择“更改”，选择新建的“坐标系统”。

④选择所有点，“导出”“导出格式编辑器”，按照设定格式编辑好内容，如点标识、北坐标、东坐标、高程、纬度（全球）、经度（全球）、椭球高度（全球）等，保存结果。

（二）注意事项

①按照作业规定的观测数据文件、坐标系统进行操作。

②转换参数以全部七参数进行操作，计算误差不大于 10mm。

③约束平差要求控制点绝对固定。

六 检查 GNSS 控制网平差质量

（一）操作流程

1. 打开项目

①打开测量数据处理软件。

②打开指定已经进行约束网平差的数据项目。

2. 检查平差报告

①通过“报告”“网平差报告”查看并存储。

②检查控制网平差报告中的信息，并编辑成报告：项目使用的坐标系统；网平差坐标系统；平差类型；平差维数；已知点数量；未知点数量；控制点坐标高程；最大坐标改正数；最大平差观测值残差；最大基线向量残差。

（二）注意事项

①按照作业规定的处理项目进行操作。

②报告必须包含检查项目：项目使用的坐标系统、网平差坐标系统、平差类型、平差维数、已知点数量、未知点数量、控制点坐标高程、最大坐标改正数、最大平差观测值残差、最大基线向量残差等。

③统计数据保留不少于 3 位小数，计算误差不大于 5mm。

七 计算坐标系统转换参数

（一）操作流程

1. 建立坐标系

在坐标系统管理中依次新建椭球、坐标转换、坐标系统，因转换参数需求取，故在基准转换属性中转换参数都默认为“0”。

2. 建立项目

新建工程项目，在项目属性中更改坐标系统为新建以项目名称命名的坐标系统。

3. 输入数据

依次输入用于求取参数各点的 WGS-1984 坐标系坐标、1954 年北京坐标系坐标（地方坐标）。

4. 基准转换

①启动测量菜单中“GPS 点校正”，基准转换中选择需要求取的参数类别（三参数或七参数）。

②点列表中，选取参数求取点，计算求取参数。

③通过“计算综述”窗口查看最大平面残差和最大高程残差。

④将 GPS 点校正报告另存为需要的文件。

（二）注意事项

①按照作业给定的坐标数据操作。

②使用指定的投影参数、椭球参数。

③转换参数计算误差不大于 5mm。

八 坐标系统转换

（一）操作流程

在坐标系统管理中，依次新建椭球、坐标转换、坐标系统，以 TBC 软件为例（图 8-4-1）。

1. 椭球

①椭球名称：以项目名称命名，也可以用自己熟悉易记的方式命名。

②输出名称：输入椭球名时，同步生成。

③长半轴：输入相应椭球长半轴的参数。

④扁率：输入相应椭球的扁率参数。

⑤短半轴、偏心率在以上参数输入后，将自动计算生成。

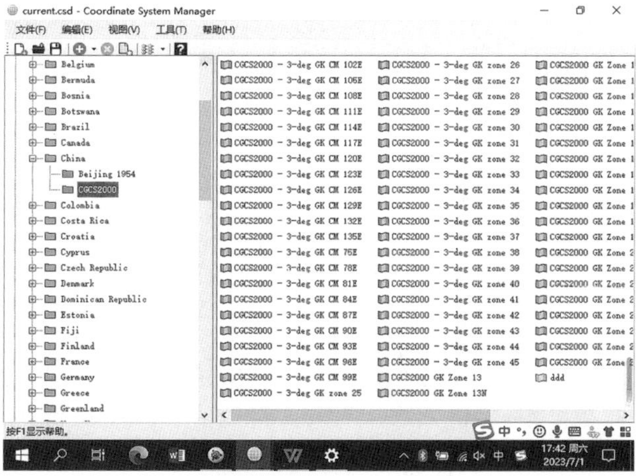

图 8-4-1　坐标系统管理

2. 坐标转换

①添加新基准转换参数：a. 三参数选“Molodensky”；b. 七参数选“七参数”（图 8-4-2）。

②名称：以项目名称命名，也可以用自己熟悉易记的方式命名。

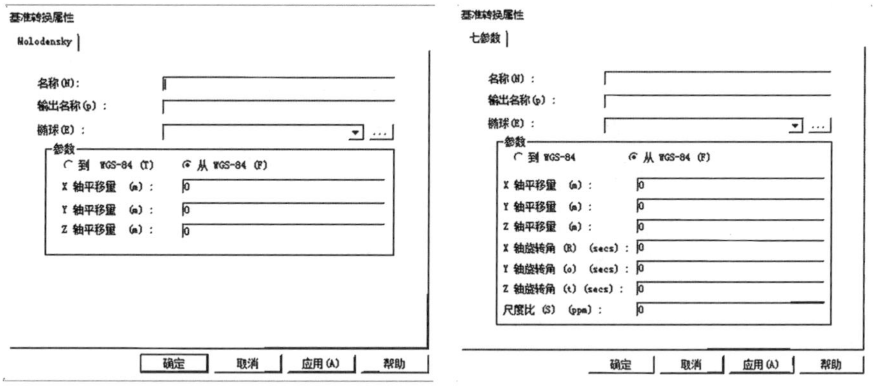

图 8-4-2　基准转换参数（三参数、七参数）

③椭球：在下拉菜单中找到上一步新建的椭球名称。

④参数：选择“从 WGS-1984（F）”。

⑤在参数项中，输入三参数或七参数。

3. 坐标系统

①增加新的坐标系统，以项目名称命名，也可以用自己熟悉易记的方式命名（图 8-4-3）。

②选择新建的坐标系统名称，然后在右边空白处增加新的坐标系统，选择“横轴墨卡托投影”。

③名称：以项目名称命名，也可以用自己熟悉易记的方式命名。

④正坐标方向选择北、东，输入中心纬度、中心经度、纵轴加常数、横轴加常数、尺度比（图 8-4-4）。

图 8-4-3　新增坐标系统

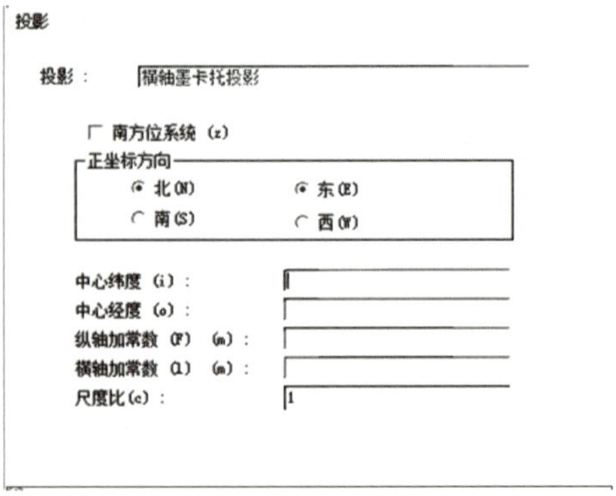

图 8-4-4　新增坐标系统投影参数

⑤各项参数输入完成后，点击保存。

4.WGS-1984 坐标、地方坐标转换

①运行“TBC”软件，开始新工程，选择“空模板”或“Metric”模板，并另存为规定工程项目名。

②工程管理器中对新建工程进行坐标系设置，将“基准面变换”更改为坐标系统管理中新建以项目名称命名的坐标系统（图 8-4-5）。

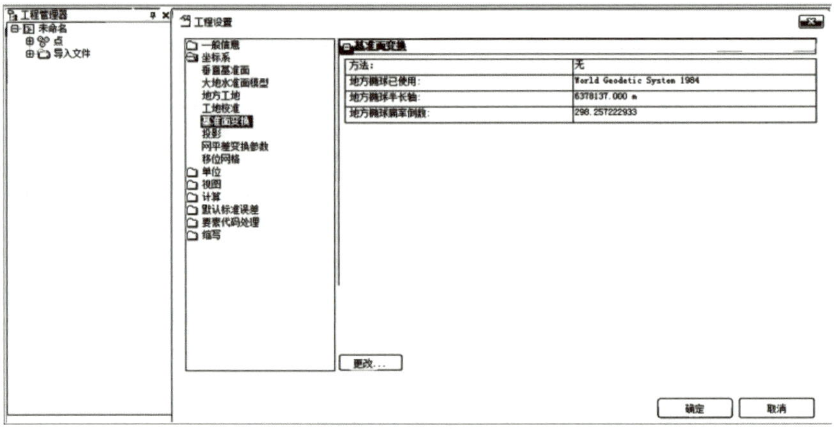

图 8-4-5　基准面变换

③在新建工程中，导入 CSV 格式数据文件。

④在导入格式中选择相应的数据类型。WGS-1984 坐标选择［P，B，L，hcode（Global）］格式，导出中选择“地方”网格坐标，即得转换后的平面直角坐标。

⑤导入平面直角坐标数据，则可导出 WGS-1984 坐标，即得转换后 WGS-1984 大地坐标和高程。

（二）注意事项

①按照作业给定的参数进行编辑。

②所有数据保留 2 位小数。

思考题

1. 控制测量前有哪些准备工作？
2. GNSS 静态观测时的注意事项有哪些？
3. 基线解算时，起点坐标不准确的应对方法有哪些？
4. 控制网观测质量不高的原因有哪些？
5. 如何编写 GNSS 控制测量报告？
6. 如何求取坐标系统转换参数？

扫一扫
获取更多资源

PART 9

第九章

物探测线放样

物探测线放样主要包括测量仪器精度内外符合检验、物理点放样等环节；利用测量仪器将设计点位在地面放样并实测坐标和高程，并在对应位置安置测量标识。在物理点放样过程中，测量员在放样位置安置小旗、桩号等标识，为钻井、放线等后续工序提供目标，同时记录员记录物理点及其周围的环境状况，绘制测线测量草图，确认没有质量问题，满足测量规范和测量施工设计的技术要求，为其他工序提供参考。

第一节　测量仪器检验

一　对中整平仪器

（一）操作流程

1. 准备工作

准备三脚架、基座，将三脚架、基座移动到操作场地。

2. 调整脚架

①将三脚架脚尖向下，平台向上竖直于地面上。

②旋转 3 个三脚架伸缩杆紧固旋钮，松开伸缩杆。

③向上提升三脚架平台，使伸缩杆在重力的作用下自然伸展开，平台高度大致与操作者视线齐平。

④旋转 3 个三脚架伸缩杆紧固旋钮，紧固伸缩杆。

3. 安置脚架

①分开三脚架三个伸缩杆，三个脚之间距离大致 1m。

②移动三脚架，使三脚架平台位于测量标识正上方。

③将三脚架放置稳定，调整伸缩杆，使三脚架平台大致水平。

4. 安置对中器

①将基座对中器平放于三脚架平台中央，基座的三个脚正对平台的三个脚。

②旋转对中螺旋，将基座对中器固定在平台上。

③调整三个基座脚螺旋，使脚螺旋处于中间位置。

5. 整平

①操作者站立于三脚架两个伸缩杆之间。

②双手分别用拇指和食指握住远离操作者的两个脚螺旋，同时向内或同时向外旋转脚

螺旋，使水准气泡居于两个脚螺旋中间位置。

③单手用拇指和食指调整距离操作者最近的基座脚螺旋，使水准气泡居中。

④重复上述整平步骤，直至水准气泡进入水准器水准标识环内。

三角基座整平调节方法如图 9–1–1 所示。

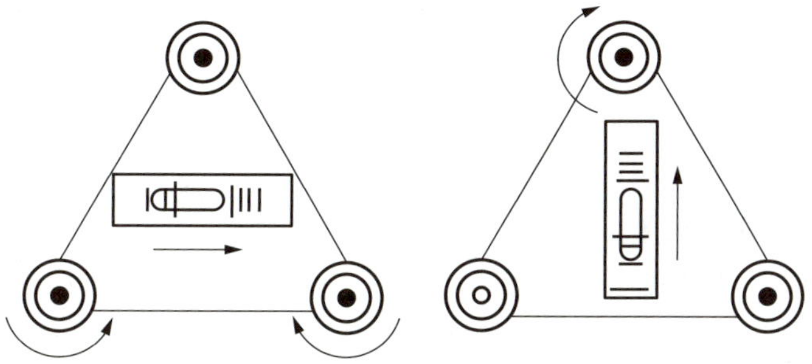

图 9–1–1　三角基座整平调节

6. 对中

①旋转光学对中器目镜，十字丝对中标志、使测量标识清晰。

②平行移动基座对中器，同时观察对中器目镜，使对中器十字丝与测量标识重合。

③观察水准器，如果水准气泡偏出标识，重新进行整平，然后重新对中，直至满足目标要求。

（二）注意事项

①三脚架平台高度在操作者胸部以上至肩部以下，便于仪器操作。

②三脚架三个伸缩杆紧固旋钮旋紧，伸缩杆无松动。

③三脚架三个伸缩杆角锥被踩实，使三脚架稳定无晃动。

④基座对中器安置于三脚架平台中央，并用对中螺旋固定。

⑤水准气泡位于水准标识中央。

⑥测量标识位于光学对中器对中标识中央。

二　检验全站仪指标差

（一）操作流程

1. 安置设备

①安置三脚架，使三脚架高度在操作者胸部以上，肩部以下，适宜操作，螺栓旋紧，角锥踩实。

②安置仪器，将全站仪用三脚架对中螺旋固定在三脚架上。

③操作基座脚螺整平仪器，使圆水准气泡或电子气泡居中。

2. 检验指标差

①打开全站仪电源开关。

②转动望远镜瞄准远处清晰目标，记录垂直角 L 。

③将全站仪旋转 180°，使望远镜重新找准目标，记录垂直角 R 。

④计算全站仪竖盘指标差：$i=(L+R-360°)/2$ 。

3. 清理现场

①按全站仪开关键关机。

②从三脚架上拆卸全站仪，装箱。

③收起三脚架，捆好锁紧。

④全部设备和工具恢复到原来位置。

（二）注意事项

①准备作业必需的设备和工具。

②三脚架高度应在操作者胸部以上肩部以下，适宜操作仪器。

③三脚架伸缩腿固定螺栓必须旋紧，角锥踩实。

④三脚架对中螺旋旋紧，仪器无松动。

⑤观测时用望远镜十字丝瞄准目标。

三 检验全站仪视准轴误差

（一）操作流程

1. 安置设备

①安置三脚架，使三脚架高度在操作者胸部以上、肩部以下，适宜操作，螺栓旋紧，角锥踩实。

②安置仪器，将全站仪用三脚架对中螺旋固定在三脚架上。

③操作基座脚螺旋整平仪器，使圆水准气泡或电子气泡居中。

④安置目标棱镜到 100m 左右，棱镜高度与全站仪望远镜高度基本相同。

2. 检验

①打开全站仪电源开关。

②转动望远镜瞄准远处目标，记录水平角 L 。

③将全站仪旋转 180°，使望远镜重新照准目标，记录水平角 R 。

④计算全站仪视准轴误差：$C=(L-R\pm180°)/2$ 。

3. 清理现场

①按全站仪开关键关机。

②从三脚架上拆卸全站仪，装箱。

③收起三脚架、棱镜，捆好锁紧。

④全部设备和工具恢复到原来位置。

（二）注意事项

①检验时棱镜高度与望远镜高度基本相同，高差不深于 0.5m。

②三脚架高度应在操作者胸部以上、肩部以下，适宜操作仪器。

③三脚架伸缩腿固定螺栓必须旋紧，角锥踩实。

④三脚架对中螺旋旋紧，仪器无松动。

⑤观测时用望远镜十字丝瞄准目标。

⑥视准轴误差计算精度不大于 1″。

四 检测 RTK 测量精度

（一）操作流程

1. 设置参考站

①安置三脚架于开阔场地。

②在三脚架上安置参考站仪器天线，整平。

③安装主机、控制器、电台及电台天线等。

④开机设置为参考站模式，测量当地位置，并作为参考站坐标。

⑤启动参考站程序，发送参考站信号。

2. 设置流动站

①安置三脚架于开阔场地。

②在三脚架上安置流动站仪器天线，整平。

③安装主机、控制器等。

3. 观测

①开机设置仪器为流动站模式，设定地方坐标系统。

②接收参考站信号完成流动站初始化。

③连续记录 10 个以上流动站坐标。

④退出测量模式，关机。

4. 下装数据

①从流动站仪器上取出数据卡。

②使用读卡器将观测数据拷贝至计算机。

5. 检测精度

①将观测数据导入新建项目。

②将项目内数据导出到文本格式。

③利用电子表格计算坐标高程数据平均值。

$$\bar{x}=\frac{[x]}{n}$$

$$\bar{y}=\frac{[y]}{n}$$

$$\bar{H}=\frac{[H]}{n}$$

④计算各观测量改正数。

$$v_{x}=x-\bar{x}$$

$$v_{y}=y-\bar{y}$$

$$v_{H}=H-\bar{H}$$

⑤计算各数据项观测值中误差。

$$m_{x}=\pm\sqrt{\frac{[v_{x}v_{x}]}{n-1}}$$

$$m_{y}=\pm\sqrt{\frac{[v_{y}v_{y}]}{n-1}}$$

$$m_{H}=\pm\sqrt{\frac{[v_{H}v_{H}]}{n-1}}$$

⑥计算算术平均值中误差。

$$M_{x}=\pm\sqrt{\frac{[v_{x}v_{x}]}{n(n-1)}}$$

$$M_{y}=\pm\sqrt{\frac{[v_{y}v_{y}]}{n(n-1)}}$$

$$M_{H}=\pm\sqrt{\frac{[v_{H}v_{H}]}{n(n-1)}}$$

（二）注意事项

①参考站安置稳定并必须发送差分信号。

②流动站安置稳定并接收参考站信号。

③必须在流动站初始化后观测检测数据。

④观测检测样本不少于 10 个。

⑤计算数据保留 3 位小数，计算误差不大于 2mm。

第二节　测量标识制作与埋置

一　制作测量标识

（一）操作流程

①利用直尺和点号笔在红布、蓝布上各画出 5 个 12cm×12cm 的方格。

②使用裁纸刀或剪刀按照方格裁下旗面。

③在旗杆一端涂抹 12cm 长的白乳胶，在旗杆上端粘贴旗面。

④按照颜色把小旗分类，红色分为一组，蓝色分为一组。

⑤旗面和旗面对齐，旗杆与旗杆对齐。

⑥分别用橡皮筋捆扎红旗和蓝旗。

（二）注意事项

①在红布、蓝布上要按照 12cm×12cm 尺寸规划方格。

②旗面各角角度应约为 90°。

③旗面与旗杆黏合牢固。

④旗面、旗杆无笔迹、胶水污染，旗杆无弯曲、折断。

⑤颜色分类清楚无混淆。

⑥捆扎牢固，整齐，无散落。

二　测量标识埋置

（一）操作流程

①操作人员根据任务书独立检查桩号；检查施工材料准备齐全；携带工具齐全；通信器材准备齐全。

②平原地区、沙漠地区物理点标识的埋设符合施工设计要求，土堆下纸质桩号埋置无误，土堆高度必须超过 20cm。

③山地地形物理点标识；醒目位置提示标识（布条）至少 2 条，1 布条上手写桩号，另 1 布条指明方向加桩号；彩色纸屑撒开；堆土堆或者使用石块堆积标识堆，纸质桩号埋置无误；竹桩上在醒目处使用油性笔或油漆书写桩号；保证桩号唯一性。

④水域测量物理点标识的浅水位（1~2m）使用竹竿作为标识；深水区（3~5m 水深）物理点标识（浮球）下绑砖头或重物；水流速度较大区域使用铁锚上绑设物理点标识（浮

球）作为标记；桩号书写清晰，工整，正确无误。

（二）注意事项

①物理点标识的位置准确。

②物理点标识的埋设符合要求。

③物理点标识醒目，激发点和接收点标识旗颜色必须明确分开。

④桩号书写正确无误，清晰，工整。

⑤必须与测量仪器操作员核对每一桩号的准确性。

第三节　测线桩号计算与草图绘制

一　反算二维测线桩号

（一）操作流程

设：已知二维测线线号为L_0、原点桩号为P_0；主测线方位角为α_0，联络测线方位角为$\alpha_{90}=\alpha_0+90°$，原点纵坐标为x_0，横坐标为y_0；计算点的纵坐标为x，横坐标为y。

1. 计算方位

①反算计算点与二维测线原点之间的坐标增量：

$$\Delta x = x - x_0$$

$$\Delta y = y - y_0$$

②反算计算点至二维测线原点之间的距离：

$$S=\sqrt{\Delta x^2+\Delta y^2}$$

③反算二维测线原点至计算点的方位角：

$$\alpha=\tan^{-1}\frac{\Delta y}{\Delta x}$$

④当$\Delta x<0$时，方位角处于第二象限、第三象限，计算结果加180°：

$$\alpha=\alpha+180°$$

⑤当$\Delta x>0$时，如果α为负数，方位角处于第四象限，计算结果加360°：

$$\alpha=\alpha+360°$$

2. 反算桩号

①计算点桩号增量，即计算点(x,y)至二维测线原点的桩号变化量：

$$\Delta P = S \times \cos(\alpha - \alpha_0)$$

②计算点桩号：

$$P = P_0 + \Delta P$$

③计算线号增量，即计算点 (x, y) 至二维测线原点的线号变化量：

$$\Delta L = S \times \cos(\alpha - \alpha_{90})$$

④计算点线号：

$$L = L_0 + \Delta L \div 1000$$

（二）注意事项

①二维测线线号以 km 为单位，桩号以 m 为单位。

②计算数据保留 3 位小数。

③所有数据计算误差不大于 0.5m。

二 反算三维测线桩号

（一）操作流程

设：已知三维测线原点线号为了 L_0 、原点桩号为 P_0；测线方位角为 α_0，线号增大方向为 α_{90}；原点纵坐标为 x_0，横坐标为 y_0；计算点的纵坐标为 x，横坐标为 y；三维桩号间距为 V_P、线号间距为 V_L。

1. 计算方位

①反算计算点与三维测线原点之间的坐标增量：

$$\Delta x = x - x_0$$

$$\Delta y = y - y_0$$

②反算计算点至三维测线原点之间的距离：

$$S = \sqrt{\Delta x^2 + \Delta y^2}$$

③反算三维测线原点至计算点的方位角：

$$\alpha = \tan^{-1} \frac{\Delta y}{\Delta x}$$

④当 $\Delta x < 0$ 时，方位角处于第二象限、第三象限，计算结果加 180°：

$$\alpha = \alpha + 180°$$

⑤当 $\Delta x > 0$ 时，如果 α 为负数，方位角处于第四象限，计算结果加 360°：

$$\alpha = \alpha + 360°$$

2. 反算桩号

①计算点桩号增量，即计算点 (x,y) 至三维测线原点的桩号变化量：

$$\Delta P = S \times \cos\left(\alpha_0 - \alpha\right) \div V_{\mathrm{p}}$$

②计算点桩号：

$$P = P_0 + \Delta P$$

③计算点线号增量，即计算点 (x,y) 至三维测线原点的线号变化量：

$$\Delta L = S \times \cos\left(\alpha_{90} - \alpha\right) \div V_{\mathrm{l}}$$

④计算点线号（km）：

$$L = L_0 + \Delta L$$

（二）注意事项

①三维测线线号和桩号使用自编号，计算时需变换为距离，以 m 为单位。

②线号间距和桩号间距是指线号和桩号增加一个单位，距离的变化量。

③计算数据保留 3 位小数。

④所有数据计算误差不大于 0.5m。

三 绘制测线草图

（一）操作流程

1. 准备材料

2B 铅笔削尖、绘图纸、绘图工具。

2. 绘制草图北方向

①根据测线走向确定北方向。

②观察太阳方向，根据时间和所在地区确定北方向。如东经 120° 地区中午 12 点，太阳方向为正南方向。其他地区，与东经 120° 经差每隔 15°，正午时间加减 1h、以东减 1h，以西加 1h。

③根据房屋朝向、树木长势等信息确定北方向。

④在图纸上绘图区域右上角绘制北方向，可用箭头标识，标注文字“北”。

3. 检查并绘制物理点点号标识

①根据图纸绘图区域的大小，用“○”符号绘制点标识。

②检查测线物理点点号，标注在相应点标识旁。

4. 绘制地形地物

①绘制图形。

绘制以物理点为中心 50m 周围的地形地物，包括房屋、道路、电线、河流等。

一般房屋或村镇用细实线勾画轮廓，内部用细实线间隔 1~2mm 绘制斜线填充；道路用双实线绘制，铁路用 10mm 间隔宽实线填充；高压线、电话线等用细实线绘制。

②标注地物属性。

用文字在绘制的图形内或图形旁标注属性，如房屋、学校、公路、草地等。

（二）注意事项

①测线必须标注北方向，北方向标识误差不超过 30°。

②根据实地物理点标识标注物理点点号。

③主要地物描绘清楚，地物属性标注正确，相对位置关系准确。

④测线草图为示意图，主要为寻点提供指导，地形地物比例尺可不做严格要求。

⑤线条清晰简洁，文字工整清晰，字高 3~5mm，根据图内空间确定。

⑥图纸无涂改、划改。

第四节　全站仪作业

一　全站仪设站

（一）操作流程

1. 安置仪器

①安置三脚架，使三脚架高度在操作者胸部以上、肩部以下，适宜操作，螺栓旋紧，角锥踩实。

②将全站仪用三脚架对中螺旋固定在三脚架上。

③对中整平仪器，仪器圆水准气泡或电子气泡居中，对中激光对准地面标识。

2. 设置作业

①按全站仪功能键，启动“应用程序”。

②启动“放样设置”功能。

③执行“设置作业”。

④输入“作业名称”和“作业员”。

⑤按功能键“确认”，回到“放样设置”界面。

3. 设置测站

①在“放样设置”界面，执行“设置测站”功能。

②输入“测站点号”，可通过增加点的方式新建测站点，输入平面坐标和高程，保存和使用。

③量测仪器高，并输入仪器。

④按功能键“确认”，回到“放样设置”界面。

4. 定向

①在“放样设置”界面，执行“定向”功能。

②转动望远镜，照准后视棱镜。

③选择“坐标定向”方式。

④输入后视点，可通过增加点的方式新建测站点，输入平面坐标和高程，保存和使用。

⑤显示“坐标定向”信息，按功能键“测存”定向信息，显示定向方位角。

5. 清理现场

①按全站仪开关键关机。

②从三脚架上拆卸全站仪，装箱。

③收起三脚架，捆好锁紧。

④全部设备和工具恢复到原来位置。

（二）注意事项

①准备作业必需的设备和工具。

②三脚架高度应在操作者胸部以上、肩部以下，适宜操作仪器。

③三脚架伸缩腿固定螺栓必须旋紧，角锥踩实。

④三脚架对中螺旋旋紧，仪器无松动。

⑤用望远镜十字丝对准后视棱镜。

二 导线测量作业

（一）操作流程

1. 起点上线观测

①在已知点上安置全站仪。

②量测仪器高度。

③设站，输入已知点坐标、仪器点、尺高。

④观测后视点已知点。

2. 导线点观测

①观测前视导线点，测量记录前视导线点的坐标和高程，同时记录水平角、垂直角距离。

②迁站，量测仪器高度，在新点上使用观测记录的该点点位坐标作为测站坐标，以上

一测站坐标作为后视数据设站。

③观测前视导线点，测量记录前视导线点的坐标和高程，同时记录水平角、垂直角和距离。

④重复以上步骤，直到在已知点上设站。

3. 闭点

①在已知点上设站，量测仪器高度，以上一导线点测站为后视，设站。

②观测记录前视已知点坐标、方位、水平角、垂直角和距离。

4. 检验精度

①核对闭合点的实测坐标和已知坐标，检查坐标闭合差。

②核对闭合点的实测高程和已知高程，检查高程闭合差。

5. 清理现场

①按全站仪开关键关机。

②从三脚架上拆卸全站仪，装箱。

③收起三脚架，捆好锁紧。

④全部设备和工具恢复到原来位置。

（二）注意事项

①严格对中整平。

②按照已知点坐标输入和操作。

③三脚架高度应在操作者胸部以上肩部以下，适宜操作仪器。

④三脚架伸缩腿固定螺栓必须旋紧，角锥踩实。

⑤三脚架对中螺旋旋紧，仪器无松动。

⑥用望远镜十字丝对准后视棱镜。

三 全站仪放样

（一）操作流程

1. 启动程序

①按全站仪功能键，启动“应用程序”。

②启动“放样设置”功能。

③按功能键或数字键执行“放样”作业。

2. 输入放样点

①启动放样点“搜索”功能。

②通过增加点的方式新建目标点，输入平面坐标和高程，保存和使用。

3. 放样

①选定放样点，显示目标点导航信息。

②转动望远镜到 0 角度方向，即目标方向。

③按照显示的导航信息指示棱镜前进方向。

④按照显示的导航信息指示棱镜前进距离。

⑤根据棱镜与望远镜视准轴的相对方向修正棱镜前进方向，如果棱镜处在望远镜左侧，指挥棱镜向右移动，使棱镜在望远镜十字丝附近，反之亦然。

⑥按测距功能键测量棱镜到目标点的距离，按照显示的导航信息修正棱镜前进距离，直到到达目标。

4. 测量

①当棱镜到达目标点，导航误差在容许范围内时，按“测量”键测量水平角、垂直角及距离等。

②按“存储”键存储测量信息，也可直接按“测存”键测量并存储目标点水平角、垂直角、距离、高差等测量信息。

③在棱镜对中杆底端位置埋置测量标识。

（二）注意事项

①在进行放样作业之前，全站仪已经设站和定向完毕，无需再次设站和定向操作，如果进入设站操作过程，并破坏了原来的设站和定向状态，需要操作者重新完成设站和定向操作之后才能进行放样。

②按照作业的要求输入放样点。

③放样过程中操作者可用语言或手势指示棱镜移动方向和距离。

④棱镜移动方向和距离可以反复修正直到满足放样要求。

⑤放样位移误差不大于 0.5m。

第五节　GNSS　RTK 作业

以 Trimble 卫星定位仪为例。

一　RTK 参考站架设

（一）操作流程

1. 安装三脚架

①将三脚架脚尖向下、平台向上竖立于地面上。

②旋转 3 个三脚架伸缩杆紧固旋钮，松开伸缩杆。

③向上提升三脚架平台，使伸缩杆在重力的作用下自然伸展开，平台高度大致与操作者视线齐平。

④旋转 3 个三脚架伸缩杆紧固旋钮，紧固伸缩杆。

⑤分开三脚架三个伸缩杆，三个脚之间距离大致 1m。

⑥将三脚架放置稳定，调整伸缩杆，使三脚架平台大致水平。

⑦踩实脚架脚锥。

2. 安装天线

安装天线应对中整平。

①将基座对中器平放于三脚架平台中央，基座的三个脚正对平台的三个脚。

②旋转对中螺旋，将基座对中器固定在平台上。

③调整三个基座脚螺旋，使脚螺旋处于中间位置。

④操作者站立于三脚架两个伸缩杆之间，双手分别用拇指和食指握住远离操作者的两个脚螺旋，同时向内或同时向外旋转脚螺旋，使水准气泡居于两个脚螺旋中间位置。

⑤单手用拇指和食指调整距离操作者最近的基座脚螺旋，使水准气泡居中。

⑥重复上述整平步骤，直至水准气泡进入水准器水准标识环内。

⑦安装基座适配器，锁紧固定。

⑧在基座适配器顶端螺旋上安装天线，顺时针旋转，直到旋紧。

3. 安装主机

①取出主机，放置在干净、平稳处。

②取出同轴天线电缆，一端连接天线接口，旋紧，另一端连接主机天线接口，旋紧。

③控制器连接到主机。

4. 装配电池

①取出电池。

②打开主机电池仓。

③按照电池触点方向，将电池插入电池仓。

④关闭电池仓。

5. 安装电台

①在距离天线 2m 左右安置三脚架，锁紧，踩实。

②连接电台天线到天线电缆。

③安置电台天线在电台天线杆上。

④将电台天线杆连接到三脚架对中螺旋上，固定。

⑤连接电台天线电缆到基站电台天线接口。

⑥安装基站电台电源线，插头一端插入电台电源接口，插牢，另一端连接 12V 电瓶，红色标识的一端连接电瓶正极，黑色标识的一端连接电瓶负极。

⑦使用多芯数据电缆连接主机和电台。

（二）注意事项

①选择并取用基准站测量需要的所有零部件。

②三脚架安置平稳，脚架伸缩腿固定旋钮处于固定状态，三脚架角锥踩实，三脚架无移动扭曲。

③电台天线杆安置稳固，无松动。

④ GNSS 天线通过螺旋固定，利用基座对中器精确整平。

⑤基座适配器旋钮锁紧。

⑥基座对中器与对中螺旋旋紧固定。

⑦ GNSS 主机、电台安置平稳，安全。

⑧所有电缆两端接口连接牢固，螺丝连接无松动、无错位。

⑨电池、电瓶安装方位正确，接触良好。

二 RTK 参考站观测

（一）操作流程

1. 控制器与主机连接

控制器通过蓝牙配对与卫星定位仪连接。

2. 测量形式

设置中测量形式选“RTK”“基准站”选项中测量类型选择“RTK”，对播发格式、测站索引、截止高度角、天线类型、量高方式、GNSS 信号跟踪作相对应选择并保存。

3. 参考站数据链路

参考站数据链路中，类型项中选择电台，选择所使用的电台型号。对接收机端口、波特率、奇偶校验作对应选择。连接电台，选择指定的电台频率，对电台操作模式、参考站电台模式作对应选择，设置完后必须接收并存储。

4. 新建任务

新建任务，任务名按指定的名称命名，进入当地工地选择“键入参数”，在投影和基准转换中输入给定的各项参数。在新建任务中键入控制点坐标。

5. 启动参考站

常规测量“RTK”中启动参考站接收机，通过列表选择控制点或键入控制点坐标。选择量取天线高时的量取方式，输入量取得天线高，发射延迟选“0”秒，点击开始启动 RTK 参考站。

（二）注意事项

①天线必须旋紧，对中固定螺栓不可以松动。

②三脚架伸缩腿固定螺栓必须旋紧，三脚架角锥踩实。

③电缆连接无松动、无错位。

④观察和记录的部分数据为仪器瞬间状态，如卫星数量、电池容量、内存容量、定位坐标、观测历元等，可以存在一定误差。卫星数量误差不大于2颗，电池容量误差不大于10%，定位坐标误差不大于10m。

⑤按照施工设计给定的频率、卫星高度角、参考站坐标进行作业。

三 设置RTK流动站

（一）操作流程

1. 控制器与主机连接

控制器通过蓝牙配对与卫星定位仪连接。

2. 测量形式

设置中测量形式选“RTK”，流动站选项中测量类型选择“RTK”，对播发格式、使用测站索引、卫星差分、截止高度角、PDOP限制、天线类型、量高方式、GNSS信号跟踪作相对应选择并保存。

3. 流动站数据链路

流动站数据链路中，类型项中选择电台，选择Trimble内置，方法选Trimble450/900。连接电台后，电台操作模式选流动站，频率选择和基准站一致的频率，基准站电台模式为TT450S在9600bps，设置完后必须接收并存储。

4. 新建任务

新建任务，任务名按指定的名称命名，进入当地工地选择“键入参数”，在投影和基准转换中输入给定的各项参数。

5. 测量

常规测量“RTK”中选择测量，接收参考站信号开始测量。

（二）注意事项

按照施工设计给定的频率、椭球参数、转换参数设置仪器。

四 GNSS流动站观测

（一）操作流程

操作人员独立操作，按照流动站测量模式操作GNSS卫星定位仪器。

1. 开机启动

①按控制器开机键开机。

②点击屏幕“常规测量”图标启动测量主程序。

③按主机电源键主机开机，主机指示灯亮起。

④将控制器与主机蓝牙连接。

2. 配置项目属性

①点击屏幕“任务”图标，根据作业要求新建“测量项目”。

②配置项目属性，在“坐标系统”选项卡上选择规定的坐标系统，配置投影参数、基准转换参数。

③保存项目。

3. 设置放样参数

①用量高尺量取天线高，并核实天线型号。

②在程序主菜单选择“设置”依次选择“测量形式”“RTK”“流动站选项”“测量类型”“播发格式”“天线类型”“测站索引”“卫星截止高度角”“PDOP 限制”“GNSS 信号跟踪”等内容。

4. 复测物理点

①在“任务”下，依次选择“测量”“RTK”“测量点”。

②到已测过的物理点上进行测量，记录点位坐标观测值。

③测量两个物理点，并检核坐标值。

5. 放样测量

①在程序主菜单选择“常规测量”、再选择“放样”。

②选择放样“任务”，点击放样图标，选择“RTK”，选“点”增加需放样点。

③按照导航信息移动流动站仪器，直到到达目标点点位。

④测量记录点位坐标观测值。

6. 停止观测

①使用“放样”选项中“结束 GNSS 基站测量”关闭基站电源。

②使用“放样”选项中“结束 GNSS 测量”关闭接收机电源关并闭控制器。

（二）注意事项

①控制器屏幕亮起，系统软件运行，为控制器开机状态。

②接收机电源灯亮起，为接收机开机启动。

③按照设计给定的作业项目名称、点号、卫星类型、高度角、坐标系统等参数作业。

④导航放样位移误差不大于 0.5m。

⑤必须通过按钮或控制器程序关闭主机、控制器。

五 GNSS RTK 偏移测量作业

（一）操作流程

1. 设置流动站

①建立新作业项目。

②设置规定的坐标系统。

2. 输入设计数据

①进入新项目，新建坐标点。

②分别输入指定的测线设计坐标。

③设计参考方向线。

3. 测量作业

①初始化仪器。

②根据指定的点位导航。

③按照规定的点位偏移量偏移。

④书写点号，埋设点位标志。

⑤测量点位坐标。

（二）注意事项

①使用规定的坐标系统或坐标系统参数。

②准确输入设计点坐标。

③使用设计点坐标建立放样参考方向线。

④按照规定的点位偏移距离、方向进行偏移。

⑤偏移点放样误差不大于 0.5m。

思考题

1. 如何检验全站仪视准轴误差？

2. 野外反算测线桩号的意义是什么？

3. 在进行测量草图绘制时，为什么要对鱼塘、堤坝、高压线等重要制图内容进行选取和绘制？

4. 全站仪作业过程中如何消除系统误差？

5. 在 GNSS 测量中，如何设置基线更容易获得固定解？

6. 在 RTK 测量中，放样误差的大小为什么会影响物探工程质量？

扫一扫
获取更多资源

第十章

数据处理与资料整理

PART 10

数据处理及资料整理是对物探设计物理点放样数据进行处理、统计和整理上交成果的过程，包含全站仪数据处理、GNSS RTK 数据处理、质量统计与资料整理、绘图，以及编写测量技术总结等。

第一节　全站仪数据处理

一　导线边方位角计算

（一）操作流程

1. 计算角度闭合差

设：导线水平角分别为 B_1、B_2、$\cdots B_n$，起算方位角为 A_0、A_n，则角度闭合差计算公式为：

$$F_b = \sum_{i=1}^{n} B_i - (A_n - A_0) - n \times 180 = A_0 + B_1 + B_2 + B_3 + \cdots + B_n - A_n - n \times 180$$

操作步骤：

①对所有水平角观测值求和。

②计算角度闭合差。

2. 角度闭合差配赋

按照角度个数平均配赋闭合差，每个水平角改正数为：

$$V_B = -\frac{F_B}{n}$$

3. 改正水平角

将观测记录的水平角加改正数即为改正后水平角：

$$B_i' = B_i + V_B$$

4. 计算方位角

计算公式为：

$$A_i' = A_{i-1} + B_i' + 180$$

如果计算值大于 360°，将结果减去 360°。

5. 计算方位角闭合差

理论上经过水平角配赋改正后计算的方位角应与已知方位角相等，可以用来检核计算的正确性，即方位角闭合差。

$$V_A = A_n' - A_n$$

（二）注意事项

①严格按照作业数据进行统计。

②计算角度保留整数，计算误差不大于 1s。

③注意当计算角度大于 360° 时可减去 360°，当角度为负值时可加 360°。

④注意角度单位为度分秒，改正数单位为秒。

二 导线点坐标计算

（一）操作流程

1. 统计边长

统计导线边的边长总长：

$$\sum_{i=1}^{n} S_i = S_1 + S_2 + S_3 + \cdots + S_n$$

2. 计算坐标增量

①利用科学计算器计算 x 纵坐标增量：

$$\Delta x_i = S_i \times \cos A_i$$

式中 S_i——导线边边长；

A_i——该导线边的方位角。

②利用科学计算器计算 y 横坐标增量：

$$\Delta y_i = S_i \times \sin A_i$$

式中 S_i——导线边边长；

A_i——该导线边的方位角。

3. 计算坐标增量闭合差

设：出线点 N 坐标 (x_N, y_N)，闭合点 A 坐标 (x_A, y_A)。

①计算纵坐标增量闭合差：

$$f_x = x_N + \sum_{i=1}^{n} x_i - x_A$$

②计算横坐标增量闭合差：

$$f_y = y_N + \sum_{i=1}^{n} y_i - y_A$$

4. 分配坐标增量改正数

①计算纵坐标增量改正数：

$$V_{\Delta x_i} = \frac{f_x}{\sum S} \times S_i$$

②计算横坐标增量改正数：

$$V_{\Delta y_i} = \frac{f_y}{\sum S} \times S_i$$

5. 计算坐标

①计算导线点x纵坐标：

$$x_i = x_{i-1} + \Delta x_i - V_{\Delta x_i}$$

②计算导线点y横坐标：

$$y_i = y_{i-1} + \Delta y_i - V_{\Delta y_i}$$

（二）注意事项

①严格按照作业数据进行统计。

②计算数据保留 1 位小数，计算误差不大于 0.1m。

③角度单位为度分秒，注意在计算器上正确使用函数计算功能。

三 三角高程计算

（一）操作流程

1. 计算直返觇视高差

$$d_h = S \times \tan \beta$$

式中 d_h——A、B 两点间视高差；

S——A、B 两点间水平距离；

β——垂直角。

2. 计算直返觇高差

$$h_{AB} = d_h + i - L$$

式中 h_{AB}——A、B 两点间高差；

i——仪器高；

L——标高。

3. 计算平均高差

$$h_{AB}' = (h_{AB} - h_{BA}) \div 2$$

4. 计算高程

$$h_B = h_A + h_{AB}'$$

（二）注意事项

①计算数据保留 2 位小数。

②所有数据计算误差不大于 0.2m。

③注意角度函数计算在科学计算器的操作方法。

第二节　GNSS　RTK 数据处理

以 LGO 数据处理软件为例。

一　设置软件坐标系统参数

（一）操作流程

1. 新建投影参数

①启动“坐标系统”程序。

②选择“投影”选项。

③鼠标右键或其他方式“新建”投影。

④输入新建投影“名称”。

⑤选择投影“类型”：TM 横轴墨卡托投影。

⑥输入假定东坐标、假定北坐标、纬度原点、中央子午线、带宽和原点比例系数等参数。

⑦“确定”保存新建投影。

2. 新建椭球参数

①选择“椭球”选项。

②鼠标右键或其他方式“新建”椭球。

③输入新建椭球“名称”。

④输入椭球长半轴、扁率倒数等参数。

⑤“确定”保存新建椭球。

3. 新建转换参数

①选择“坐标转换”选项。

②鼠标右键或其他方式“新建”转换参数。

③输入新建坐标转换“名称”。

④选择转换“类型”：经典 3D 模型。

⑤选择“椭球 A”为 WGS-1984 椭球，选择“椭球 B”为自定义椭球，即上一步新建的椭球。

⑥选择转换“模型”：选择 BursaWolf 转换模型。

⑦分别输入坐标系统转换参数：X 轴平移参数 d_X、Y 轴平移参数 d_Y、Z 轴平移参数 d_Z、X 轴旋转参数 R_X、Y 轴旋转参数 R_Y、Z 轴旋转参数 R_Z、尺度比例参数 SF。

⑧“确定”保存新建坐标转换。

4. 新建坐标系统

①选择“坐标系统”选项。

②鼠标右键或其他方式“新建”坐标系统。

③输入新建坐标系统“名称”。

④选择“转换”：自定义的转换参数，即上一步新建的转换。

⑤选择“地方椭球”：自定义椭球，即上一步新建的椭球，如果在转换参数编辑时已经确定“椭球 A”和“椭球 B”，则此步骤可以省略，当转换选择后，自动加载“地方椭球”。

⑥选择“投影”：自定义投影，即上一步新建的投影。

⑦“确定”保存。

（二）注意事项

①按照作业给定的参数进行编辑。

②编辑后的坐标系统必须进行保存。

二 RTK 数据格式转换

（一）操作流程

1. 设计数据格式转换

①打开测量数据处理软件。

②新建项目，使用规定的项目名称、坐标系统。

③打开项目，通过菜单“导入”“导入格式编辑器”，按照设定格式编辑好内容，如点标识、北坐标、东坐标、高程、点代码等。

④通过浏览文件选择设计数据文件“输入”。

⑤定义设计数据各列所代表的内容，如点标识、北坐标、东坐标、高程、点代码等。

⑥“导入”设计数据到项目中。

⑦通过菜单“导出”“测量”，导出控制器专用文件格式。

⑧将文件传输到指定仪器，这个数据可以直接在野外操作仪器内进行点位放样。

2. 实测数据格式转换

①打开测量数据处理软件。

②新建项目，使用规定的项目名称、坐标系统。

③“导入”“原始数据”，利用浏览器查询实测数据文件，“输入”并“分配”到新建项目中。

④通过菜单“导出”“定制”“导出格式编辑器”，按照设定格式编辑好内容，如点标识、北坐标、东坐标、高程、点代码等。

⑤选择要输出的点，然后选择文件的存储位置和名称。

⑥“导出”保存文本数据。

（二）注意事项

①按照作业规定的数据文件、坐标系统进行操作。

②设计项目使用设计文件中的所有点位数据。

③实测数据选用实测的所有点数据。

④设计数据文件格式为：点标识、北坐标、东坐标、高程、点代码。

⑤实测输出数据格式为：点标识、北坐标、东坐标、高程、点代码。

三 检查 RTK 观测数据质量

（一）操作流程

1. 备份数据

①建立新文件夹。

②拷贝观测数据到新文件夹。

2. 新建项目

①通过桌面快捷方式或开始程序菜单，启动测量软件。

②选择“项目”选项，按鼠标右键“新建”项目。

③输入项目名称。

3. 输入数据

①双击新建的项目，打开项目。

②通过程序菜单或快捷按钮启动输入原始数据。

③找到备份文件夹和观测数据文件，输入原始观测数据到项目。

④选择项目名称，并通过 GNSS 选项卡选择需要输入的观测点。

⑤通过“分配”按钮，将选择的观测点“分配”到新建项目。

4. 检查 RTK 数据

①进入“GNSS 处理”窗口。

②检查各点观测卫星类型，即 GNSS 类型。

③检查流动站天线类型、天线高。

④检查流动站观测起止时间。

⑤在“点”窗口点击“时间 / 日期”，使数据按时间先后顺序排序。

⑥根据点类别检查参考站点名、坐标和高程。

⑦点击“点标识”，使数据按点号先后顺序排序，检查流动站观测的起止点号。

⑧点击“平面 + 高程精度”，使数据按测量精度大小顺序排序，检查流动测量平面和高程的测量精度及其点号。

（二）注意事项

①按照作业给定的观测数据操作。

②在计算机上操作，作业结果与检查记录一致。

四 计算物理点实测偏移量

（一）操作流程

1. 备份数据

①新建文件夹。

②复制数据文件到新的文件夹。

2. 计算偏移量

①用电子表格软件打开数据文件。

②计算实测物理点纵坐标偏移量 V_x：

纵坐标偏移量 = 实测纵坐标 – 设计纵坐标，即：

$$V_x = V_{实测x} - V_{设计x}$$

在电子表格实测坐标所在行空白列输入“=”、实测 x 坐标位置、“–”、设计 x 坐标位置、回车键。

③计算实测物理点横坐标偏移量 V_y：

横坐标偏移量 = 实测横坐标 – 设计横坐标，即：

$$V_y = V_{实测y} - V_{设计y}$$

在电子表格实测坐标所在行空白列输入“=”、实测 y 坐标位置、“–”、设计 y 坐标位置、回车键。

④计算实测物理点位移量S：

$$S=\sqrt{V_x^{\ 2}+V_y^{\ 2}}$$

在电子表格实测坐标所在行空白列输入“=SQRT”、V_x位置、“*”、V_x位置、“+”、V_y位置、“*”、V_y位置、回车键。

3. 计算实测道距

①计算相邻点纵坐标差d_x。

②计算相邻点横坐标差d_y。

③计算道距。

$$D=\sqrt{d_x^{\ 2}+d_y^{\ 2}}$$

4. 统计最大值

①通过排序或使用“MAX”“MIN”函数统计所有实测物理点纵坐标最大偏移量。

②通过排序或使用“MAX”“MIN”函数统计所有实测物理点横坐标最大偏移量。

③通过排序或使用“MAX”函数统计所有实测物理点最大位移。

（二）注意事项

①在备份的数据文件上操作，不可破坏源文件数据和格式。

②严格按照作业数据进行统计。

③计算数据保留 3 位小数。

第三节　质量统计与资料整理

一　检查导线成果质量

（一）操作流程

1. 检查测站观测质量

①检查测站水平角正倒镜读数 2C 差，并统计最大 2C 差值。

②检查测站垂直角正倒镜指标差，统计最大垂直角指标差。

2. 检查计算质量

①检查导线角度闭合差大小。

②检查角度闭合差配赋是否合理。

③检查高差闭合差值。

④检查高差闭合差配赋是否合理。

⑤检查坐标闭合差值。

⑥检查坐标闭合差配赋是否合理。

⑦计算导线全长相对误差。

3. 编写统计报告

根据上述统计结果编写导线成果质量检查报告。

（二）注意事项

①按照作业规定的导线测量数据进行操作。

②统计数据保留不少于 3 位小数，计算误差不大于 5mm。

二 检查 RTK 放样质量

（一）操作流程

1. 打开数据

①将测量数据导入电子表格。

②根据点名点号进行排序。

③检查起止点之间的空点或空点段。

④将空点用空行或空点点号补齐，使数据点数完整。

⑤将设计数据导入电子表格。

⑥将设计数据与测量数据放在一个工作表内，使设计点与测量点号在同一行，为计算做准备。

2. 计算偏移量

①在测量数据和设计数据行尾插入列，在插入列的单元格插入公式：

$$d_{x_i}=x_{测}-x_{设}$$

式中 d_{x_i}——纵坐标偏移量；

$x_{测}$——实测纵坐标；

$x_{设}$——设计纵坐标。

实际操作方法：“=”、RTK 实测纵坐标单元格、“–”、设计纵坐标单元格、回车键。

②d_{x_i} 数据后插入列，在插入列的单元格插入公式：

$$d_{y_i}=y_{测}-y_{设}$$

式中 d_{y_i}——横坐标偏移量；

$y_{测}$——实测横坐标；

$y_{设}$——设计横坐标。

实际操作方法："="、RTK 实测横坐标单元格、"–"、设计横坐标单元格、回车键。

③在 d_{y_i} 数据后插入列，在插入列的单元格插入公式：

$$d_{S_i}=\sqrt{{d_{x_i}}^2+{d_{y_i}}^2}$$

实际操作方法："=SQRT（ d_{x_i} 单元格^2+ d_{y_i} 单元格^2）" 回车键。

3. 计算相邻点高差

在 d_{S_i} 数据后插入列，在单元格插入公式：

$$d_{h_i}=h_i-h_{i-1}$$

式中 d_{h_i}——相邻点高程；

h_i——实测高程。

实际操作方法："="、本点实测高程单元格、"–"、上一点实测高程单元格、回车键。

4. 计算误差最大值

①在数据最后一行下方插入 2 行。

②在第一行 d_{x_i} 数据列下方单元格插入公式，选出该数据列最大值。

③实际操作方法："=MAX（ d_{x_1} 单元格： d_{x_n} 单元格）"、回车键，显示数据正数最大值。

④在第二行 d_{x_i} 数据列下方单元格插入公式，选出该数据列最小值。

⑤实际操作方法："=MIN（ d_{x_1} 单元格： d_{x_n} 单元格）"、回车键，显示数据最小值。

⑥检查最大值和最小值，取绝对值最大的数为最大值。

⑦同理统计出 d_{y_i}、d_{S_i}、d_{h_i} 的最大值。

（二）注意事项

①按照作业给定的测量数据操作。

②统计结果文件必须能够使用公共软件打开阅读。

③计算数据保留 3 位小数。

三 统计 RTK 复测点

（一）操作流程

1. 点数统计

①打开数据文件。

②通过观测起始点和终止点点号统计观测物理点总数。

③通过直接检索或排序功能检查统计复测点数量。

④计算复测率：复测率 = 复测点数 ÷ 实测物理点总数 ×100%。

2. 计算复测误差

如果使用电子表格计算，可以在复测点所在行，插入公式：

“=”复测点纵坐标所在位置“–”实测点纵坐标所在位置“回车”。

其他横坐标和高程复测误差计算方法类似。

如果使用计算器，可以直接计算和记录。

①物理点纵坐标复测误差计算：

纵坐标复测误差 = 复测点纵坐标 – 实测点纵坐标，即：

$$v_x = x_2 - x_1$$

②物理点横坐标复测误差计算：

横坐标复测误差 = 复测点横坐标 – 实测点横坐标，即：

$$v_y = y_2 - y_1$$

③物理点高程复测误差计算：

高程复测误差 = 复测点高程 – 实测点高程，即：

$$v_H = H_2 - H_1$$

3. 统计最大值

①在纵坐标复测误差数据列检索绝对值最大的数值，即最大纵坐标复测误差。

②在横坐标复测误差数据列检索绝对值最大的数值，即最大横坐标复测误差。

③在高程复测误差数据列检索绝对值最大的数值，即最大高程复测误差。

4. 统计中误差

①计算纵坐标复测中误差：纵坐标复测中误差 $m_x = \pm\sqrt{\frac{\sum v_x^2}{n}}$，式中 n 表示复测点数。

②计算横坐标复测中误差：横坐标复测中误差 $m_y = \pm\sqrt{\frac{\sum v_y^2}{n}}$，式中 n 表示复测点数。

③计算高程复测中误差：高程复测中误差 $m_H = \pm\sqrt{\frac{\sum v_H^2}{n}}$，式中 n 表示复测点数。

（二）注意事项

①严格按照作业数据进行统计。

②复测率按百分比，保留 2 位小数。

③坐标复测误差保留 3 位小数。

④复测中误差保留 3 位小数。

四 统计 RTK 实测点

（一）操作流程

1. 备份数据

①新建文件夹。②拷贝 RTK 实测数据文件。

2. 点数统计

①打开数据文件。②统计实际观测点点数。③统计观测起始物理点和终止物理点。④统计应测物理点数量，即每条线观测起始点至终止点应观测的点数量。

3. 统计空点

①实测点点号排序。②统计空点范围。③计算空点点数。④计算空点率。

空点率 = 空点总点数 ÷ 应测总点数 × 100%

4. 整理数据

通过操作去除设计数据、复测数据，并按照桩号顺序进行排序，形成实测 RTK 物理点成果。

①严格按照线号整理数据，将不同线号数据存入不同的数据文件。②将每条线按照桩号顺序排序，整理数据文件。③去除文件中的复测点数据。④去除文件中的设计数据。⑤保存数据文件。

（二）注意事项

①严格按照作业数据进行统计。②空点率用百分比表示，保留 2 位小数。③不同的测线数据保存在不同的数据文件。④测线数据文件按照物理点桩号进行排序。

五 绘制测线高程剖面图

（一）操作流程

1. 新建 AutoCAD 图形文件

打开 AutoCAD 软件，新建一个 dwt 图形文件。

2. 绘制原点

根据给定起点坐标新建一个点，作为原点。

3. 绘制数轴

①查阅测线成果数据，检查需绘制高程剖面的成果点数量，计算直线长度，经过原点向右绘制水平直线。②使用“LE”命令，在水平线右侧端点处绘制向右箭头。③查阅测线成果数据，检查需绘制高程剖面的成果点高程值的范围，计算直线长度，经过原点向上绘制垂直直线。④使用“LE”命令，在垂直线上侧端点处绘制向上箭头。

4. 标注点号

①根据成果点数量在横轴上用“绘图”“定数等分”选项均匀划分直线。②用“格式”“点样式”选择点标识“+”。③根据成果数据，再从左往右，按从小到大顺序在横轴下方刻度线处标注点号。

5. 标注高程

①根据高程值范围在纵轴上用“绘图”“定数等分”选项均匀划分直线，当高程范围较大时，必须绘制米刻度线，当高程范围较小时，可同时绘制分米甚至厘米刻度线。②用

“格式”“点样式”选择点标识“+”。③根据高程数据，从下往上，按从小到大顺序在纵轴刻度线左侧标注高程值。

6. 绘制曲线

①根据成果数据，读取点号及相对应的高程，通过“构造线”依次交汇出高程点。②用直线按点号顺序连接各展绘交点。③删除“构造线”。

7. 保存

保存图形文件。

（二）注意事项

①按照作业规定的数据文件进行操作。②数轴必须水平或垂直，不可倾斜。③数轴刻度必须均匀。④高程值展绘误差超过图上 2mm 为错误点。⑤标注文字不可覆盖数轴或刻度线。⑥高程剖面可用折线绘制，必须连续绘制直线线段。

六 绘制测线位置图

（一）操作流程

1. 输入测线

①启动 AutoCAD 软件。②选择输入点或线。③在界面交互窗口输入测线端点坐标。④如果选择输入点，此时将同一测线端点进行连线。

2. 测线标注

在测线端点处标注测线线号和桩号。

3. 打印图纸

①保存数据。②通过软件“打印”功能按照要求的比例尺打印。

（二）注意事项

①注意展绘测线的坐标轴与 AutoCAD 软件中的 x 轴，y 轴是相反的。②标注位置偏移量小于测线长度的 1/10。

七 编写测量技术总结

（一）操作流程

测量施工结束后，编写测量技术总结，依次编写以下内容：

1. 概述

任务来源、测区位置、范围、行政隶属关系、测区自然地理特征、交通状况、气候特征等。

2. 任务完成情况

施工起始日期、布设的控制点数、完成的物探测线长度、物理点数等。

3. 技术依据

物探基础文件、测量技术标准等。

4. 施工过程

控制点布设情况、施工作业方法、施工组织及设备投入情况、数据处理情况、施工中存在的问题和解决方案。

5. 施工质量

①控制点标识埋设情况、基线解算精度、在 WGS-1984 坐标系中进行整体平差精度、三维无约束平差精度、二维约束平差精度、拟合（或转换）的控制点海拔高程检验情况、坐标转换参数的解算情况。②导线精度及最弱点误差分布情况、物理点放样误差分析、物理点复测检核情况。③地震测线端（拐）点实测坐标与设计坐标较差统计情况、交叉点检核情况等。

6. HSE 执行情况

7. 资料上交内容

8. 结论和建议

（二）注意事项

①使用通用文档编辑软件进行编写。②测量技术总结内容要求全面、完整，包含所有测量工序的全面概括。③段落条理清晰、叙述简明扼要。④重点突出测量各个环节的质量把控、精度指标、检验及检核结果。

思考题

1. 导线角度闭合差产生的原因有哪些？如何提高其精度？
2. 导线坐标增量闭合差产生的原因有哪些？如何提高其精度？
3. 设置软件坐标系统参数的步骤有哪些？
4. RTK 观测数据质量检查的内容有哪些？有何意义？
5. 检查导线成果质量的内容有哪些？有何意义？
6. 测量技术总结所包含的内容及意义是什么？

扫一扫
获取更多资源

参考文献

[1] 中国石油天然气集团有限公司人事部．石油勘探测量工［M］．北京：石油工业出版社，2019.

[2] 中国石油天然气集团公司人事服务中心．石油物探测量工［M］．北京：石油工业出版社，2005.

[3] 宁津生，陈俊勇，李德仁，等．测绘学概论［M］．2 版．武汉：武汉大学出版社，2008.

[4] 张正禄，李广云，潘国荣，等．工程测量学［M］．武汉：武汉大学出版社，2005.

[5] 程鹏飞，成英燕，秘金钟，等．2000 国家大地坐标系建立的理论与方法［M］．北京：测绘出版社，2014.

[6] 徐绍铨，吴祖仰．大地测量学［M］．武汉：武汉测绘科技大学出版社，1996.

[7] 武汉大学测绘学院测量平差科学组．误差理论与测量平差基础［M］．3 版．武汉：武汉大学出版社，2019.

[8] 刘含海．无人机航测技术与应用［M］．北京：机械工业出版社，2020.

[9] 万刚，余旭初，布树辉，等．无人机测绘技术与应用［M］．北京：测绘出版社，2015.

[10] 彭望琭，白振平，刘湘南，等．遥感概论［M］．2 版．北京：高等教育出版社，2021.

[11] 刘仁钊，马啸．无人机倾斜摄影测绘技术［M］．武汉：武汉大学出版社，2021.

[12] 赵建虎．现代海洋测绘［M］．武汉：武汉大学出版社，2021.

[13] 李镜，尹旭峰，赵宗勃，等．GB/T 19025—2021 质量管理培训指南［M］．北京：中国标准出版社，2021.

[14] 程效军，鲍峰，顾孝烈．测量学［M］．5 版．上海：同济大学出版社，2016.

[15] SY/T 5171—2020 陆上石油物探测量规范［S］.

[16] GB/T 33683—2017 陆上石油物探测量与定位技术［S］.

[17] GB/T 18314—2009 全球定位系统（GPS）测量规范［S］.

[18] 吴浩然，王兴文，王应东，等．斑点牛测绘师笔记测绘师知识体系［M］．天津：天津大学出版社，2018.